ORGANISCHE CHEMIE IN EINZELDARSTELLUNGEN
HERAUSGEGEBEN VON
HELLMUT BREDERECK UND EUGEN MÜLLER
3

CHEMIE DER PHENOLHARZE

VON

DR. K. HULTZSCH
CHEMISCHE WERKE ALBERT
WIESBADEN-BIEBRICH

SPRINGER-VERLAG BERLIN HEIDELBERG GMBH
1950

ISBN 978-3-642-52685-5 ISBN 978-3-642-52684-8 (eBook)
DOI 10.1007/978-3-642-52684-8

URSPRÜNGLICH ERSCHIENEN BEI SPRINGER-VERLAG O.H.G. BERLIN, GÖTTINGEN AND HEIDELBERG 1950
SOFTCOVER REPRINT OF THE HARDCOVER 1ST EDITION 1950

Vorwort.

Ursprünglich wurde die „Chemie der Phenolharze" als Abschlußbericht eigener wissenschaftlicher Forschungen für den internen Gebrauch der *Chemischen Werke Albert*, Wiesbaden-Biebrich, geschrieben. Damit konnte die nun bereits vier Jahrzehnte währende, intensive und erfolgreiche praktische Arbeit dieser Firma auf dem Phenolharzgebiet, wie sie in der Entwicklung und Einführung der modifizierten Phenolharze durch L. BEREND, A. AMANN und E. FONROBERT, sowie der kohlenwasserstofflöslichen plastifizierten Phenolharze durch A. GRETH besonders augenscheinlich wird, auch nach der wissenschaftlichen Seite untermauert und abgerundet werden. Durch das verständnisvolle Entgegenkommen der Chemischen Werke Albert konnten diese Forschungsergebnisse jetzt in erweiterter Form der Öffentlichkeit übergeben werden. Hierfür sei der Leitung der Chemischen Werke Albert auch an dieser Stelle aufrichtig gedankt.

In der vorliegenden Form beschränkt sich das Buch indessen keineswegs auf die eingehende Darstellung und Deutung der zahlreichen experimentellen Befunde, durch welche die Chemie der Phenolharze vornehmlich in den vergangenen zehn Jahren eine beträchtliche Ausweitung erfahren hat. Es wurden vielmehr alle, darunter zum Teil sogar weit zurückreichende und dieses Gebiet manchmal nur indirekt betreffende Arbeiten ausgewertet und für eine umfassende Behandlung des Stoffes herangezogen. Wenngleich damit die theoretischen Grundlagen der Phenolharzchemie stark in den Vordergrund der Betrachtung gestellt wurden, so blieb nichts unversucht, die wichtige Brücke zwischen Theorie und Praxis zu schlagen, indem vor allem Herstellung und Aufbau sowie Anwendung und Verarbeitung der verschiedenen Phenolharzarten mit dem Chemismus ihrer Bildungsreaktionen in enge Beziehung gebracht wurden. Dadurch mag auch dem Praktiker der einschlägigen Industrien der Weg zu den nicht immer leicht erfaßbaren Vorstellungen der Phenolharzchemie geebnet werden.

Herrn Prof. Dr. EUGEN MÜLLER, Stuttgart, dem Mitherausgeber der Sammlung „Organische Chemie in Einzeldarstellungen", habe ich für die Durchsicht des Manuskripts und die mir erteilten wertvollen Hinweise vielmals zu danken. Weiter bin ich Herrn Doz. Dr. B. EISTERT, Ludwigshafen, für zahlreiche Anregungen und Ratschläge zu größtem

Dank verpflichtet. Schließlich soll dankbar anerkannt werden, daß eine Reihe von Freunden und Kollegen durch ihre rege Anteilnahme an meiner Arbeit, durch fruchtbare Diskussionen, Kritik und Ratschläge die Entwicklung meiner Ansichten wie auch die Abfassung des Manuskripts erheblich gefördert haben. Dies gilt besonders für Herrn Dr. E. SCHNEIDER, Wiesbaden, der mich auch beim Lesen der Korrekturen unterstützte.

Wiesbaden-Biebrich, Herbst 1949 KURT HULTZSCH.

Inhaltsverzeichnis.

Einleitung.

Unter der großen Zahl von Kunstharzen, welche im Laufe der vergangenen Jahrzehnte Eingang in die Technik gefunden haben, nehmen die Phenolharze, im besonderen die Phenol-Formaldehyd-Harze, eine hervorragende Stellung ein.

Dies gilt zunächst in *technologischer* Hinsicht; denn sowohl rein mengenmäßig, als auch in ihrer technischen Bedeutung stehen die Phenolharz-Produkte mit an der Spitze der Kunstharzindustrie[1]. Der Grund hierfür ist nicht nur darin zu suchen, daß die für sie benötigten Ausgangsstoffe verhältnismäßig leicht zugänglich, sondern auch die Eigenschaften der Phenolharze äußerst vielseitig und besonders wertvoll sind. Deshalb konnten sie trotz des Aufkommens zahlreicher weiterer Kunststoffe stets ihre Stellung halten.

Darüber hinaus soll besonders festgehalten werden, daß die Phenolharze die ersten rein synthetischen, und zwar auf dem Wege der Polykondensation hergestellten Kunstharze waren. Auf Grund ihrer vielseitigen und bestechenden Anwendungsmöglichkeiten haben sie den Kunststoffen und vor allem den härtbaren Kunstharzen überhaupt den Weg gebahnt. Nicht zuletzt war dies allerdings auch der hervorragenden Erfindungsgabe L. H. BAEKELANDs zu danken, welcher frühzeitig die sich bietenden technologischen Möglichkeiten erkannte und auch in die Tat umsetzte.

Die *theoretisch-chemische* Erforschung der Phenolharze hat mit deren technischer Entwicklung indessen in keiner Weise Schritt gehalten. Während vor allem die durch Polymerisation aufgebauten Kunststoffprodukte, aber auch Polykondensate bzw. Polyadditionsprodukte wie die Polyamide und die Polyurethane, ihre Entstehung und Fortentwicklung ausgedehnten wissenschaftlichen Vorarbeiten und Forschungen zu verdanken haben, verlief die Entwicklung der Phenolharze lange Zeit auf einer fast rein empirischen Grundlage. Erst in den letzten Jahren vervollkommneten sich unsere Kenntnisse über den chemischen Ablauf der Phenolharz-Bildungsreaktionen und damit auch über den Bau der Phenolharze in verhältnismäßig kurzer Zeit so weit, daß es jetzt möglich ist, ein Gesamtbild von der Chemie der Phenolharze zu entwerfen.

Nachdem die Grundlagen zuerst einmal an *Modellreaktionen* studiert worden waren, ist es jetzt durch eine umfassende Auswertung des gesamten in der Literatur vorgefundenen Tatsachenmaterials möglich, die anfangs verwirrende Fülle von nicht immer gewöhnlichen Reaktionen besser zu verstehen und ihre inneren Zusammenhänge zu

[1] Beispielsweise beträgt die derzeitige Produktion an Phenolharzen allein in den USA über 100000 t im Jahr.

erkennen. Es entstand so ein neues, außerordentlich interessantes und reizvolles Gebiet der organischen Chemie, welches nicht mit Unrecht etwa mit dem der organischen Farbstoffe verglichen werden kann. Insofern kommt also den Phenolharzen neben ihrer Vorrangstellung, die sie in technologischer Hinsicht genießen, auch vom *wissenschaftlichen* Standpunkt aus ein ganz besonderes Interesse zu.

Noch bedeutungsvoller wird dieser Umstand durch die neuerdings immer mehr vertiefte Erkenntnis, daß die Phenolharzchemie wiederum nur ein Ausschnitt bzw. ein Sonderkapitel aus dem Gesamtgebiet aller derjenigen Kunstharze ist, die durch Kondensation bestimmter reaktionsfähiger Verbindungsgruppen mit Carbonylverbindungen erhalten werden. So finden wir im Prinzip gleichartige Reaktionen wie zwischen Phenol und Formaldehyd auch zwischen diesem und Aminen, Amiden, anderen Aldehyden, Ketonen u. a. m. Trotz der Verschiedenheit aller dieser Substanzgruppen unterliegt ihre in vielen Fällen zu wertvollen Kunststoffen führende Verharzung mit Formaldehyd, bzw. die Eigenverharzung z. B. bei Acetaldehyd und Cyclohexanon, überraschend gleichartigen Gesetzmäßigkeiten. Man wird deshalb wahrscheinlich für die Chemie dieser Kondensationsharze später einen gemeinsamen Rahmen finden können, für den die an den Phenolharzen erforschten Reaktionen grundlegend sein können.

Hier soll zunächst nur von *Phenolharzen* die Rede sein, da bei ihnen diese Reaktionen bisher am genauesten und sichersten untersucht und geklärt sind. Weiterhin wird hier im wesentlichen nur die *Chemie* dieser Kunstharze behandelt, ihre Technologie dagegen nur soweit gestreift, als dies von Fall zu Fall nötig oder zweckdienlich erscheint. Das Buch beschränkt sich mithin auf all das, was für die Eigenart der Ausgangsstoffe, der zwischen ihnen möglichen chemischen Umsetzungen sowie der hierbei auftretenden Zwischen- und Endprodukte in wissenschaftlich-chemischer Hinsicht von Belang ist. Es soll in erster Linie dazu beitragen, den chemischen Aufbau der verschiedenen Phenolharze zu erkennen und zu verstehen, auch ohne daß die Möglichkeit besteht, jedes einzelne Produkt mit Sicherheit durch analytische Methoden bis ins kleinste zu untersuchen. Denn der Einblick in die chemische Struktur dieser Harze wurde bisher gerade durch den Umstand so erschwert, daß solche analytischen Untersuchungen entweder wegen der gesteigerten Empfindlichkeit härtbarer Phenolharze gegenüber Wärme oder zahlreichen chemischen Agenzien, oder wegen der Unlöslichkeit und Unschmelzbarkeit der meisten gehärteten Phenolharze nur in verhältnismäßig geringem Ausmaß möglich sind.

Erst auf dem Umweg eines Studiums von Modellreaktionen wurden die Vorgänge der Phenolharz-Bildung ins rechte Licht gerückt. Diese *theoretischen Grundlagen* bilden nach einem *historischen Rückblick* auf die Erforschung der Phenolharzchemie den ersten Hauptteil des vorliegenden Werkes. Hieran schließt sich dann als zweiter Abschnitt die Übertragung der so gefundenen Tatsachen auf die verschiedenen Phenolharze selbst. Letztere erfahren hierbei eine erweiterte *Klassifizierung*, welche über die seither schon üblichen, mehr anwendungstechnischen

Begriffe Novolak, Resol, Resitol und Resit hinaus eine stärkere Betonung des chemischen Aufbaues der verschiedenen Phenolharzarten vorsieht. Unter diesen sind die härtbaren Produkte von besonderem Interesse, weshalb sowohl die Ursachen der *Härtbarkeit* als auch die chemischen Vorgänge bei den verschiedenen *Härtungsprozessen* eingehend erörtert werden. Die Technologie der *Herstellung* und *Verarbeitung* der wichtigsten Phenolharz-Produkte wird zwar nur gestreift, doch wurde versucht, im Zusammenhang damit die *Struktur* der jeweiligen Zwischen- und Endprodukte so gut als möglich zu charakterisieren. Ein kleiner Beitrag zu den derzeitigen, noch immer nicht befriedigenden Methoden auf dem Gebiet der *Phenolharz-Analyse* bildet den Abschluß.

Historischer Rückblick auf die Entwicklung der Phenolharzchemie[1].

Es ist verständlich, daß der chemische Aufbau derart reaktionsfähiger Kunststoffe, wie sie z. B. die aus Phenolen und Formaldehyd in alkalischer Lösung erhaltenen Resole darstellen, sowie die Konstitution der durch die Härtung daraus entstehenden Resite schon seit Beginn ihrer technischen Verwertung stärkstes Interesse bei der Fachwelt erregte. Den zeitlichen Beginn der Phenolharzchemie kann man wohl in das Jahr 1909 verlegen, in dem nach den grundlegenden Patentanmeldungen BAEKELANDs (*2*) und LEBACHs (*3*) (1907) deren erste Veröffentlichungen (*4, 5*) erschienen, in welchen neben den technischen Einsatzmöglichkeiten auch die Konstitution der Harze bereits erörtert wird. Abgesehen von Bemühungen um die Aufklärung des „Saliretins" (*6, 7*), eines schon lange vorher durch Erhitzen oder durch Einwirkung von wasserabspaltenden Stoffen aus Saligenin erhaltenen Produktes, betonten ältere Arbeiten über Phenol-Aldehyd-Kondensationsprodukte entweder nur die technologische Seite [SMITH (*8*), LUFT (*9*), DE LAIRE (*10*), STORY (*11*) u. a.] oder bezweckten, wenn sie wissenschaftlicher Natur waren [PIRIA (*6*), v. BAEYER (*12*), LEDERER (*13*), MANASSE (*14*), CLAISEN (*15*), v. AUWERS (*16*), KLEEBERG (*17*) u. a.], nicht die Bildung oder gar Konstitutionsermittlung von „Harzen", die damals für den organisch-wissenschaftlichen Chemiker letzten Endes doch nur recht unerwünschte Nebenprodukte waren. Dennoch tragen gerade diese wie auch andere wissenschaftliche Arbeiten, welche zahlreiche an Phenolverbindungen beobachtete Phänomene behandeln, indirekt in einem solchen Maße zum Verständnis der Phenolharzchemie bei, daß es geradezu unverständlich ist, warum sie entweder überhaupt nicht oder nur recht ungenügend zu deren Aufklärung mit herangezogen wurden.

BAEKELAND (*4, 18*) hatte sich nicht nur mit der Technologie, sondern auch mit dem Chemismus der Phenolharz-Bildung befaßt. Er hat vor allem erkannt, daß man zwischen dauernd löslichen und schmelzbaren, von ihm als „Novolake" bezeichneten Produkten einerseits und

[1] Die geschichtliche Entwicklung der Phenol-Formaldehydharze selbst hat durch A. J. BUCK (*1*) eine ausführliche Darstellung erfahren.

härtbaren, d. h. durch Erhitzen in unlösliche und unschmelzbare Harze *(„Bakelit")* überführbare Produkte andererseits zu unterscheiden hat. Darüber hinaus stellte er fest, unter welchen Bedingungen Novolak, Resol und Resit aus Phenol und Formaldehyd entstehen. Vor allem verstand er es aber, durch Ausnützung der in mehreren Stufen (A-, B-, C-Harze) vorgenommenen Harzbildung vielseitige Anwendungsmöglichkeiten für die ***härtbaren Phenolharze*** zu finden und damit ihren außerordentlichen technischen Wert zu beweisen. Darin ist — worauf eingangs schon hingewiesen wurde — zugleich der Ursprung unserer heutigen Kunstharzindustrie überhaupt zu erblicken.

Gleichzeitig machte sich BAEKELAND schon Gedanken über die chemische Konstitution der von ihm dargestellten Produkte. Während er den Novolak für eine „definierte chemische Verbindung und nicht nur eine Mischung oder feste Lösung" (*19*) hielt, kam er auf Grund der für die verschiedenen Reaktionen günstigsten Molverhältnisse von Phenol bzw. Phenolalkohol und Formaldehyd, sowie durch Verbrennungsanalysen von Bakelit zu dem von ihm selbst als vorläufig gedachten Ergebnis, daß hier ein Polymerisat eines Oxybenzyl-methylenglykolanhydrids der Formel

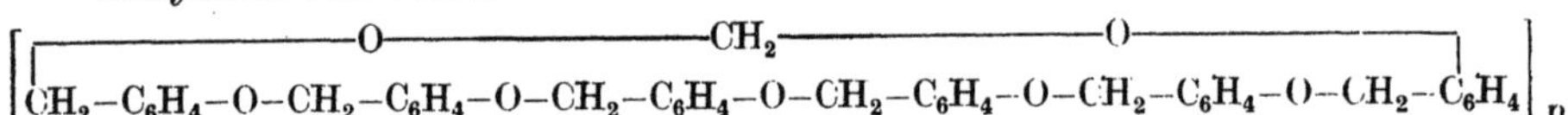

vorläge, welches aus 6 Mol Phenolalkohol und 1 Mol Formaldehyd nach der Gleichung

$$n\left[6\, C_6H_4\,(OH)\,(CH_2OH) + CH_2\,(OH)_2\right] \longrightarrow n\,(C_{43}H_{38}O_7) + n\,(7\, H_2O)$$

entstehen sollte. Bakelit C sollte demgemäß ein Polymeres von Bakelit B (dem Resitol) darstellen (*20*).

16 Jahre später stellte BAEKELAND zusammen mit BENDER (*21*) ein Reaktionsschema auf, demzufolge Novolak nach Formel I aufgebaut sein sollte, Resol dagegen nach IIa bzw. (in geringerer Menge) nach IIb, die beide als polymerisationsfähig erachtet wurden.

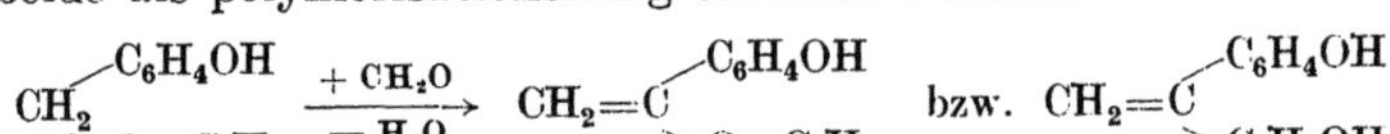

I IIa IIb

Dieser Ansicht schloß sich in der Folgezeit auch J. SCHEIBER (*22*) an, bis ihn später eigene, zusammen mit BARTHEL (*23*) durchgeführte Versuche von der Reaktionsunfähigkeit der Methylenbrücke überzeugten.

Ein ganz anderes Bild vom Bau der Phenolharze entwarf F. RASCHIG (*24*) in einem 1912 gehaltenen Vortrag. Er nahm als Primärreaktion die Bildung von Phenolalkoholen, Diphenylolmethan-Verbindungen und Diphenylolmethan-alkoholen (Diphenylolmethan-tetraalkohol) an, die sich bei der Resitbildung dann zu einem Gemisch der beiden nachstehenden ringförmigen Formen Bakelit I und II umsetzen sollten. Für diese sind Anhydrisierungsvorgänge und die Ausbildung von Methylenbrücken durch Kernverknüpfung und durch Formaldehyd-Abspaltung charakteristisch.

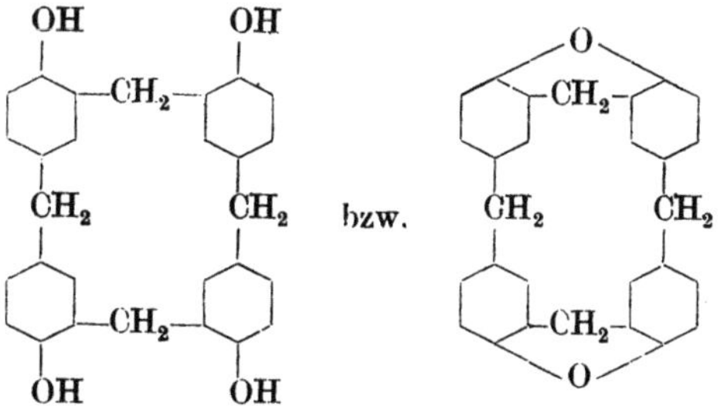

Bakelit I
aus 2 Mol Diphenylolmethan-monoalkohol unter Abspaltung von 2 bzw. 4 Mol Wasser (nach F. RASCHIG).

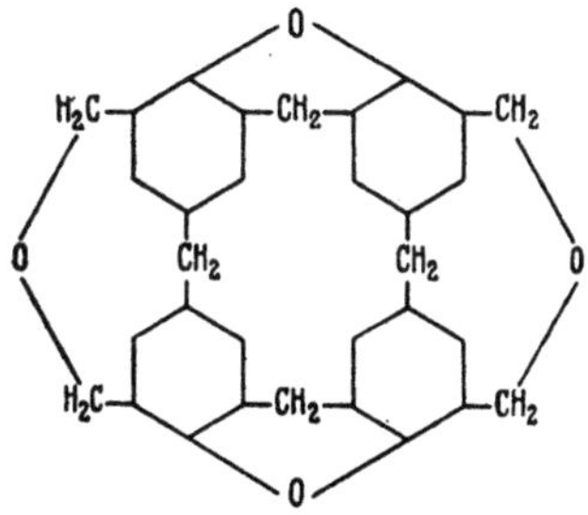

Bakelit II
aus 2 Mol Diphenylolmethan-tetraalkohol unter Abspaltung von 6 Mol Wasser und 2 Mol Formaldehyd (nach F. RASCHIG).

Etwa zur gleichen Zeit äußerten WOHL und MYLO (*25*) eine wiederum völlig andere Ansicht über den Aufbau der Phenolharze, indem sie diese als Polymerisationsprodukte von „Methylenderivaten des tautomeren Phenols". d. h. von Chinonmethiden[1] (Methylenchinonen) ansahen:

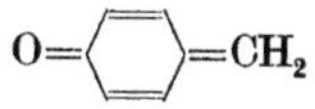

LEBACH, der etwa zur gleichen Zeit wie BAEKELAND ebenfalls Resite (Allgemeinbezeichnung) erhielt bzw. gemeinsam mit der Firma *Knoll* „*Resinit*" (Handelsname) herstellte, und der vor allem die Säurehärtung der Resole (*27*) sowie bereits die Überführung von Phenolharzen in Resit mittels Hexamethylentetramin (*28*) verfolgte, blieb gegenüber all diesen Meinungen über die Konstitution der Phenolharze zurückhaltend. Er begnügte sich damit, die dafür aufgestellten Theorien aufzuzählen und betonte hierbei, daß die bisher vorliegenden Kenntnisse noch keine endgültigen Schlüsse zulassen würden (*28*).

Schließlich seien noch die 1929 von BLUMFELDT (*29*) aufgestellten „Wabenformeln" für Novolak (I) und Bakelit (II) angeführt, welche schon damals auf den lebhaftesten Widerspruch von SCHEIBER, LEBACH (*30*) und KOEBNER (*31*) stießen und heute nur mehr als Kuriosum zu betrachten sind.

All diesen Theorien (BAEKELAND, RASCHIG, WOHL und BLUMFELDT) lagen nur unzureichende oder zum Teil vielleicht überhaupt keine gründ-

[1] Zur Nomenklatur vgl. R. PUMMERER u. E. CHERBULIEZ (*26*).

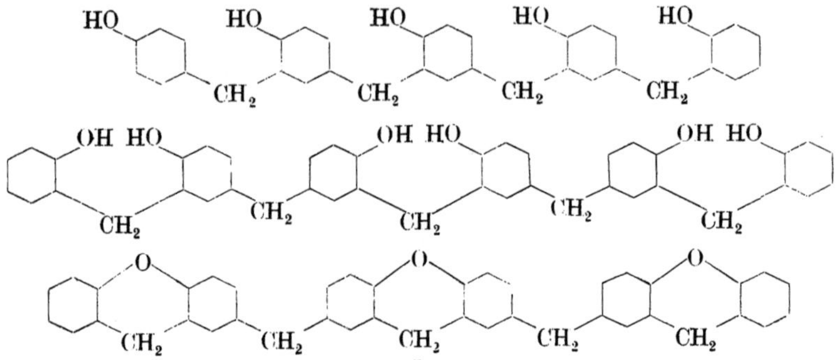

I

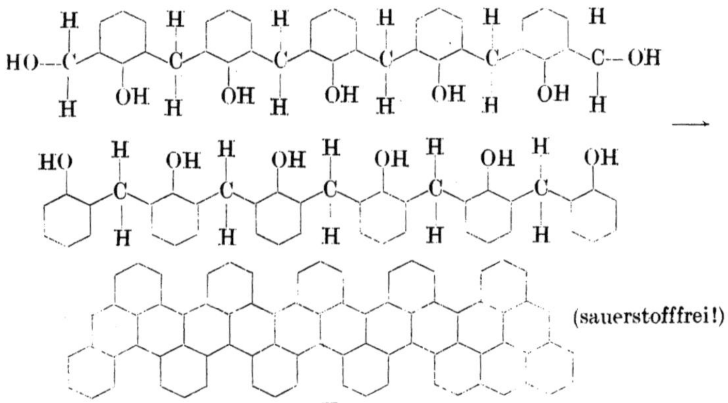

II

Phenolharz-Formeln nach Blumfeldt.

lichen experimentellen Arbeiten zugrunde, so daß schon allein deswegen keine von ihnen als bewiesen angesehen werden konnte. Es handelte sich vielmehr um subjektive, teilweise geradezu spekulative Ansichten über den Bau der Resite, die wegen ihrer Unlöslichkeit keiner eingehenden chemischen Analyse zugänglich erschienen. Dennoch zeigt sich vor allem in der Raschigschen Theorie, aber auch in der ursprünglich nie ernsthaft in Betracht gezogenen Ansicht von Wohl eine bemerkenswerte Voraussicht für Vorgänge, die — wie wir heute wissen — tatsächlich in irgendeiner Weise an der Phenolharz-Bildung beteiligt sind. Das gleiche gilt für die Behauptung von K. H. Meyer und H. Mark (*32*), daß im Resit eine Verknüpfung vieler Phenolringe durch Methylenbrücken vorläge.

Einen nennenswerten Fortschritt stellten demgegenüber die 1933 veröffentlichten Versuche Koebners (*33*) dar, durch welche die wichtige Rolle der Methylenbrücken-Bildung für den Aufbau der Phenolharze durch Umsetzung von Phenolalkoholen bzw. Mehrkernphenolalkoholen mit Phenolen experimentell nachgewiesen wurde. Damit war zumindest die Struktur der Novolake als durch Methylenbrücken verknüpfte Mehrkernphenole einigermaßen sichergestellt. Die Koebnerschen Ergebnisse und Ansichten wurden später im wesentlichen auch durch andere Arbeiten, z. B. von Wanscheidt (*34*), Megson (*35*) und

BARTHEL (*23*) bestätigt. Es war naheliegend, daß auch die Resite nach einem ähnlichen Schema aufgebaut sein würden, zumal KOEBNER (*33*) zeigen konnte, wie etwa die Unlöslichkeit derartiger Produkte in Alkalien durch die Unlöslichkeit der Alkalisalze von Mehrkernphenolen in Wasser erklärt werden kann. Auch der Übergang von Novolak in Resit durch Einwirkung des — wie man annahm — lediglich methylenliefernden Hexamethylentetramins schien eine solche Auffassung zu stützen. So bürgerte sich trotz des Fehlens eines endgültigen Beweises die schon von MEYER-MARK (*32*) ins Auge gefaßte, durch starke Vernetzung von Phenolen mit Methylenbrücken schematisch dargestellte Resitformel etwa nebenstehender Art allenthalben ein.

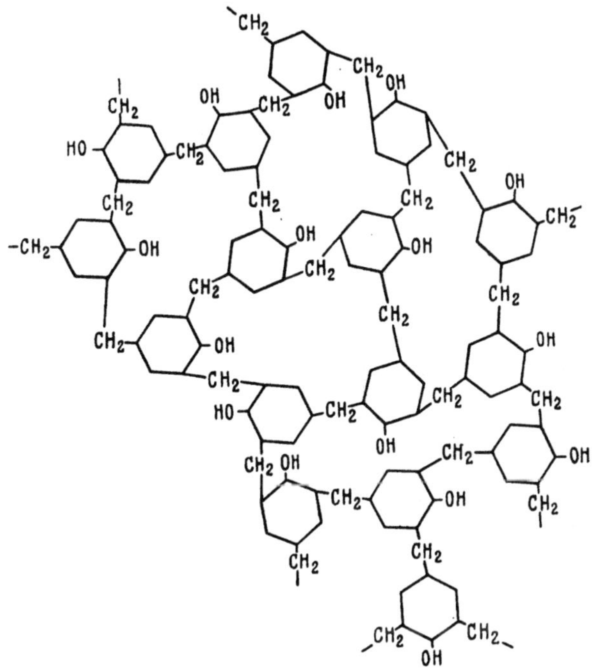

Resit-Formel nach MEYER-MARK, HOUWINK u. a. (*36*).

In der Zeit nach 1930 erschienen auf dem Gebiete der Phenolharzchemie weiterhin zahlreiche Arbeiten, z. B. über das Auffinden von Anfangskondensationsprodukten, wie Diphenylolmethan-Verbindungen, Phenol- und Diphenylolmethanalkoholen, von Xanthenderivaten bei der pyrolytischen Zersetzung von Novolaken und Resiten [SCHEIBER (*37*), SEEBACH (*38*), BARTHEL (*23*), GRANGER (*39*), MEGSON (*35*) u. a.] usf., die dieser Auffassung von der Phenolharz-Bildung ebenfalls entsprachen. Dazu kamen röntgenographische (*40*) und andere physikalische Untersuchungen (*41*, *42*) von HOUWINK und STÄGER über den Aufbau von Resiten, ferner eingehendere Beobachtungen über den Verlauf der Phenol-Formaldehyd-Umsetzung[1],

[1] z. B. Änderung des „Bromwertes" [NOVAK u. CECH (*43*), PETROW, USSTINOW u. KRASSOWSKAJA (*44*)], der Refraktion [NOVAK u. CECH (*43*), SCHMID und SENARCLENS (*45*), LOMAKIN (*46*)], der Viskosität [NOVAK u. CECH (*43*), LOMAKIN (*46*)] und der Leitfähigkeit [LOMAKIN (*46*), MANEGOLD u. PETZOLD (*47*)] während der Harzbildung, ferner thermochemische Messungen [MANEGOLD u. PETZOLD (*47*)], Untersuchungen über den Einfluß des Kondensationsmittels [HOLMES u. MEGSON (*48*), MEGSON (*49*)] usw.

über die relative Verharzungsreaktivität der einzelnen Phenole in Abhängigkeit von deren Substituenten [HOLMES und MEGSON (*48*), MEGSON und PAISLEY; BURES und MASAREK; SPRUNG (*50*)], sowie über spezielle Fragen, z. B. die der Ölreaktivität der Alkylphenolharze [DOLD (*51*), HÖNEL (*52*)].

Trotz alledem befriedigten diese Kenntnisse offenbar nicht restlos, denn es ist sicher kein Zufall, daß in den Jahren 1938—1940 gleichzeitig und unabhängig voneinander die Phenolharz-Erforschung erneut von verschiedenen Seiten, und zwar im wesentlich erweitertem Umfang als bisher, aufgenommen wurde. Den Anstoß hierzu gab wohl die Lackharzindustrie, wo einerseits H. HÖNEL (*52*) bei seinen Arbeiten über die Alkylphenolharze und andererseits A. GRETH (*53*) bei der Entwicklung der plastifizierten kohlenwasserstofflöslichen Phenolharze unabhängig voneinander zu der Erkenntnis kamen, daß auch eine gegenseitige Verätherung der Methylolgruppen an der Phenolharz-Bildung in erheblichem Maße beteiligt sein müsse, ähnlich wie dies F. RASCHIG (*24*) schon in seiner Bakelitformel II (S. 5) zum Ausdruck brachte. Darüber hinaus konnte GRETH zeigen, daß sich nicht nur die Methylolgruppen untereinander veräthern, sondern daß die Verätherung auch mit anderen Alkoholen sehr leicht stattfinden kann.

Diese 1938 erstmalig veröffentlichten Erkenntnisse lösten nun eingehendere wissenschaftliche Untersuchungen aus, die einerseits durch A. ZINKE, E. ZIEGLER und ihre Mitarbeiter an der Universität Graz und andererseits durch K. HULTZSCH u. a. bei den Chemischen Werken *Albert* in Wiesbaden durchgeführt wurden. Zur gleichen Zeit hatten sich auch H. v. EULER, E. ADLER und ihre Mitarbeiter am Stockholmer Institut für organ.-chemische Forschung dem Studium der sich bei der Phenolharz-Bildung abspielenden Vorgänge zugewandt.

Eines der ersten, übereinstimmenden Ergebnisse all dieser Forscher bestand in der Feststellung der großen Rolle, welche der *Verätherung der Methylolgruppen* unter den Härtungsvorgängen zukommt. Auch diese Ätherbildungs-Reaktion der Phenolalkohole, die in der Leichtigkeit, mit der sie sich vollzieht, zunächst wirklich überraschend, ja beinahe unwahrscheinlich erscheinen mußte und dementsprechend auch von vielen Seiten mit Skepsis aufgenommen wurde, war längst schon in der Literatur [v. AUWERS (*54*)] vermerkt gewesen, offenbar aber wieder in Vergessenheit geraten. Schon im Jahre 1896 finden wir in einer Arbeit von K. v. AUWERS (*55*) die Sätze: „Es ist somit die merkwürdige Tatsache zu verzeichnen, daß ein Körper, der seiner Constitution nach als substituierter Benzylalkohol aufzufassen ist, durch einfache Digestion mit Methylalkohol auf dem Wasserbad in seinen Methyläther übergeführt werden kann. Eine ähnliche leichte Ätherifizierbarkeit eines Alkohols ist unseres Wissens noch nicht beobachtet worden". Tatsächlich waren um die damalige Zeit Umsetzungen von Phenolalkoholen bzw. deren Chloriden mit anderen Alkoholen durch die Arbeiten v. AUWERS' (*16*), TH. ZINCKEs (*56*) und ihrer Schüler so bekannt, daß es wirklich erstaunlich ist, wenn der Zusammenhang dieser klassisch Arbeiten mit der Chemie der Phenolharze erst so spät erkannt wurde.

Der nunmehr gelieferte Beweis, daß neben den Methylenbrücken auch die aus den Methylolgruppen entstandenen Ätherbrücken am Aufbau der Phenolharze beteiligt sind, blieb jedoch nicht der einzige Fortschritt auf dem Wege der weiteren Erforschung der Phenolharzchemie. Im Jahre 1941 konnten gleichzeitig und unabhängig voneinander sowohl H. v. EULER (*57*) mit seinem Arbeitskreis, als auch K. HULTZSCH (*58*) an Hand von Modellreaktionen zeigen, daß weitere Härtungsvorgänge, die von den Phenolalkoholen bzw. deren Äthern ihren Ausgang nehmen, über die *Chinonmethide*, also die schon von WOHL (*25*) erwähnten, höchst reaktionsfähigen Verbindungen verlaufen. Auch diese waren an sich sowohl durch ältere Literaturangaben (*59*) als auch durch eine neuere Arbeit von FRIES und BRANDES (*60*) bereits gut bekannt, weshalb es verwunderlich ist, daß sie — obwohl vielfach auch aus Phenolen und Formaldehyd aufgebaut — erst jetzt in den Rahmen der Phenolharzchemie einbezogen wurden.

Man fand dabei nicht nur die dimeren und trimeren Formen solcher monomer unbeständigen Chinonmethide, sondern auch noch eine Reihe weiterer daraus gebildeter „Umwandlungsprodukte", deren Entstehung zum Teil auf Oxydo-Reduktionsvorgänge zurückzuführen ist. Jedenfalls erfuhr die Erforschung der Chinonmethide, einer zweifellos besonders interessanten Verbindungsgruppe, allein durch die experimentellen Arbeiten von H. v. EULER (*61*) und K. HULTZSCH (*62*) schon eine Ausweitung. Daran schlossen sich später aber auch noch Betrachtungen theoretischer Art, aufgrund deren HULTZSCH (*63, 64*) schließlich zu dem Schluß kam, daß sich die Rolle der Chinonmethide für die Chemie der Phenolharze nicht nur im Auftreten ihrer Polymerisations- oder Umwandlungsprodukte bei der Hitzehärtung von Phenolalkoholen oder deren Äthern erschöpft, sondern daß sogar jegliche Reaktion der Phenolharz-Bildung über die Stufe von äußerst reaktionsfähigen Chinonmethid-Zwischenprodukten führt.

Bei dieser gedanklichen Weiterentwicklung des gesamten Stoffes trat auch die wichtige Rolle von Wasserstoffbrücken für das Zustandekommen und den Aufbau der verschiedenen Phenolharze wie auch anderer Polykondensationsprodukte immer mehr zutage. Diese Erkenntnisse führten schließlich sogar zu der Theorie, daß die *Härtbarkeit* solcher Polykondensationsharze, auf der ja gerade ihr besonderer Wert beruht, im wesentlichen durch solche Wasserstoffbrücken bedingt wird [HULTZSCH (*65*)].

Im Zusammenhang mit der Entdeckung der maßgeblichen Beteiligung von Chinonmethiden an der Phenolharz-Bildung gelang es HULTZSCH (*66, 67*) auch, die seit Jahren in Fachkreisen umstrittene Frage der sogenannten *Ölreaktivität* härtbarer Phenolharze in dem Sinne zu entscheiden, daß zwischen letzteren und ungesättigten Ölen bzw. auch anderen ungesättigten Stoffen beim gemeinsamen Erhitzen tatsächlich eine chemische Umsetzung eintritt. Er konnte überdies zeigen, wie und in welchem Maße sich dieselbe vollzieht und damit gleichzeitig auch einen Hinweis auf den chemischen Aufbau der erstmals 1910 von L. BEREND (*68*) hergestellten, technisch so bedeutungsvoll gewordenen naturharzmodifizierten Phenolharze vom Typ der „*Albertole*" geben.

Schließlich kommt neuerdings ein ebenfalls von HULTZSCH (*69*) und unabhängig davon auch von A. ZINKE (*70*) festgestelltes, bei den Phenolharzen jedenfalls bisher noch nicht bekanntes Aufbauprinzip zu den schon erwähnten Arten von Brückenbindungen. Es konnte nämlich gezeigt werden, daß die so häufig bei der Herstellung von Phenolharzen angewandte Kondensation mit Ammoniak als Kondensationsmittel sowie die Härtung von Phenolharzen mittels Hexamethylentetramin zu *stickstoffhaltigen* Produkten führen, deren Natur nunmehr ebenfalls im wesentlichen aufgeklärt wurde.

Bedenkt man, daß im Zusammenhang mit all diesen Arbeiten zahlreiche Sonderfragen, wie z. B. eine nähere Festlegung der Struktur der verschiedenen Resole, ferner die Aufklärung der Säurehärtung von Resolen [HULTZSCH (*71*)], die Kenntnis von den in den Methylolgruppen abgewandelten Harzen, oder die Vervollkommnung der Phenolharz-Analyse mit Erfolg weitergetrieben wurde, so läßt sich nicht leugnen, daß man die fruchtbarsten Erkenntnisse innerhalb der Phenolharzchemie erst in den letzten Jahren geerntet hat. —

Rückblickend können wir also feststellen, daß die Erforschung der Phenolharzchemie sich in mehreren Abschnitten vollzogen hat. Zeitlich am weitesten zurück finden wir in den letzten Jahrzehnten des vergangenen Jahrhunderts eine Fülle von klassischen, hauptsächlich von CLAISEN (*15*), v. AUWERS (*16*), TH. ZINCKE (*56*) und ihren Schülern gelieferten Arbeiten, die an sich nichts mit Phenol*harz*chemie zu tun hatten, sondern im wesentlichen der Kenntnis der Phenolalkohole und zu diesen verwandten Verbindungsarten dienten, heute aber im Rahmen der Phenolharzchemie von höchstem Wert sind. Nach Beginn der technischen Entwicklung der Phenolharze müssen wir sehen, wie etwa zwei Jahrzehnte lang hinsichtlich der Konstitution der Phenolharze infolge des Versagens üblicher analytischer Methoden mehr oder weniger kühne Spekulationen auf verschiedene Aufbaumöglichkeiten Platz griffen. Erst mit den Arbeiten von KOEBNER begann um 1933 eine Zeitspanne einer experimentellen Erforschung der Phenolharzchemie, die aber, weil sie wenig systematisch erfolgte, zunächst nicht über die an sich sehr wichtige Erkenntnis von der Rolle der Methylenbrücke als Aufbauprinzip für die Phenolharze hinaus gedieh. Fast ein Jahrzehnt später gelang es indessen A. ZINKE, H. v. EULER, K. HULTZSCH und ihren Mitarbeitern durch ein genaues Studium der Phenolharz-Bildungsreaktionen mit Hilfe von Modellsubstanzen zu zeigen, welche weiteren Verknüpfungsmöglichkeiten am Aufbau der Phenolharze maßgeblich beteiligt sind. Aber erst die Auswertung *aller* bisherigen Arbeiten, die zeitlich mehr als ein halbes Jahrhundert auseinander liegen, führten unter Heranziehung von Erkenntnissen der neueren organischen Chemie endlich zu der vorliegenden zusammenfassenden Darstellung des gesamten Materials, in der man vielleicht aber nun auch einen gewissen Abschluß in der Erforschung der Phenolharzchemie erblicken kann.

Theoretische Grundlagen der Phenolharzchemie.

Unter dem Begriff „Phenolharze" fassen wir alle Kunstharze zusammen, an deren Aufbau phenolische Verbindungen maßgeblich beteiligt sind, d. h. neben Phenol selbst vor allem die Kresole, ferner Xylenole, Alkyl- und Arylphenole, Phenole mit mehreren Hydroxylgruppen, z. B. Resorcin, außerdem Phenolcarbonsäuren usw. Aus diesen Phenolen erfolgt der Aufbau von mehr oder weniger hochmolekularen Harzprodukten durch Verknüpfung der Phenolkerne mittels geeigneter Atomgruppen als Bindeglieder, für die sich der Begriff „Brückenbindungen" oder „Brücken" eingeführt hat und wie sie vor allem durch Kondensation mit Aldehyden und ganz besonders leicht mit Formaldehyd zustande kommen. Solche Harze werden demnach als Phenol-Aldehyd-Harze bzw. als Phenol-Formaldehyd-Harze bezeichnet.

Im weitesten Sinne kann man zu den Phenolharzen aber auch Produkte rechnen, bei denen die Verknüpfung der Phenolkerne durch Oxydationsprozesse oder durch Kondensation mit anderen reaktionsfähigen Partnern (*72*), z. B. Schwefel bzw. Schwefelchlorür, Lignin, Polyalkoholen, besonders Cellulose, oder aber wie im Falle der Terpenphenolharze (*73*) auf dem Wege einer unechten Heteropolymerisation durch eine alternierende Addition mit Terpenkohlenwasserstoffen (*74*) bewirkt wird. Unter all diesen Harzen stehen die Phenol-Formaldehyd-Harze und ihre Abwandlungsprodukte, z. B. die modifizierten Phenolharze, hinsichtlich ihrer technischen Bedeutung und mengenmäßigen Erzeugung weitaus an der Spitze. Da nur sie in die nachfolgenden Betrachtungen einbezogen werden, sollen im folgenden unter dem Begriff „Phenolharze" lediglich die Phenol-Formaldehyd-Harze verstanden sein. Dies schließt jedoch nicht aus, daß neben den Reaktionen der Phenole mit Formaldehyd auch die mit anderen Carbonylverbindungen besprochen und in Vergleich gesetzt werden, schon um zu zeigen, daß es sich hier um Reaktionen allgemeiner Art handelt, die nur beim Formaldehyd besonders leicht ablaufen.

Der Aufbau höhermolekularer Gebilde aus einfachen Grundstoffen erfordert bekanntlich, daß letztere *mehrfunktionell* sind, d. h. mehrere reaktionsfähige Gruppen oder Stellen im Molekül aufweisen. Stehen für die geplante Reaktion ausschließlich bifunktionelle Verbindungen zur Verfügung, so ergeben sich kettenförmige Endprodukte, während das Vorhandensein von Stoffen mit drei oder noch mehr funktionellen Gruppen die Bildung von dreidimensionalen Molekülen bewirkt. Nehmen bei der Reaktion neben mehrfunktionellen Ausgangsstoffen außerdem noch monofunktionelle Verbindungen teil, so bewirkt ihr Einbau in das Reaktionsprodukt den Abbruch der Polykondensation bzw. Polymerisation an dieser Stelle, indem gleichzeitig eine Modifikation des eigentlichen Reaktionsproduktes, d. h. seine Abwandlung in irgendeiner Hinsicht erreicht werden kann. Diese mag z. B. in einer Steigerung der Löslichkeit, Härte, Weichheit oder Elastizität oder in einem Einbau von sauren oder basischen Gruppen bestehen.

Die Carbonylgruppe macht Aldehyde und Ketone zu bifunktionell wirkenden Verbindungen. Auch die meisten Phenole sind mehrfunktionell. Dies, sowie der Umstand, daß die einfachen, nicht durch Substituenten oder längere Kohlenstoffketten belasteten Grundstoffe besonders reaktionsbereite Verbindungen der organischen Chemie darstellen, würde allein schon die Tatsache erklären, daß die gegenseitige Reaktion von Phenol und Formaldehyd bis zur Ausbildung makromolekularer, unlöslicher und unschmelzbarer, mechanisch und chemisch äußerst widerstandsfähiger Kunstharze durchgeführt werden kann. Zudem setzt sich Formaldehyd auch mit anderen reaktionsfähigen Grundstoffen oder sogar mit sich selbst[1] auf ähnliche Weise zu hochmolekularen Endprodukten um.

Die Mannigfaltigkeit der Phenol-Aldehyd-Reaktionen und die Leichtigkeit mit der sie sich vollziehen, sind auf die chemische Eigenart der Reaktionspartner zurückzuführen. Ein Grundvorgang der Phenolharz-Bildung besteht nämlich in der leicht eintretenden Addition von Formaldehyd bzw. von anderen Aldehyden oder von Ketonen in ortho- oder para-Stellung zum phenolischen Hydroxyl. Hierbei ergeben sich unter geeigneten Reaktionsbedingungen Carbinolverbindungen, für die sich im Falle der Formaldehyd-Anlagerung der Begriff *Phenolalkohole* eingebürgert hat.

Die Phenolalkohole gehören wegen ihrer besonderen Reaktionsfähigkeit mit zu den interessantesten Verbindungen der organischen Chemie. Sie reagieren unter Wasserabspaltung meist äußerst leicht mit fast allen Verbindungen, die bewegliche Wasserstoffatome aufweisen, im einfachsten Fall mit Phenolen oder Phenolalkoholen selbst. Dabei können jedoch verschiedene Wege beschritten werden, und dementsprechend ist auch die Möglichkeit gegeben, aus den gleichen Grundstoffen verschiedenartige Harze aufzubauen. Um von dieser Variationsfähigkeit jedoch ausgedehnten und zielbewußten Gebrauch machen zu können, ist das Verständnis für die Eigenart der Bildung und Weiterreaktion der Phenolharze unerläßlich. Im Mittelpunkt der Betrachtung stehen dabei die Phenolalkohole und die daraus durch Wasserabspaltung gebildeten Chinonmethide, welche durch Addition weiterer Phenolharz-Bausteine den eigentlichen Harzaufbau bewirken.

I. Phenole.

Zum besseren Verständnis der später beschriebenen Vorgänge soll versucht werden, das Wesentliche über die Grundstoffe, vor allem die Phenole, herauszustellen. Denn die Reaktionsfähigkeit der Phenolalkohole beruht nicht nur auf dem Vorhandensein einer oder mehrerer

[1] Vgl. z. B. W. LANGENBECK (74a).

Methylolgruppen im Molekül, sondern auf dem Umstand, daß letztere in bestimmter Weise in ein besonderes System, eben das phenolische, eingebaut sind. Dies tritt am deutlichsten bei einer Gegenüberstellung der Reaktionsfähigkeit des Benzylalkohols mit der der Phenolalkohole zutage. Hier wird es offenbar, welche bedeutende Rolle der phenolischen Hydroxylgruppe für den gesamten Reaktionsablauf in der Phenolharzchemie zukommt. Gleichzeitig berührt dies aber auch die Frage, welche Wirkungen die in einem Benzol- bzw. Phenolkern vorhandenen Substituenten ganz allgemein auf die Reaktionsfähigkeit ausüben.

Eine der Ursachen für die bekannte außerordentliche mechanische Festigkeit und Widerstandsfähigkeit stark vernetzter Phenolharze liegt sicher darin, daß das Harzskelett durch *aromatische Kerne* gebildet wird. Wir wissen, daß nicht nur formelmäßig bildlich, wie man es durch den Sechsring auszudrücken pflegt, sondern auch in Wirklichkeit der Benzolring wegen der ausgeglichenen Verteilung seiner Elektronenladungen ein sehr stabiles Gebilde darstellt. Um am Benzolkern chemische Reaktionen vorzunehmen, bedarf es einer erheblichen Aktivierung, z. B. durch Katalysatoren bzw. starke Kondensationsmittel, oder in Form einer gesteigerten Zufuhr äußerer Energie, oder schließlich auch in einer Störung des Ladungsgleichgewichtes durch eingebaute *Substituenten.* Letztere spielen bei den in der Phenolharzchemie anzutreffenden Reaktionen eine Hauptrolle. Daher sollen die für den Eintritt und die Wirkungen von Substituenten im Benzolkern bekannten Tatsachen und Gesetzmäßigkeiten hier kurz zusammengestellt werden.

Bekanntlich können die Formulierungen der klassischen Strukturlehre, etwa die meist gebrauchte KEKULÉsche Formel, oder auch andere Benzolformeln, die Eigenart des aromatischen Zustandes nicht zum Ausdruck bringen. Auch die THIELEsche Theorie der Partialvalenzen trägt noch nicht sämtlichen Erfordernissen Rechnung. So können Einflüsse, wie sie die Substituenten auf den Benzolkern ausüben, in keiner Weise aus den klassischen Formeln abgeleitet werden. Erst die Heranziehung von Elektronenformeln, die heute allerdings noch immer nicht nach einer einheitlichen Schreibweise durchgeführt wird, erleichtert das Verständnis für die chemische Eigenart zahlreicher Verbindungen und den Ablauf bestimmter Reaktionen außerordentlich, indem sie die in den Molekülen sich ergebende Ladungsverteilung erkennen lassen. Auf ihren Wert gerade für die Phenolharzchemie kann demnach nicht genug hingewiesen werden, wenngleich das Nähere hierüber dem einschlägigen Schrifttum (*75*) entnommen werden muß.

Als weiteres Hilfsmittel für das Verständnis des Folgenden wird ein erst in neuerer Zeit entstandener Begriff, nämlich der der *Mesomerie* einbezogen. Dieser beruht auf der Vorstellung eines zwischen zwei oder mehreren klassischen Strukturformeln liegenden, durch verschiedene Elektronenverteilung bewirkten Zustandes eines Moleküls, den man heute bereits durch quantentheoretische Überlegungen und Berechnungen untermauern kann. Bei dieser Betrachtungsweise können die klassischen Formeln zwar als Reaktionsformeln beibehalten werden, doch bedient man sich im Einzelfall zum besseren Verständnis vielfach zweier oder mehrerer durch das Mesomeriezeichen (←→) miteinander verbundener Grenzformeln, in denen die verschiedenen in Frage kommenden Möglichkeiten der Ladungsverteilung zum Ausdruck kommen. Es handelt sich hier um eine gedankliche Loslösung von einer starren Strukturformel, wodurch auch die nicht immer gleiche Reaktionsbereitschaft einer Verbindung in verschiedenen Anregungszuständen deutlicher hervortritt.

Durch die Heranziehung des Mesomerie-Begriffes wird das Verständnis für die später zu besprechenden Reaktionen außerordentlich gefördert, wie auch die Eigenart der Phenole dadurch besser zum Ausdruck kommt. Für letztere ergeben sich z. B. folgende Grenzformeln, wobei infolge von Substitueneteinfluß gegebenenfalls die wahre Ladungsverteilung mehr der einen oder der anderen Grenzformel entsprechen kann.

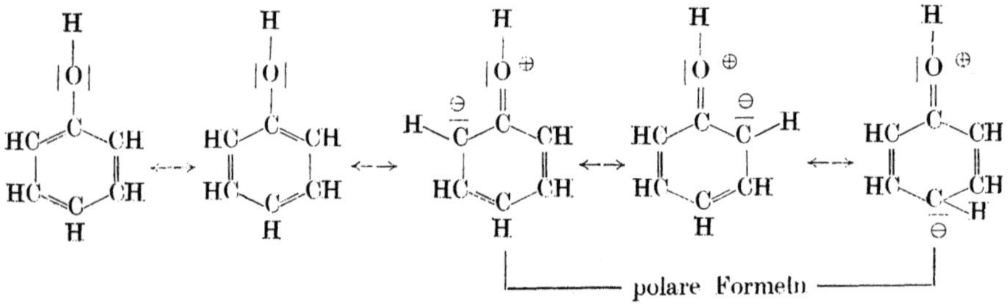

Grenzformeln der Mesomerie des Phenols.

Neben der Mesomerie spielt hier als ein weiterer Begriff die *Tautomerie* eine Rolle. Auch sie umschließt die Möglichkeit, daß ein Stoff im Sinne zweier Formeln zu reagieren vermag, die sich aber nicht nur (wie bei der Mesomerie) in der Art bzw. Lage der Bindungen, also in der Elektronenverteilung, sondern auch durch die Reihenfolge der verknüpften Atome unterscheiden. Zwischen zwei solchen strukturmäßig verschiedenen Verbindungen stellt sich teils freiwillig, teils unter dem Einfluß von Reagenzien sehr rasch ein thermodynamisches Gleichgewicht ein, welches allerdings vielfach recht einseitig liegt und für welches das Zeichen ⇄ gebräuchlich ist. Im Falle des Phenols handelt es sich um eine Keto-Enol-Tautomerie, wie sie in den folgenden Formeln zum Ausdruck kommt:

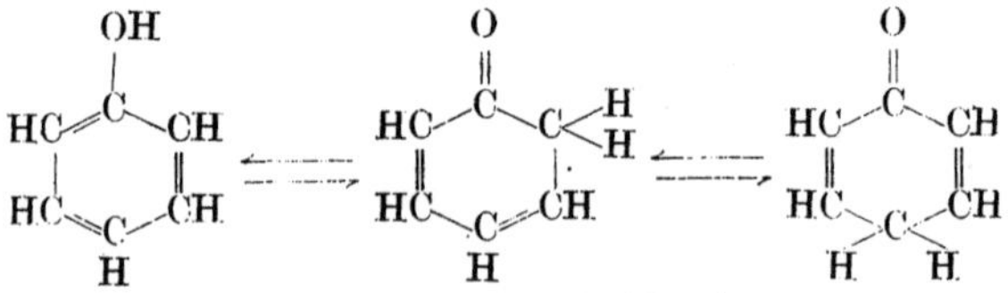
tautomere Formeln des Phenols.

Praktisch liegt aber zumindest bei den einwertigen Phenolen das Gleichgewicht völlig auf der Enol-Seite. Dies ergibt sich schon aus dem allgemeinen chemischen Verhalten der Phenole, läßt sich aber auch durch physikalische Methoden, etwa durch Absorptions-Spektren beweisen.

Bei den mehrwertigen Phenolen tritt allerdings die Tautomerie vielfach deutlich in Erscheinung, indem die Sauerstoffatome dann nicht nur als Hydroxyl-, sondern auch als Ketogruppen zu reagieren vermögen. Phloroglucin beispielsweise setzt sich als Enol mit Diazomethan und mit Phenylisocyanat um, kann aber auch, wie A. v. BAEYER (*76*) fand, mit Hydroxylamin ein Trioxim bilden.

Im Zusammenhang mit der Tautomerie der Phenole sei auf Arbeiten[1] hingewiesen, die sich mit dem Austausch von Wasserstoffatomen im Phenol durch Deuterium befassen und die gegenseitigen Beziehungen sowie die Austauschfähigkeit zwischen dem Proton der phenolischen Hydroxylgruppe und den o- und p-Kern-Wasserstoffatomen sehr schön erkennen lassen.

Durch den Einbau von *Substituenten* in den aromatischen Kern wird nun, wie schon erwähnt, die im Benzol herrschende Symmetrie der elektrischen Ladungen gestört, wobei der Grad der hervorgerufenen Änderung in der Ladungsverteilung von der Art des Substituenten abhängt. Als sog. *Schlüsselatome* mit besonders starker Wirkung gelten z. B. Cl, S, O und N, d. h. Atome mit einer unvollständigen Elektronenschale. Beim Phenol, also bei OH als Substituent, wird ein Elektronenpaar des Sauerstoffatoms in das aromatische Bindungssystem teilweise miteinbezogen. Hierdurch wird die Bindung zwischen Sauerstoffatom und Proton gelockert und dadurch die Ausbildung polarer Strukturen bewirkt, welche den Säurecharakter der Phenole mit sich bringen. Gleichzeitig wird aber auch die Angreifbarkeit des Kerns im Vergleich zum Benzol erheblich gesteigert. Bei Phenoläthern oder -estern, also bei OR bzw. O · CO · R als Substituenten, ist durch die gleichzeitige Beanspruchung des Sauerstoffatoms von seiten der Reste R bzw. CO · R der Einfluß auf den Kern im Vergleich zu dem der Hydroxylgruppe wesentlich vermindert, ganz abgesehen davon, daß in diesem Fall gerade das Proton selbst entfällt, welches offensichtlich bei vielen nachstehend beschriebenen chemischen Vorgängen in irgendeiner Weise aktiv teilnimmt. Im Vergleich zu diesen Substituenten ist die Störung, die ein Kohlenwasserstoffrest, etwa die Methylgruppe, in der Ladungsverteilung des Benzolkerns hervorruft, verhältnismäßig gering.

Durch Induktion erstreckt sich die Wirkung des Schlüsselatoms über das ganze aromatische Molekül, und zwar dergestalt, daß sich abwechselnd stabile und instabile Oktetts ausbilden. Dieser Einfluß des Schlüsselatoms ist als alternierend-induktiver „A-Effekt" bezeichnet worden.

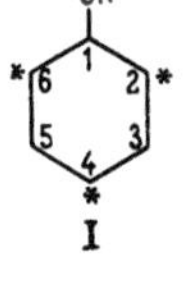

I

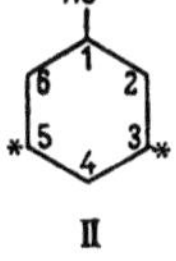

II

[1] Vgl. z. B. die Versuche von MÜNZBERG (*77*); INGOLD, RAISIN, u. WILSON (*77*); BEST u. WILSON (*77*); GEIB (*77*); KOIZUMI u. TITANI (*77*); BRODSKI, MIKLUCHIN, KUCHTENKO u. GRAGEROW (*77*); TRYON, BROWN u. KHARASCH (*77*).

Die vom Sauerstoffatom hervorgerufene „Acidifizierung“ oder die „Beweglichmachung“ eines Wasserstoffatoms erstreckt sich also auch auf die Wasserstoffatome am Kohlenstoffatom 2, 4 und 6, d. h. auf die ortho- und para-Stellen (S 15, I). Setzt man dagegen zum Vergleich einen sauerstoffhaltigen Substituenten, bei dem wie etwa in der Carbonylgruppe das Sauerstoffatom noch durch ein Kohlenstoffatom vom Kern getrennt ist (II), so werden die Kohlenstoffatome 3 und 5, also die zum Substituenten meta-ständigen Stellen, beeinflußt und damit reaktionsfähig gemacht.

Zu der Wirkung des „A-Effektes“ von Substituenten treten noch weitere Effekte („E-Effekt“, „F-Effekt“), deren Erörterung hier indessen zu weit führen würde. Das Zusammenwirken *aller* Effekte der bereits vorhandenen Substituenten, die sich natürlich überlagern, ist für die Reaktionsfähigkeit des betreffenden Moleküls verantwortlich; es bestimmt also den Ort und die Leichtigkeit des Eintritts neuer Substituenten [vgl. hierzu F. Seel (78)].

Meist pflegen diejenigen Substituenten, welche substitutionserleichternd wirken, z. B. OH, NH_2, CH_3, OCH_3 u. a., neu eintretende Substituenten in ortho- und para-Stellung zu lenken (Substituenten 1. Ordnung), während andere Gruppen, wie NO_2, SO_3H, COOH, COOR, CHO u. a., in meta-Stellung dirigieren und im allgemeinen auch die weitere Substitution erschweren (Substituenten 2. Ordnung). Starre Regeln lassen sich hier indessen nicht aufstellen, wie das Beispiel der Halogene zeigt, welche zwar in ortho- bzw. para-Stellung dirigieren, jedoch den Eintritt von Methylolgruppen hemmen.

In erster Linie tritt in der Phenolharzchemie als Substituent natürlich die *Hydroxylgruppe* hervor, die aus den oben erwähnten Gründen den Eintritt weiterer Substituenten oder auch die Addition bestimmter Gruppen, z. B. besonders von Methylolgruppen, erleichtert und regelmäßig in die ortho- bzw. para-Stellung lenkt. Von den an sich ebenfalls, wenn auch in weitaus schwächerem Maße substitutionsfördernden Methylgruppen können sich offenbar nur diejenigen positiv auswirken, die sich in meta-Stellung zum phenolischen Hydroxyl befinden, indem sich in diesem Fall ihr günstiger Einfluß zu dem der OH-Gruppe addieren kann. Sobald sich Methylgruppen in ortho- bzw. para-Stellung zur Hydroxylgruppe befinden, erstreckt sich ihre Wirkung auf Plätze, die entweder bereits durch die Hydroxylgruppe besetzt sind oder in meta-Stellung zu dieser liegen und wegen der unvergleichlich stärkeren Wirkung des Sauerstoff-Schlüsselatoms dort nicht positiv zur Geltung kommen können.

Schematisch läßt sich dies an folgender Zusammenstellung von Beispielen verschiedener Phenole klar machen. Die positiven und damit reaktionsfördernden Wirkungen der Substituenten sind darin an den entsprechenden Stellen durch Kreuzchen dargestellt und zwar diejenigen des Hydroxyls durch $+$, diejenigen von Methylgruppen durch $\times$. Erstere sind in quantitativer Hinsicht wesentlich höher zu werten als die zweiten. Die nicht direkt positiv zur Auswirkung kommenden Einflüsse sind durch ein Ringchen um + bzw. × gekennzeichnet. Die Zahl der sich bei jeder Verbindung ergebenden Kreuzchen liefert einen rohen Maßstab für die zu erwartende Substitutions- bzw. Reaktionsbereitschaft.

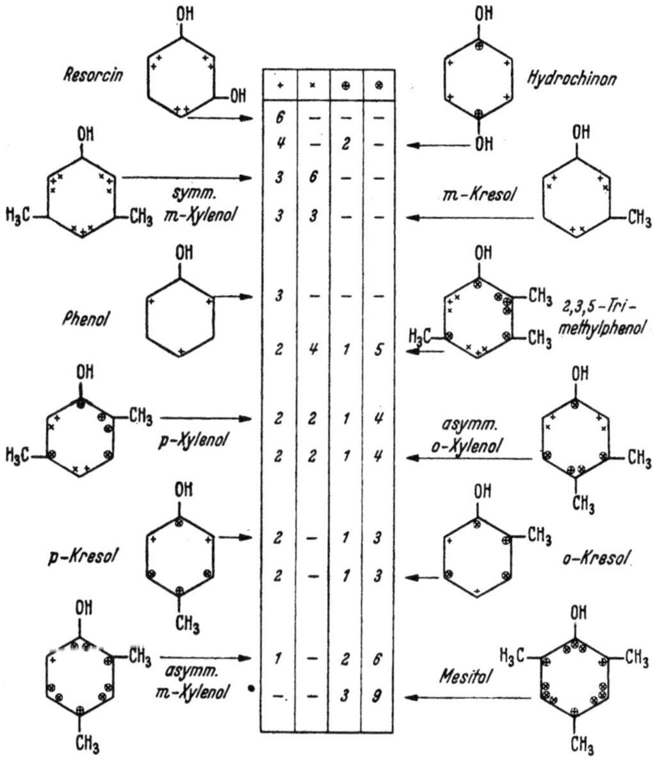

Schematische Darstellung der Reaktivität substituierter Phenole.

Selbstverständlich ist diese Betrachtungsweise sehr schematisch, da sie einen zahlenmäßigen Unterschied in der Bewertung von + bzw. × nicht vorsieht und auch die sicher vorhandenen, sich wohl auch irgendwie bemerkbar machenden, durch Ringchen gekennzeichneten Einflüsse unberücksichtigt läßt. Streng wissenschaftlich könnte man eine solche Untersuchung nur unter Einbeziehung und Berechnung aller Effekte durchführen. Immerhin hat das oben gezeigte Bild den Vorzug der Anschaulichkeit und entspricht tatsächlich annähernd den Erfahrungen, die man bezüglich der Reaktionsfähigkeit dieser Phenole bei der Verharzung mit Formaldehyd machen kann. Man vergleiche hierzu die zuerst von SPRUNG (*79*) experimentell gefundenen und von anderen Autoren verschiedentlich bestätigten Vergleichszahlen, die fast ganz in derselben Reihenfolge liegen.

An dem in der Zusammenstellung zuletzt aufgeführten Beispiel des Mesitols wird auch sichtbar, daß bei Besetzung aller ortho- und para-Stellungen durch Substituenten keine Formaldehyd-Reaktion mehr zu erwarten ist. Tatsächlich tritt nach GRANGER (*80*) beim Mesitol unter den üblichen Reaktionsbedingungen in alkalischer Lösung keine Phenolalkohol-Bildung ein. Wenn dagegen MEGSON (*81*) in stark saurer Lösung eine Kondensation des Mesitols mit Formaldehyd erreicht hat, so kann man nach HULTZSCH (*82*) diesen Vorgang damit erklären, daß infolge Besetzung aller ortho- und para-Stellen dort keine Reaktion mit Formaldehyd möglich ist und daß die ihrerseits ortho-para- (zum OH also meta-) dirigierende Wirkung dreier (!) Methylgruppen die Wirkung der OH-Gruppe unter gewissen Bedingungen offenbar ausgleichen oder überwiegen kann. Schließlich gelingt, wie bereits A. v. BAEYER (*83*) und in neuester Zeit besonders R. WEGLER (*84*) gezeigt haben, die Formaldehyd-Kondensation mit Hilfe von starken Säuren ja sogar bei aromatischen Kohlenwasserstoffen.

In gleicher Weise ließe sich auch der Einfluß substitutionshemmender Substituenten verfolgen, der mit Ausnahme der Halogene sich im allgemeinen jedoch auf die meta-Stellung (vom Hydroxyl aus gesehen mithin auf die ortho- und para-Stellung) auswirken muß. Hieraus erklärt sich ohne weiteres die im Vergleich zu den oben betrachteten Phenolen geringe Reaktionsbereitschaft z. B. von Salicylsäure, Salicylaldehyd, Phenolsulfonsäuren, Nitrophenol usw. mit Formaldehyd, von der noch die Rede sein wird.

Auch bereits eingeführte Methylolgruppen wirken natürlich als Substituenten und gleichen darin offenbar der Methylgruppe. Da sie stets in ortho- bzw. para-Stellung eintreten, wird die Ausbildung von zweiten oder gar dritten Methylolgruppen in ähnlicher Weise langsamer vonstatten gehen, wie etwa o- und p-Kresol reaktionsträger sind als Phenol.

Nach dieser allgemeinen Besprechung der Phenole soll noch speziell von solchen Phenolen die Rede sein, welche bevorzugt zur Herstellung von Phenolharzen herangezogen werden.

Wie bereits erwähnt wurde, kommen für Reaktionen der Phenole und Aldehyde ausschließlich die beiden ortho-Stellungen und die para-Stellung zum phenolischen Hydroxyl in Betracht. Phenol selbst wirkt also trifunktionell, da man die phenolische Hydroxylgruppe, die innerhalb der Phenolharzchemie nur in Sonderfällen zu Hauptvalenzbindungen führt, hier als funktionelle Gruppe außer acht lassen kann. Das Gleiche gilt für das m-Kresol und das symm. m-Xylenol, bei denen ebenfalls alle ortho- und para-Stellen frei verfügbar sind, in denen aber die Reaktionsfreudigkeit durch die Anwesenheit von einer bzw. in noch höherem Maße von zwei meta-ständigen Methylgruppen erhöht wird. Eine weitere Steigerung erfährt die Reaktionsfähigkeit der Kern-Wasserstoffatome im Resorcin durch den Einfluß von jeweils zwei phenolischen Hydroxylgruppen auf jedes der drei reagierenden Kern-Wasserstoffatome. Aus diesen Komponenten oder gar aus dem tetrafunktionellen Hydrochinon lassen sich also bei Einsatz von genügend Formaldehyd ohne weiteres dreidimensionale, stark vernetzte Phenolharze aufbauen.

Sobald indessen eine ortho- oder para-Stellung durch einen Substituenten besetzt ist, hat man — wie beim o- oder p-Kresol sowie bei einigen Xylenolen und den sog. Alkylphenolen — nur mehr bifunktionelle Phenole vor sich. Sie können unter den normalen Reaktionsbedingungen nur mehr zu kettenförmigen Phenolharzmolekülen kondensiert werden. Der Umstand, daß diese Ketten jedoch aus einer Anhäufung von aromatischen Kernen bestehen, die sich zudem sehr wahrscheinlich noch knäuelförmig zusammenballen [HOUWINK (*42*)], läßt den Charakter dieser Harze dem von Produkten aus trifunktionellen Phenolen ähnlich erscheinen, wenngleich bei ihnen keine völlige Unlöslichkeit und Unschmelzbarkeit mehr vorliegt. Ein gewisser Zusatz von trifunktionellen Phenolen zur Formaldehyd-Kondensation von o- und p-Kresol bewirkt aber auch hier eine genügende, zu unlöslichen und unschmelzbaren Endprodukten führende Vernetzung.

Wenn bei einem Phenol infolge der Anwesenheit mehrerer Substituenten nur mehr eine der ortho- bzw. para-Stellen für die Formaldehyd-Kondensation zur Verfügung steht, lassen sich aus ihm keine technisch wertvollen Harze mehr herstellen. Monofunktionelle Phenole sind daher, wie früher schon ausgeführt wurde, für Polykondensationen ungeeignet. Sie erweisen sich jedoch von höchstem Wert zur Durchführung von Modellreaktionen, da sie, wie die Erfahrung gelehrt hat, alle typischen Phenolharz-Reaktionen eingehen, ohne dabei aber zu hochmolekularen Harzen zu führen, die — wie die Harze aus bi- oder gar trifunktionellen Phenolen — nur mehr mit größter Mühe untersucht werden können. Allerdings hat gerade das Beispiel solcher als „monofunktionell" bezeichneten Phenole gezeigt, daß unter gewissen Bedingungen auch aus ihnen Harze mit einem beträchtlichen Molekulargewicht entstehen können, zu deren Bildung also, wie HULTZSCH (*58*) annimmt, tatsächlich mehr als eine funktionelle Gruppe in Tätigkeit getreten sein mußte. Hierfür kommen nur das phenolische Hydroxyl oder die Substituenten in Frage. Diese Möglichkeiten, von denen erst später eingehend die Rede sein wird, sollen an dieser Stelle nur der Vollständigkeit halber erwähnt werden.

Wählt man zum Studium der Verharzungs-Reaktionen Phenole mit größeren Alkyl-, Aryl- oder Aralkylresten oder gar mit Substituenten 2. Ordnung, z. B. p-Phenyl- oder p-Cyclohexylphenol, Chlorphenole, Nitrophenole, Phenolcarbonsäuren usw., so ist zu beachten, daß zwar auch bei ihnen die Reaktionen grundsätzlich die gleichen sind, daß aber graduelle Unterschiede hinsichtlich der Neigung für die eine oder andere Reaktion sehr stark hervortreten können. Infolgedessen dürfen derartige Phenole nur bedingt als Modellsubstanzen herangezogen werden. Bei ihnen verwischt tatsächlich die Anwesenheit größerer Kohlenwasserstoffgruppen oder weiterer Schlüsselatome mehr oder weniger den spezifischen Charakter der Phenole, so wie er hier als für die Phenolharzchemie wichtig herausgestellt wurde.

II. Phenolalkohole.

Die Methylolgruppe.

Bei den alkalisch geleiteten Phenol-Formaldehyd-Umsetzungen entstehen als erste wichtige Reaktionsstufe Oxybenzylalkohole (Oxymethyl- oder Methylolphenole). Sie kommen dadurch zustande, daß sich Formaldehyd und Phenol unter Ausbildung von Methylolgruppen (—CH_2OH) gegenseitig addieren, wobei letztere aus den im vorangehenden Kapitel erläuterten Gründen an den zum phenolischen Hydroxyl *ortho-* bzw. *para*-ständigen nichtsubstituierten Stellen eintreten. Unter gewissen Bedingungen können alle diese Plätze durch Methylolgruppen besetzt werden, so daß sich nicht nur o- und p-Oxybenzylalkohole, sondern auch Dimethylolphenole und die in freier Form allerdings nicht beständigen Trimethylolphenole, bei ein- und zweikernigen Diphenolen sogar faßbare Tetramethylol-Derivate ergeben. Alle diese Methylolverbindungen der Phenole, von denen nachstehend einige angeführt sind, nennt man üblicherweise kurz *Phenolalkohole.*

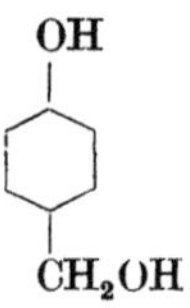

p-Oxybenzylalkohol, LEDERER (*13*) MANASSE (*14*)

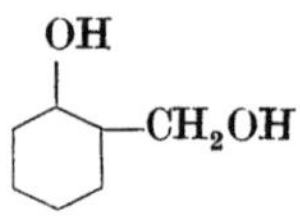

Saligenin, PIRIA (*6*)

Phenol-monoalkohole

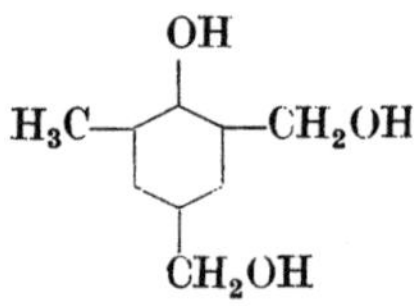

o-Kresol-dialkohol, GRANGER (*80*)

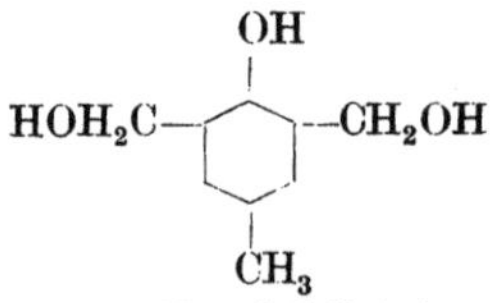

p-Kresol-dialkohol, ULLMANN u. BRITTNER (*85*)

Phenol-dialkohole

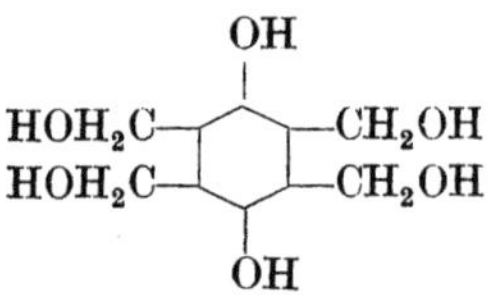

Hydrochinon-tetraalkohol, V. EULER (*86*)

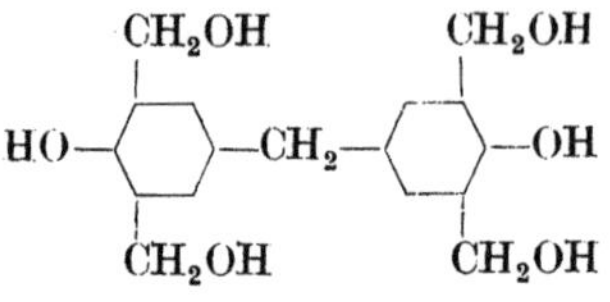

Diphenylolmethan-tetraalkohol, SEEBACH (*87*)

Phenol-tetraalkohole

Die vielfach recht gut krystallisierenden Phenolalkohole stellen wegen ihrer außerordentlichen Reaktionsfähigkeit eine besonders bemerkenswerte Gruppe von organischen Verbindungen dar, die nach dem Auffinden ihrer leichten Bildungsweise aus Phenol und Formaldehyd durch LEDERER (*13*) und MANASSE (*14*), sowie ihrem näheren Studium durch v. AUWERS (*16*) zunächst vor allem im Zusammenhang mit den ihnen nahe verwandten *Pseudophenolverbindungen* lebhaftes Interesse fanden [Arbeiten von K. v. AUWERS (*16*), TH. ZINCKE (*56*) und K. FRIES (*88*)]. Eine ungleich höhere Bedeutung gewannen sie indessen später innerhalb der Phenolharzchemie, als man in ihnen die wirksamen Bausteine der Resole erkannte. Seitdem gehört die Darstellung von Phenolalkoholen als Ausgangsmaterial für technische Harzprodukte oder für die verschiedensten Versuche zum unentbehrlichen Rüstzeug jedes technisch oder wissenschaftlich tätigen Phenolharzchemikers. Sie ist dementsprechend auch in der einschlägigen Literatur an zahlreichen Stellen zu finden. Eine eingehende Behandlung haben die Phenolalkohole in den zusammenfassenden Aufsätzen von K. v. AUWERS (*89*) und F. S. GRANGER (*80*) erfahren, ohne daß diese Darstellungen indessen als erschöpfend anzusehen sind.

a) Bildung von Phenolalkoholen.

Die präparative Darstellung der Phenolalkohole erfolgt am einfachsten durch Einwirkung von wäßrigem Formaldehyd auf die Phenole in stark alkalischem Medium bei Temperaturen von etwa 15—40°, vorzugsweise bei Zimmertemperatur[1]. Unter diesen Bedingungen verläuft die Ausbildung der Methylolgruppen je nach der Aktivität des Ausgangsphenols und der Menge des eingesetzten Formaldehyds in Zeiträumen von weniger als einer Stunde bis zu mehreren Tagen. Durch vorsichtige Neutralisation werden die freien Phenolalkohole — oft bereits in krystalliner Form — abgeschieden.

Zwei Umstände erschweren jedoch vielfach die Darstellung einheitlicher Substanzen. Erstens besteht bei bi- und trifunktionellen Phenolen die Möglichkeit, daß sich Gemische von o-Monoalkohol, p-Monoalkohol, Di- und gegebenenfalls Trialkohol bilden. Diese lassen sich meist nur sehr schwer trennen, zumal oft noch Reste des Ausgangsphenols oder von Formaldehyd vorhanden sind, die beide als gute Löser für die gebildeten Phenolalkohole wirken. Zweitens läßt es sich nicht immer vermeiden, daß mehr oder minder hohe Anteile der bereits gebildeten Methylolverbindungen mit dem Ausgangsphenol unter Entstehung von Methylendiphenol weiterreagieren, welches dann seinerseits auch wieder Formaldehyd anlagern kann. Dies ist besonders bei bi- oder trifunktionellen Phenolen mit freier *para*-Stellung der Fall. Die Gründe hierfür werden später noch erörtert.

Insgesamt handelt es sich hier um eine Gleichgewichtsreaktion, bei der eine ausschließliche oder auch nur überwiegende Bildung *einer* Komponente nur in besonders günstigen Fällen erreicht werden kann, etwa bei Einsatz von monofunktionellen Phenolen oder von solchen Phenolen, deren para-Stellung durch Substitution der Zweikernbildung entzogen ist.

In hohem Maße spielt aber auch die Menge des eingesetzten Alkalis bzw. das p_H des Reaktionsmediums eine Rolle. Die vollständige Besetzung aller reaktionsfähigen Stellen des Phenols mit Formaldehyd erfordert etwa das p_H 10—12, das man zweckmäßig durch den Einsatz von einem Mol Alkali pro phenolische Hydroxylgruppe einstellt. Nimmt man, wie dies bei der Darstellung technischer Resole aus Zweckmäßigkeitsgründen geschieht, nur einen Bruchteil davon, so tritt wohl auch Bildung von Methylolgruppen ein, doch schreitet sie nicht bis zur Besetzung aller reaktionsfähigen Stellen weiter. Im allgemeinen verringert

[1] Weitere Bildungsweisen sind bei RICHTER-ANSCHÜTZ (*90*) zu finden. Neuerdings wurde von RICHTZENHAIN (*91*) über einen Fall fermentativer Oxydation einer zu einem phenolischen Hydroxyl para-ständigen Methylgruppe zur Methylolgruppe berichtet.

sich mit sinkendem p_H die Neigung zum Methylolgruppen-Eintritt immer mehr, doch hängt sie in hohem Maße auch von der Reaktionsfreudigkeit des betreffenden Phenols ab, die nach den Ausführungen des vorhergehenden Kapitels vor allem durch die im Phenolkern vorhandenen Substituenten bedingt ist[1]. Letztere bestimmen nicht nur den Ort und die Zahl der einwandernden Methylolgruppen, sondern auch den Grad der Leichtigkeit und Schnelligkeit, mit der die Anlagerung stattfindet. Auf keinen Fall vollzieht sich die Methylolgruppen-Bildung bei bestimmten p_H-Grenzen sprunghaft, vielmehr wird sich bei jedem p_H ein Gleichgewicht zwischen Phenolalkoholen niederen und höheren Methylolgruppen-Gehalts einstellen, wobei auch Zeit, Temperatur und Formaldehyd-Konzentration, sowie wahrscheinlich auch das Lösungsmittel und sogar die Art der anwesenden Kationen[2] einen Einfluß ausüben. Eingehende Serienuntersuchungen, aus denen die Wirkungen aller der genannten Faktoren deutlich zu erkennen wären, wurden bisher noch nicht bekannt, nicht zuletzt wohl deswegen, weil die einwandfreie Durchführung und Auswertung solcher Versuche infolge des derzeitig noch unbefriedigenden Standes der Phenolharz-Analyse bisher kaum möglich war.

Mit sinkendem p_H steigt die Neigung der Methylolgruppen zur Weiterreaktion im Sinne der Methylenbrücken-Bildung, von der später eingehend die Rede sein wird. Besonders deutlich wird dies, wenn das Reaktionsmedium im sauren Bereich liegt. Auch hier kann zuweilen noch das Auftreten von Methylolgruppen nachgewiesen werden, wenn auch in diesem Falle, wie später noch gezeigt wird, die Stufe der Phenolalkohole selbst im allgemeinen wohl überhaupt nicht durchlaufen wird.

Auf welche Art und Weise kommt nun eigentlich die Anlagerung des Formaldehyds an das Phenol zustande? Hierüber bestehen verschiedene Meinungen. So wird dieser Vorgang manchmal einfach so formuliert, daß Phenol mit Methylenglykol, der Hydratform des Formaldehyds, die nach spektralanalytischen Untersuchungen [z. B. von Bieber und Trümpler (*92*)] in wäßriger Lösung bei nicht zu hohen Temperaturen tatsächlich vorliegt, unter Wasserabspaltung reagiert. Eine solche Formulierung dürfte aber den tatsächlichen Reaktionsverlauf nicht richtig, zumindest nicht erschöpfend wiedergeben:

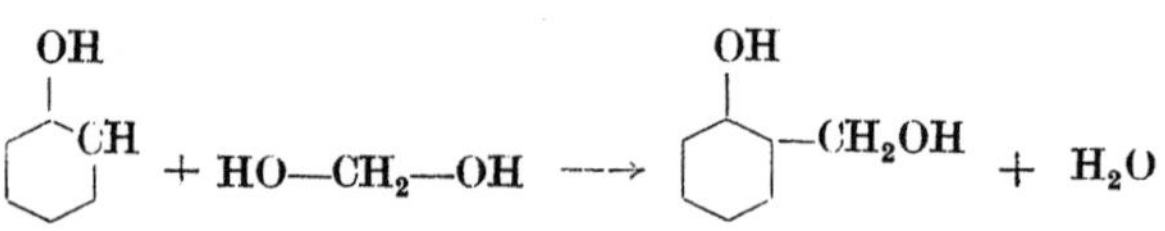

Eine andere Anschauung geht dahin, daß die neue Bindung zuerst über den Phenolsauerstoff in Form des Halbacetals C_6H_5—O—CH_2OH stattfindet und dann durch Umlagerung in den Kern wandert. Claisen (*93*), der zuerst diese Meinung äußerte, belegte sie mit dem Auffinden

[1] Ein besonders auffälliges Beispiel ist die von E. Ziegler und G. Zigeuner (*91a*) beobachtete Reaktionsträgheit der zwischen dem phenolischen Hydroxyl und der meta-ständigen Methylgruppe befindlichen ortho-Stellung des 3,4-Dimethylphenols.

[2] Neuere Versuche hierüber liegen von Wanscheidt u. Wasiljew (*91b*) vor.

einer bei der Umsetzung zwischen Acetaldehyd und β-Naphthol in *saurer* Lösung entstandenen, allerdings zwei Phenole enthaltenden Acetalverbindung:

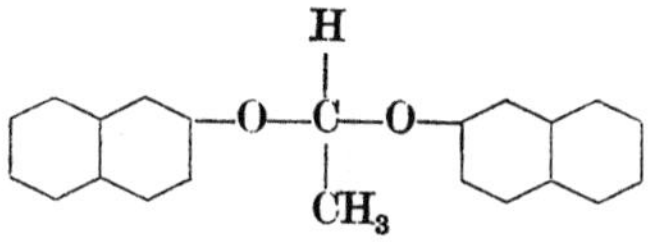

Auch BAEKELAND und BENDER (*21*) berichten über die mittels Säuren erzielte Darstellung eines gleichartigen Produktes aus Phenol und Butyraldehyd, welches sich in die isomere Dioxydiphenylalkan-Verbindung umlagert. Demgegenüber wies BARTHEL (*23*) auf die große Beständigkeit des Methylen-diphenyläthers $C_6H_5—O—CH_2—O—H_5C_6$ hin, wobei hier noch angefügt werden kann, daß offenbar auch der Methylen-methyl-phenyläther $C_6H_5—O—CH_2—O—CH_3$ eine sehr stabile Verbindung ist [BRESLAUER und PICTET (*94*)].

v. EULER (*95*), der neben anderen Autoren [WALKER (*96*), OSCHMANN (*97*), H. F. MÜLLER und I. MÜLLER (*98*)] gleichfalls die Meinung vertritt, daß die Methylol-Einwanderung über das Sauerstoffatom erfolgt, vermutet daß die fragliche Zwischenstufe, nämlich das Halbacetal $C_6H_5—O—CH_2OH$, viel labiler sein könnte als die oben genannten Substanzen. In der Tat ist diese Verbindung wohl noch nie dargestellt oder in irgendeiner Form gefaßt und untersucht worden.

Einen gleichartigen Fall einer Wanderung über den Phenolsauerstoff in den Kern erblickt v. EULER in der KOLBEschen Salicylsäuresynthese; ferner vergleicht er damit die REIMER-TIEMANNsche Salicylaldehydsynthese, sowie die Bildung von Oxyphenylketonen aus Acylphenolen (FRIESsche Verschiebung durch Einwirkung von $AlCl_3$ oder $ZnCl_2$). Auch die CLAISENsche Umlagerung von Phenolallyläthern in Allylphenole (*99*) wäre hier noch hinzuzufügen.

Bei all diesen Fällen kann man sich heute jedoch nicht mehr mit der einfachen formelmäßigen Darstellung begnügen, sondern muß zu ihrer Deutung auf die Vorstellungen der Tautomerie und Mesomerie zurückgreifen. Nach diesen könnte mindestens zwischen der Methylolbildung in alkalischer Lösung und der Salicylsäuresynthese tatsächlich eine Parallele vorliegen, die sich aber nicht ohne weiteres auf sauer katalysierte Reaktionen ausdehnen läßt. Bei der Salicylsäuresynthese nimmt man heute einen wechselseitigen Übergang zwischen dem aromatischen und chinoliden Bindungszustand an [HÜCKEL (*100*)], so daß die altbekannte, klassische Formulierung über die Sauerstoffbindung nur einen Grenzfall darstellen würde. Überträgt man diese Ansichten auch auf den Reaktionsverlauf der Methylolgruppen-Einwanderung, so verlieren wohl auch die Meinungsverschiedenheiten über die Beständigkeit der Halbacetalform an Interesse[1].

Nach einer dritten Auffassung, wie sie vor allem HULTZSCH (*63*) vertritt, erfolgt der Formaldehyd-Eintritt beim Phenol in *alkalischem*

[1] Vgl. hierzu auch die Meinung von EISTERT (*101*) über den „indirekten Substitutionsmechanismus".

Medium durch *Aldolbildung*. Diese stellt eine in der organischen Chemie recht gebräuchliche Reaktion dar, nach der auch Methylolgruppen ganz allgemein an Kohlenstoff- bzw. Stickstoffatome mit beweglichen Wasserstoffatomen, also auch an Carbonylverbindungen, Amine, Sulfon- und Carbonsäureamide, Triazine und andere Verbindungen angelagert werden können. Die Voraussetzungen für eine Aldolbildung, nämlich bewegliche, „acidifizierte" Wasserstoffatome, sowie eine genügend reaktive Carbonylgruppe, sind bei Phenol und Formaldehyd in denkbar günstigstem Maße gegeben. Der unter der Wirkung von Alkali sich vollziehende Vorgang kann nach HULTZSCH (*63*) und nach E. ZIEGLER (*102*) dann etwa folgendermaßen formuliert werden:

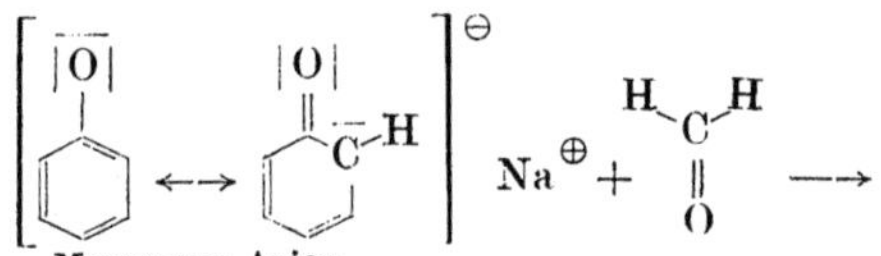

Mesomeres Anion

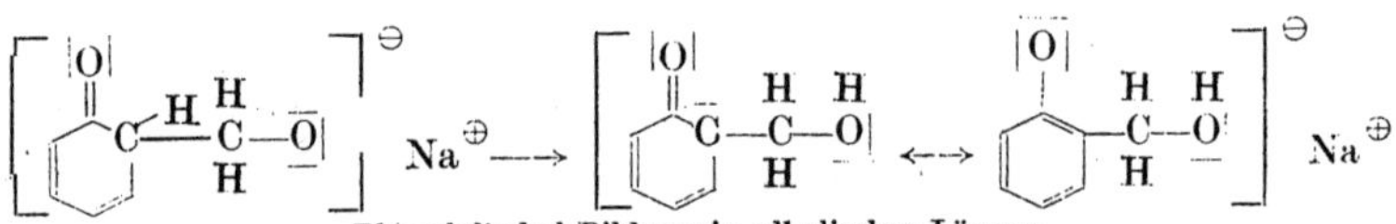

Phenolalkohol-Bildung in alkalischer Lösung.

Die Rolle, die dem basischen Katalysator hierbei zufällt, besteht nach EISTERT (*103*) darin, daß er die Aufrichtung der Carbonyl-Doppelbindung erleichtert und vor allem dem Phenol ein Proton entzieht.

In ähnlicher Weise stellt sich auch C. C. PRICE (*104*)[1] die Phenolalkoholbildung vor:

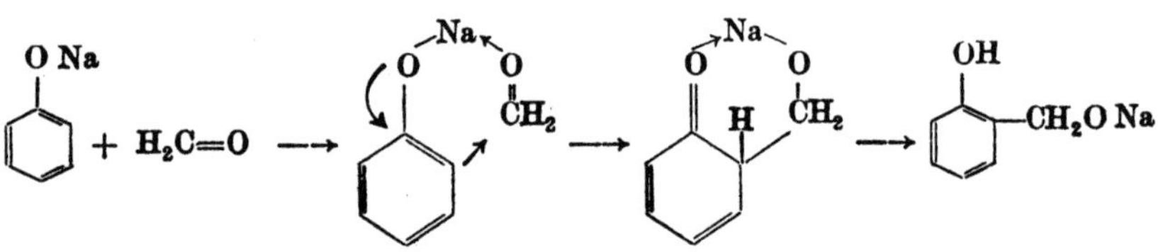

In *saurer* Lösung vollzieht sich die Addition zwischen Phenol und Formaldehyd sicher auf andere Art und Weise. Hierfür spricht schon der Umstand, daß unter der Einwirkung starker Säuren auch Phenoläther (*105*) und selbst aromatische Kohlenwasserstoffe (*84, 106*) der Formaldehyd-Kondensation zugänglich sind. Den Ablauf der Reaktion in saurem Medium formuliert HULTZSCH (*63*) folgendermaßen, wobei als Kondensationsmittel HCl zugrundeliegt. Der Formaldehyd-Eintritt wird hier am para-ständigen Kohlenstoffatom angenommen, kann aber in entsprechender Weise natürlich auch in der ortho-Stellung erfolgen:

[1] Die von diesem Autor bei der Resithärtung u. a. auch angenommene Bildung von Oxybenzyl-phenyläthern trifft allerdings nicht zu.

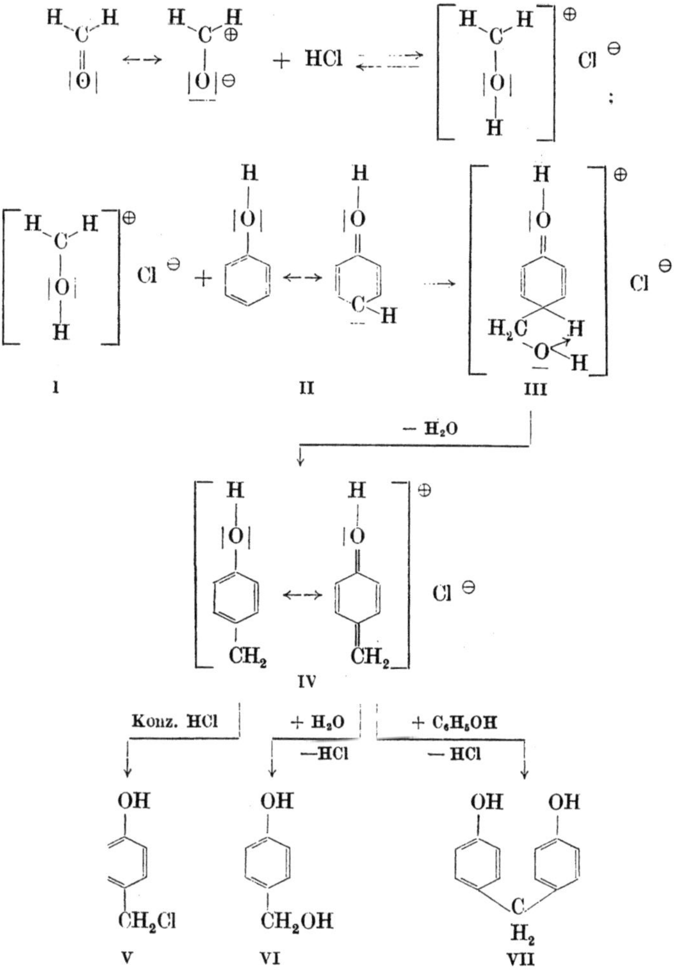

Phenol-Formaldehyd-Kondensation in saurer Lösung.

Auch das saure Kondensationsmittel beteiligt sich hier wiederum selbst an dem Vorgang, indem es sich zuerst an den Formaldehyd anlagert. Das hierdurch gebildete Kation I [vgl. EISTERT (*107*)] vereinigt sich nun mit dem Phenol II zu einer Zwischenverbindung III, die sofort unter Wasserabspaltung in eine höchst reaktionsfähige, sich von den Chinonmethiden ableitende ionische Zwischenstufe IV übergeht. Letztere kann sich bei hoher HCl-Konzentration zu einer nicht dissoziierten Chlormethylverbindung V stabilisieren (*108*), die mit den sog. Pseudophenolhalogeniden identisch ist. Diese selbst brauchen dabei aber wohl nicht, wie E. ZIEGLER (*109*, *110*) annimmt, Zwischenprodukte bei der mit Salzsäure durchgeführten Phenol-Formaldehyd-Kondensation zu sein.

Die ionische Zwischenstufe IV kann ferner in geringem Maße mit Wasser zur Methylolverbindung VI hydrolysieren, weshalb gelegentlich auch bei sauer bewirkten Phenol-Formaldehyd-Kondensationen Methylolgruppen nachgewiesen wurden [Wanscheidt (*111*), v. Euler (*112*)]. In der Hauptsache tritt indessen Anlagerung von einem weiteren Phenolmolekül und dadurch die an und für sich erst später zu besprechende Methylenbrücken-Bildung zu einem Diphenylolmethan VII ein, ohne daß es dabei zur Ausbildung von Phenolalkoholen VI selbst kommt. Nur in Fällen der Kondensation von Phenolen mit stark hemmenden Substituenten[1], besonders bei Nitro- und Chlorphenolen, Phenolaldehyden oder Phenolcarbonsäuren, finden wir als Endprodukte vorzugsweise Oxymethylphenole (*113*) oder — in stark salzsaurer Lösung — Chlormethylphenole (*114*, *115*). Sofern die Formaldehyd-Anlagerung in ortho-Stellung zum phenolischen Hydroxyl erfolgt, tritt bei solchen reaktionsträgen Phenolen vielfach aber auch als Abschlußreaktion mit weiterem Formaldehyd Ringschluß zu Benzdioxan-Verbindungen (*116*) ein.

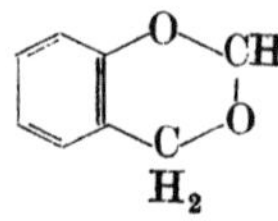

1,3-Benzdioxan (vgl. S. 79)

Bei einem Vergleich der beiden vorangehenden schematischen Darstellungen wird auch die Verschiedenheit der Entstehung von Phenolalkoholen in alkalischer Lösung und der Phenol-Formaldehyd-Kondensation in saurer Lösung durch folgende Tatsache unterstrichen. Phenoläther und -ester lagern zwar in grundsätzlich gleicher Weise mit Hilfe von Halogenwasserstoffsäuren Formaldehyd zu entsprechenden Methylol- oder Halogenmethyl-Verbindungen (*115*) an oder können damit auch zu Methylendiphenol-Derivaten (*117*) kondensieren. In alkalischer Lösung vermögen sie jedoch keinen Formaldehyd aufzunehmen, da hierzu ja das Wasserstoffatom des phenolischen Hydroxyls ionogen abgespalten werden muß. Hingegen kann bei der mit Säuren bewirkten Kondensation dieses Wasserstoffatom an seinem Platze verbleiben und deshalb unter Umständen auch durch ein Radikal R ersetzt sein. Immerhin ist die Reaktionsfähigkeit solcher verätherter oder veresterter Phenole auch bei der Säurekondensation aus den auf S. 15 schon angeführten Gründen gegenüber den freien Phenolen sehr stark herabgesetzt.

Praktisch dieselbe Auffassung über den Ablauf der mit Säuren herbeigeführten Phenol-Formaldehyd-Kondensation wie Hultzsch (*63*) vertritt auch Price (*104*).

Andere Aldehyde, ja sogar Ketone vermögen mit Phenolen grundsätzlich in gleicher Weise wie Formaldehyd zu reagieren, indem sie sich unter dem Einfluß basischer oder saurer Kondensationsmittel an Phenole anlagern. Allerdings sinkt die Reaktivität der Carbonylverbindungen RCHO bzw. RR'CO nach Maßgabe der Art und Größe von R stark ab; sie ist deshalb bei den Ketonen noch wesentlich geringer

---

[1] Vgl. z. B. die Formaldehyd-Kondensation von 2,4-Bis-tert.-butylphenol [R. Wegler u. K. Faber (*112a*)].

als bei den Aldehyden. Um diesen Abfall der Reaktionsfähigkeit auszugleichen, muß die Konzentration der Kondensationsmittel erhöht werden. Die Erhöhung der Alkalikonzentration löst nun aber bei den Carbonylverbindungen mit mehr als einem Kohlenstoffatom vor allem eine ebenfalls durch Aldolbildung zustande kommende *Eigen*kondensation aus, zu der sich dann auch noch die CANNIZZAROsche Reaktion als Nebenreaktion gesellt. Deshalb kommt die *alkalische* Kondensation von Phenolen mit anderen Carbonylverbindungen als Formaldehyd zur Herstellung reiner, härtbarer Phenolharze praktisch nicht in Frage. Immerhin hat man auch bei der alkalisch geleiteten Reaktion von Benzaldehyd [MERTENS und FONTEYN (*118*)] und Chloral [PAULY und SCHANZ (*119*)] mit Phenol die Carbinolstufe $HO \cdot C_6H_4 \cdot CH(OH) \cdot R$ erhalten. Hier handelt es sich nämlich um Aldehyde, bei welchen an den der Carbonylgruppe benachbarten Kohlenstoffatomen keine Wasserstoffatome vorhanden sind, wodurch die Eigenkondensation der Aldehyde durch Aldolbildung ausgeschlossen wird.

Auch in saurer Lösung wurde bei der Kondensation von Phenolen mit Carbonylverbindungen in einigen Fällen, nämlich mit Chloral [BALFE und WEBBER (*120*)], Furfurol [PORAI-KOSCHITZ (*121*)], Benzaldehyd [LOSSEW und AKUTIN (*122*)] und Acetophenon [TH. ZINCKE (*123*)] das Auftreten der Carbinolverbindungen

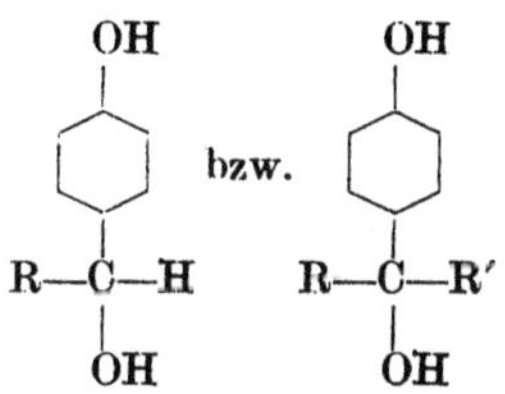

beobachtet. Wie bei der für Formaldehyd in saurer Lösung angenommenen Reaktionsfolge (vgl. S. 25,VI) dürfte es sich hier ebenfalls nur um Sonderfälle handeln, während üblicherweise die Reaktion über eine anhydrische Zwischenstufe gleich zur Verknüpfung zweier Phenolkerne mittels einer Alkylidenbrücke (—CHR—) bzw. Isoalkylidenbrücke (—CRR′—) führt. Es können also aus Phenolen in *saurer* Lösung sehr wohl novolakartige Harze auch mit anderen Carbonylverbindungen als Formaldehyd hergestellt werden, wenngleich sich hierbei deren mehr oder weniger verminderte Reaktionsfähigkeit in erheblichem Maße bemerkbar macht. Mit Ketonen bleibt deshalb die Reaktion zumeist bei der Bildung von zweikernigen Phenolen stehen.

b) Eigenart und Reaktionen der Phenolalkohole.

Es wurde bereits darauf hingewiesen, daß die in ortho- bzw. para-Stellung zum phenolischen Hydroxyl befindlichen Methylolgruppen der Phenolalkohole eine unvergleichlich höhere Reaktionsfähigkeit aufweisen, als es etwa beim Benzylalkohol der Fall ist. Die Ursache hierfür liegt vor allem in der polarisierenden Wirkung des phenolischen Sauerstoffatoms begründet, dessen alternierende Induktionswirkung sich bis zur alkoholischen Hydroxylgruppe der Methylolgruppe erstreckt und diese daher leicht abspaltbar macht. Die Abspaltung erfolgt in Form von Wasser gemeinsam mit einem gleichfalls acidifizierten Wasserstoffatom entweder des gleichen oder eines anderen Moleküls. Im ersteren Fall führt sie zu den höchst reaktionsfähigen und für sich unbeständigen o- und p-Chinonmethiden, von denen im V. Kapitel noch die Rede sein wird.

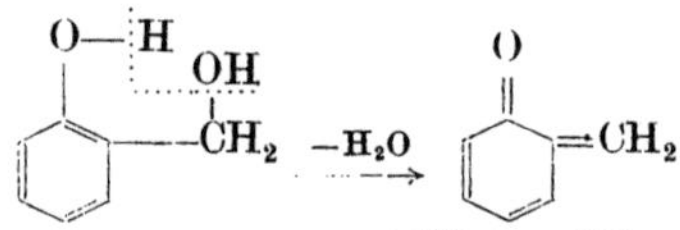

o-Chinonmethid

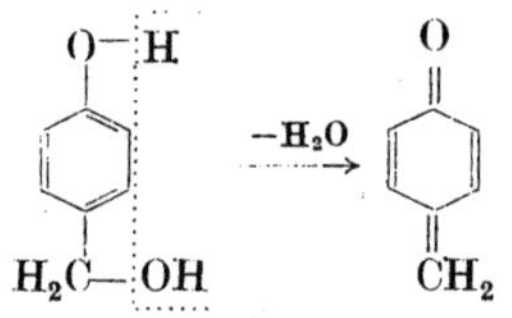

p-Chinonmethid

Bei der intermolekularen Kondensation mit einer Verbindung HR dagegen tritt eine Verknüpfung beider Moleküle durch eine Methylenbrücke zu o- bzw. p-Oxybenzylderivaten ein:

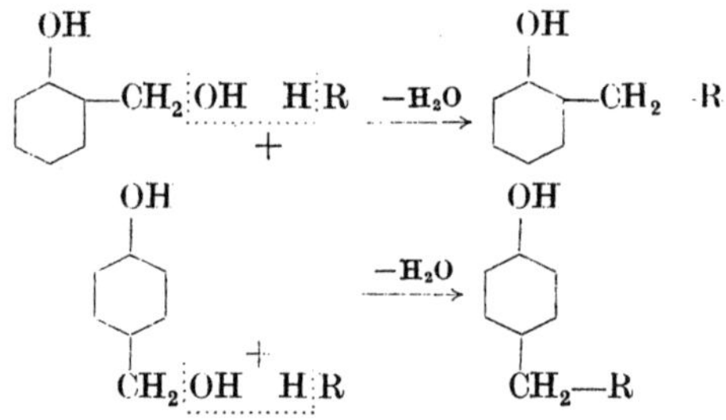

Eine derartige Formulierung der Bildung von Chinonmethiden bzw. Oxybenzylverbindungen gibt jedoch nur den äußeren Verlauf der Reaktionen wieder. Gerade aber weil diese so überraschend leicht eintreten, muß man Überlegungen über die tieferen Ursachen dafür anstellen.

Solche Betrachtungen führten zu der Theorie, daß die Phenolalkohole ähnlich wie die Methylolverbindungen anderer Substanzen, die Sauerstoff- oder Stickstoffatome in einer besonderen Molekülanordnung aufweisen, überhaupt nur dann einigermaßen beständig und faßbar sind, wenn die Methylolgruppen durch *Wasserstoff-* bzw. *Protonbrücken* stabilisiert werden können [HULTZSCH (*65*)].

Da diese in der Phenolharzchemie offensichtlich eine erhebliche Rolle spielen, soll hier das Wesentliche ihrer Eigenart kurz herausgestellt werden, wenngleich für ein eingehenderes Studium auf die neueren Werke von B. EISTERT, W. HÜCKEL und E. MÜLLER über theoretische organische Chemie (*75*) hingewiesen werden muß.

Man versteht unter einer *Wasserstoff- (H-) Brücke* eine engere Beziehung zwischen zwei Molekülen oder Teilen des gleichen Moleküls, die durch die koordinativen Kräfte eines Wasserstoffatoms hergestellt wird und für die als Symbol in vereinfachter Schreibweise ein von dem Elektronendonator auf das H-Atom gerichteter Pfeil gilt. Solche H-Brücken bewirken z. B. die Assoziation von Wasser, Alkoholen, Phenolen und Amiden, ferner die Dimerisation von Carbonsäuren in Lösungsmitteln. Sie können sich grundsätzlich stets dann ausbilden, wenn eine wasserstofftragende Gruppe (z. B. OH) in genügende Nähe eines Elektronendonators gelangt, d. h. eines Atoms, das einsame Elektronenpaare zur Verfügung stellen kann. Die Tendenz dazu ist jedoch von Fall zu Fall verschieden; ganz besonders stark ist sie offenbar zwischen O und O sowie zwischen O und N. Nebenvalenzverknüpfungen durch Wasserstoff, in denen der ($\delta+$)-Charakter des letzteren besonders gekennzeichnet werden soll, bezeichnet man nach einem Vorschlag von EISTERT (*124*) als *Protonbrücken.*

Innerhalb eines Moleküls ist die Bildung der H-Brücken vom räumlichen Bau des Moleküls abhängig. Sie führt hier zu *Ringen,* die auch „Chelate" genannt werden. Die bevorzugte Zahl für die Ringglieder ist 5 und 6. Substituenten beeinflussen die Stabilität der H-Brücken. Die durch ortho-ständige Substituenten hervorgerufene, als „Ortho-Effekt" bezeichnete sterische Hinderung dürfte zum Teil wohl auch auf solche H-Brücken-Bildung zurückzuführen sein.

Bei den Phenolharzen treten vor allem Protonbrücken in Erscheinung. Durch sie werden einerseits offensichtlich zahlreiche Reaktionen eingeleitet, andererseits wird über derartige Nebenvalenzverknüpfungen aber auch eine Stabilisierung von Zwischenprodukten ermöglicht, auf welcher letzten Endes sogar die Härtbarkeit dieser Stoffe beruht [HULTZSCH (*65*)]. Diese Stabilisierung tritt zweifellos bei den Phenolalkoholen besonders schön in Erscheinung.

Man kann nämlich die Existenz von o-Phenolalkoholen überhaupt der auch von HÜCKEL (*125*) bereits angenommenen Ausbildung von intramolekularen Protonbrücken zwischen den Sauerstoffatomen des phenolischen Hydroxyls und der Methylolgruppe zuschreiben. Denn ohne diese Stabilisierung, für welche die Ausbildung eines sechsgliedrigen Ringes offenbar charakteristisch ist, würde die große Labilität dieses

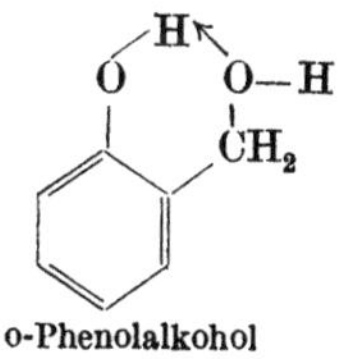

o-Phenolalkohol

Systems voll zur Geltung kommen und alsbald Wasserabspaltung bzw. Weiterkondensation eintreten. Ganz ähnliche Verhältnisse liegen bei den Methylolverbindungen der Aldehyde und der Ketone, des Harnstoffs, Melamins und ähnlicher Verbindungen vor. Bei diesen können gemäß nachstehenden Formeln in geeigneter Stellung befindliche, durch die Schlüsselatome acidifizierte Wasserstoffatome von den moleküleigenen Methylolgruppen mitbeansprucht werden.

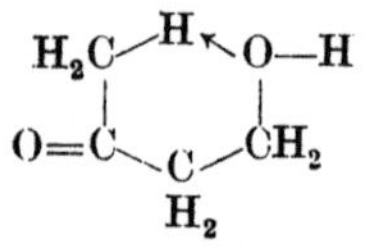
Ketobutanol

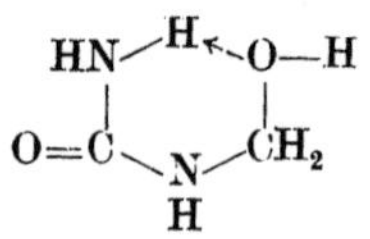
Monomethylol-harnstoff

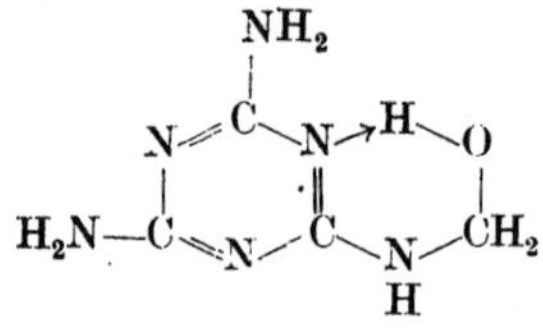
Monomethylol-melamin

Allerdings sind auch noch andere Möglichkeiten denkbar, etwa die koordinative Bindung des Wasserstoffatoms des Methylol-Hydroxyls an die Schlüsselatome des Phenols, Harnstoffs, Melamins usw. Erfahrungsgemäß sind jedenfalls nur solche Methylolgruppen einigermaßen beständig und präparativ faßbar, bei denen eine solche Möglichkeit zur Stabilisierung mittels sechsgliedriger Protonbrücken-Ringe möglich ist. Bei den N-Methylol-Derivaten von Aminen ist diese Vorbedingung meist nicht gegeben, weshalb sie nicht existenzfähig sind und unter Wasserabspaltung sofort weiterreagieren. Beispiel dafür ist die spontane Bildung von SCHIFFschen Basen bzw. deren Polymerisationsprodukten, etwa von Triazinderivaten bei der Formaldehyd-Kondensation von Aminen. Neuerdings sind die Protonbrücken bei Phenolalkoholen und anderen einfachen Phenolharz-Bausteinen durch RICHARDS und THOMPSON (*126*) durch Infrarotspektren nachgewiesen worden, wodurch die obige Theorie eine gute Stütze erhält.

Es ist von vornherein zu erwarten, daß die Stabilität von derartigen Protonbrücken-Ringen dann am stärksten ausgeprägt ist, wenn keine weiteren acidifizierten Wasserstoffatome mehr zugegen sind. Denn die letzteren treten ihrerseits zu den Schlüsselatomen in Beziehung und können dadurch eine Schwächung der cyclischen Protonbrücken herbeiführen. Solche acidifizierten Wasserstoffatome stellen z. B. die Protonen von phenolischen Hydroxylen dar, soweit sie ihrerseits noch keine eigene Beanspruchung durch irgendwelche andere Schlüsselatome erfahren. Weiterhin zählen als acidifizierte Wasserstoffatome sicher auch die ortho- und para-ständigen Kern-Wasserstoffatome, ferner die Protonen von allenfalls vorhandenen Fremdstoffen und schließlich die Wasserstoffionen von zugegebenen Säuren. Die Konkurrenz aller dieser Protonen schwächt die Protonbrücken-Ringe oder bewirkt sogar deren Sprengung, vor allem je höher die Temperatur liegt. Unter Zugrundelegung dieser Annahme lassen sich alle Besonderheiten der Phenolalkohole und deren von Fall zu Fall verschieden stark ausgeprägte Empfindlichkeit zwanglos erklären.

So wird z. B. verständlich, daß die Phenolalkohole im *Rein*zustand, vor allem in krystallisierter Form eine größere Beständigkeit an den Tag legen als im Gemisch mit anderen, etwa methylolärmeren phenolischen Verbindungen, also im Harzzustand, in dem sie viel stärker zur Weiterreaktion neigen. Zweitens ergibt sich nunmehr eine Deutung für die Erfahrungstatsache, daß die zum phenolischen Hydroxyl paraständigen Stellen bei der Formaldehyd-Anlagerung schon sehr leicht gleich unter Entstehung von Methylenbrücken weiterkondensieren, da aus konstitutionellen Gründen in diesem Fall keine intramolekulare Protonbrücken-Bildung über sechsgliedrige Ringe denkbar ist.

Ferner läßt sich durch die obige Theorie erklären, warum Phenolalkohole mit mehreren Methylolgruppen oft weniger beständig sind als Monomethylol-phenole. Denn wenn auch eine Stabilisierung von zwei ortho-ständigen Methylolgruppen durch *eine* phenolische Hydroxylgruppe gemäß nachstehender Formel noch denkbar ist, so erfolgt sie doch zweifellos in den beiden Richtungen nicht mit gleichgroßer Stärke. Dadurch wird dann eine höhere Empfindlichkeit von Phenol-dialkoholen hervorgerufen, die allerdings, beispielsweise beim Cyclohexylphenoldialkohol, durch eine starke Substituentenbelastung im Phenolkern wieder verringert werden kann.

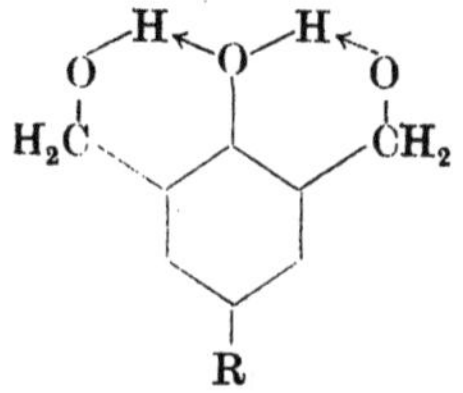

o,o-Phenol-dialkohol

Im Gegensatz zu den Polymethylol-Verbindungen des Phenols, welches ja nur *ein* Schlüsselatom besitzt, vermögen Polymethylol-Derivate von Substanzen mit *mehreren* Schlüsselatomen eine wesentlich höhere Stabilität zu erreichen. So ist z. B. das Hexamethylol-melamin sogar beständiger als die entsprechende Trimethylol-Verbindung [Hodgins, Hovey u. a. (*127*)].

In gewissen Fällen gelingt es auch p-Methylolphenole präparativ zu fassen. Dabei machte man die zunächst merkwürdige Erfahrung, daß diese Verbindungen, sobald sie einmal rein und krystallisiert sind, sich beim Erhitzen als weniger empfindlich erweisen können als o-Phenolalkohole. B. Eistert (*128*) erklärte diesen Befund durch die Annahme einer Stabilisierung reiner p-Phenolalkohole mittels *inter*molekularer Protonbrücken in Form von Ketten-Assoziaten nachfolgender Art:

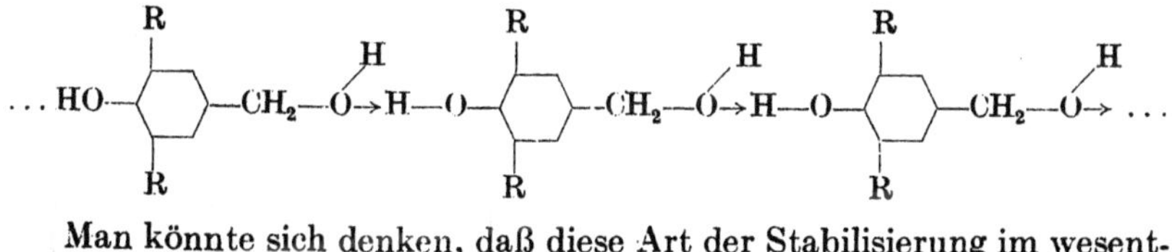

Man könnte sich denken, daß diese Art der Stabilisierung im wesentlichen nur in *Ab*wesenheit von o-Methylolgruppen zustandekommt, da letztere wohl in noch stärkerem Maße das phenolische Hydroxyl für sich in Anspruch nehmen und sich zu den offensichtlich bevorzugten Ringen schließen. In Übereinstimmung hiermit ist beispielsweise nach eigenen Beobachtungen der o,p-Dialkohol aus o-Kresol im Gegensatz zum o, o-Dialkohol aus p-Kresol auch bei Zimmertemperatur nicht unbeschränkt haltbar, sondern geht im Laufe von Wochen und Monaten allmählich unter Wasser- und Formaldehyd-Abspaltung in die durch eine Methylenbrücke verknüpfte Zweikernverbindung über. Anders verhält sich offenbar *analysenreiner* o-Kresol-dialkohol, der bei den Versuchen von E. ZIEGLER und R. KOHLHAUER (*129*) zur Verwendung kam und beim Erhitzen eine überraschend geringe Neigung zur Formaldehyd-Abspaltung zeigte. Die völlige Unbeständigkeit von Phenol-*tri*-alkoholen, die sich bisher präparativ nicht fassen ließen [GRANGER (*80*), STÄGER und BIERT (*130*)], erklärt sich ebenfalls durch die hohe Beanspruchung der phenolischen Hydroxylgruppe durch zwei o-Methylolgruppen, die für die dritte para-ständige Methylolgruppe keinerlei Stabilisierungsmöglichkeit mehr übrig lassen dürfte. Der sich in stark alkalischer Lösung zwar bildende Trialkohol (I : $R{=}CH_2OH$) geht deshalb in gleichartiger Weise wie die o,p-Dialkohole (I) weiter in eine Zweikernverbindung, in diesem Fall in den von SEEBACH (*87*) beschriebenen, auch von E. E. WALKER (*131*) schon erhaltenen Dioxydiphenylmethan-tetraalkohol (II: $R{=}CH_2OH$) über:

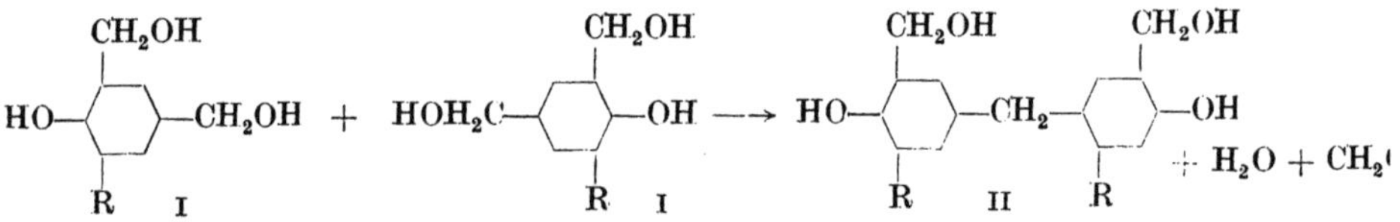

Die Stabilisierung der Phenolalkohole durch Protonbrücken bewirkt aber nur eine *beschränkte* Beständigkeit, da sie ja nicht über Hauptvalenzbindungen erfolgt. Durch Zugabe von Säuren oder auch durch Erwärmen und die dadurch gesteigerte Beweglichkeit der Protonen lassen sich die Protonbrücken der Phenolalkohole mehr und mehr lockern, bis schließlich die durch die phenolische Hydroxylgruppe hervorgerufene außerordentliche Reaktionsfähigkeit der Phenolalkohole voll und ganz zur Geltung kommt und die Wasserabspaltung erfolgt.

Diese besondere Reaktionsfähigkeit ist indessen nur dann gegeben, wenn das Proton der phenolischen Hydroxylgruppe frei verfügbar und nicht etwa durch einen Substituenten ersetzt ist. In letzterem Fall, etwa nach Veresterung oder Verätherung des phenolischen Hydroxyls, bleiben nämlich die typischen Verharzungsreaktionen entweder ganz aus oder werden doch so sehr gehemmt, daß sie nur unter Anwendung hoher Temperaturen oder starker Säuren als Kondensationsmittel erzwungen werden können. Diese Feststellung, die sich an Hand zahlreicher Arbeiten, z. B. von K. v. AUWERS (*132*), A. ZINKE (*133*), H. v. EULER (*134*), KYRNING (*135*), HULTZSCH (*136*) sowie BECKER und BARTHELL (*137*) beweisen läßt, könnten dafür sprechen, daß das Proton der phenolischen Hydroxylgruppe an der Umsetzung aktiv teilnimmt, was aus der einfachen Summenformel

$$HO \cdot C_6H_4{-}CH_2OH + HR \longrightarrow HO \cdot C_6H_4{-}CH_2 \cdot R + H_2O$$

allerdings nicht zu erkennen ist. Weiter ließe sich daraus folgern, daß die von den Phenolalkoholen ihren Ausgang nehmenden Kondensationsvorgänge sich in der Weise vollziehen, daß erst nach der auf S. 28

gebrachten Formulierung eine intramolekulare Wasserabspaltung zu den entsprechenden Chinonmethiden erfolgt, worauf sich diese unbeständigen Zwischenprodukte ihrerseits sofort durch Anlagerung des anderen Reaktionspartners HR stabilisieren. Der ganze Kondensationsvorgang würde also darin bestehen, daß das Chinonmethid $O{=}C_6H_4{=}CH_2$ seinen ursprünglichen Partner H—OH mit einem anderen Partner H—R vertauscht. Eine derartige Ansicht äußerten tatsächlich früher schon TH. ZINCKE (*138*) und K. v. AUWERS (*132*).

Andererseits erscheint es aber nach EISTERT (*128*) durchaus nicht nötig, daß bei einer solchen Umsetzung das Proton des phenolischen Hydroxyls erst seinen Platz verläßt, um später wieder durch ein anderes ersetzt zu werden. Vielmehr kann die Reaktion als *doppelte Umsetzung* einfacher in folgender Art formuliert werden:

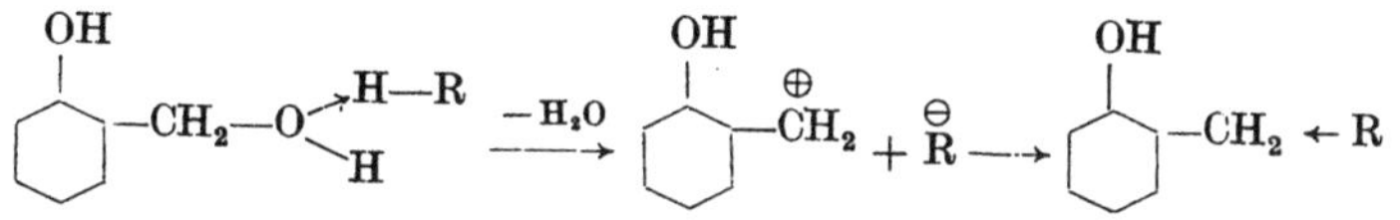

In diesem Falle wird an Stelle des Chinonmethids als reaktionsfähiges, nichtfaßbares Zwischenprodukt das positiv geladene *Oxybenzyl-Carbenium-Ion* $[HO \cdot C_6H_4 \cdot CH_2]^{\oplus}$ angenommen. Für dessen besondere Reaktionsfähigkeit ist das Proton der phenolischen Hydroxylgruppe in hohem Maße verantwortlich, wahrscheinlich schon deswegen, weil es den ionischen Reaktionsablauf sichert. Denn die Protonen der phenolischen Hydroxylgruppen ersetzen gewissermaßen die Wasserstoffionen, die in der Regel bei anderen, weniger leicht vonstatten gehenden Kondensationsreaktionen an aromatischen Kernen erst durch den sauren Katalysator eingebracht werden müssen.

Ganz ähnlich wie die Phenolalkohole, bei denen die Hydroxylgruppe der Methylolgruppe ganz besonders leicht abgespalten werden kann, verhalten sich auch entsprechende Verbindungen, in denen diese Methylolgruppe verestert, veräthert oder sonst in einer Weise abgewandelt ist, und die man früher als *Pseudophenolverbindungen* (*152*) bezeichnete. Bei den Reaktionen dieser Verbindungen spalten sich an Stelle von Wasser Säure, Alkohol oder sonst entsprechende Reste ab, wobei sich wiederum Chinonmethide bzw. Oxybenzyl-Carbenium-Kationen bilden. Hiervon wird indessen erst später zu sprechen sein, wie überhaupt die Reaktionen der Phenolalkohole, soweit sie zu neuen charakteristischen Gruppen oder Brückenbindungen führen, im einzelnen erst in den folgenden Kapiteln dargestellt werden.

Neben der Fähigkeit zu diesen Kondensationsreaktionen ist als typische Eigenschaft der Phenolalkohole an dieser Stelle noch die mangelnde *Haftfestigkeit der Methylolgruppen* zu nennen. Die Phenolalkohole können nämlich unter bestimmten Bedingungen leicht wieder in die Ausgangsstoffe Phenol und Formaldehyd zerfallen. Diesen Vorgang hat v. EULER (*139*) bereits in den von ihm gezeigten schematischen

Darstellungen der Härtungsvorgänge angenommen; HULTZSCH (*71*) konnte ihn inzwischen auch experimentell beweisen. Im einzelnen ist hierüber folgendes zu sagen:

Die Aldolbildung ist ein reversibler Vorgang. Deshalb werden bei den Phenolalkoholen unter Bedingungen, welche die für die Bildung günstigen Voraussetzungen wieder aufheben, d. h. bei einer Senkung des p_H oder bei einer Temperatursteigerung, Methylolgruppen wieder als Formaldehyd abgespalten. Die Neigung der Methylolgruppen zur Wiederabspaltung ist in gleichem Maße abhängig von ihrer Stellung und der Einwirkung anderer Substituenten am Phenolkern, wie auch schon ihre Ausbildung von solchen Faktoren jeweils stark beeinflußt wird. Darüber hinaus spielt zweifellos auch der Grad, in dem eine Stabilisierung durch Protonbrücken erfolgen kann, eine wichtige Rolle. Beispielsweise verfallen Methylolgruppen in para-Stellung von Phenolen offenbar leichter der Wiederabspaltung als ortho-ständige. Ferner tritt bei Anwesenheit von mehreren Methylolgruppen im Phenolkern leichter Wiederabspaltung von Formaldehyd ein als bei Monoalkoholen.

Im gleichen Sinne wie eine p_H-Senkung wirkt die Temperaturerhöhung, weil dadurch die Beweglichkeit der Protonen gesteigert wird. So kommt es, daß Dialkohole, die an sich in reiner Form oder in kalter, neutraler Lösung beständig sind und erst in saurem Medium Formaldehyd abspalten, diesen auch bei der Hitzehärtung in erheblicher Menge abgeben. Dialkohole mit einer zum phenolischen Hydroxyl *para*-ständigen Methylolgruppe können diese indessen wegen ihrer stärkeren Empfindlichkeit auch schon beim längeren Stehen in neutraler oder selbst in alkalischer Lösung allmählich wieder abspalten. Dies wird am deutlichsten, wenn man, wie oben schon erwähnt wurde, die ziemlich glatt verlaufende Dialkohol-Bildung des p-Kresols [ULLMANN und BRITTNER (*85*)] mit der wesentlich ungünstigeren des o-Kresols und o-Chlorphenols [HANUS (*140*)] vergleicht.

Die Stellen in den Phenolkernen, die durch den Austritt von Formaldehyd wieder frei geworden sind, neigen offensichtlich stark zur Weiterkondensation. So kommt es, daß die Wiederabspaltung von Formaldehyd in der Regel von einer Verknüpfung zweier Phenolkerne durch eine Methylenbrücke begleitet ist, ein Vorgang, der nicht nur die Bildung von Diphenylolmethan-alkoholen in Resolen erklärt, sondern auch, wie später gezeigt wird, für die unter Formaldehyd-Abspaltung verlaufende Härtung der Resole durch Hitze- oder Säureeinwirkung von großer Bedeutung ist.

Wahrscheinlich spielt sich der Vorgang der Formaldehyd-Abspaltung aus Phenolalkoholen (I) in der Weise ab, daß zuerst das Proton aus der Methylolgruppe abwandert. Der dabei zurückbleibende negativ geladene Oxybenzoxy-Rest (II) verliert weiterhin Formaldehyd und wird dabei zum Oxyphenyl-Anion (III). Dieses kann durch Einfangen eines Protons wieder zum Phenol (IV) werden, reagiert jedoch besonders leicht durch Addition eines Oxybenzyl-Carbenium-Kations (V) zum Dioxydiphenylmethan (VI):

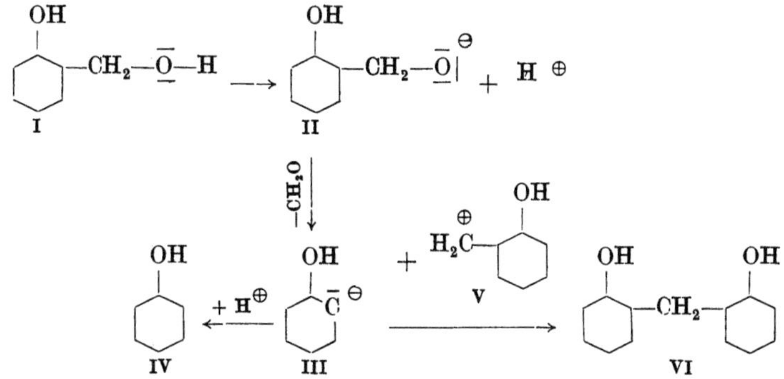

Über einen besonders interessanten Fall von Formaldehyd-Abspaltung in alkalischer Lösung berichteten P. W. NEBER und P. KUBITZKY (*140a*) sowie F. ZIPPLIES (*140b*). Die ortho- und para-ständigen Methylolgruppen in Phenolverbindungen lassen sich nämlich in vielen Fällen glatt durch Diazoniumreste verdrängen. Phenolalkohole können also in alkalischer Lösung mit Diazoniumverbindungen so kuppeln, als ob die Methylolgruppen nicht vorhanden wären. Hierbei wird der Formaldehyd gleichzeitig in Freiheit gesetzt:

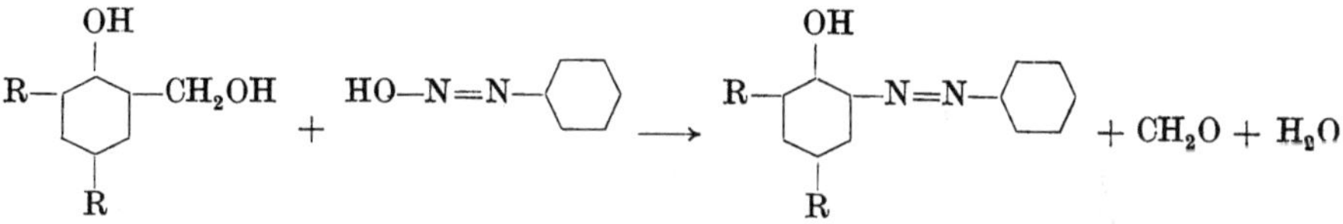

E. ZIEGLER und G. ZIGEUNER (*102*, *141*, *142*) haben diese Reaktion, die übrigens in der Verdrängung entsprechender Gruppen aus Phenolcarbonsäuren, Phenolaldehyden oder Phenolsulfonsäuren Parallelen hat, neuerdings eingehend studiert. Dabei wurde die Beobachtung gemacht, daß ein ursächlicher Zusammenhang zwischen der Neigung der Phenolalkohole, in Gegenwart von Natronlauge Diphenylolmethane zu geben, und ihrer Kupplungsfähigkeit besteht. Einige Methylolgruppen, die wie die des Saligenins in alkalischer Lösung nicht zur Formaldehyd-Abspaltung neigen, kuppeln auch nicht mit den Diazoniumverbindungen. Bei Dialkoholen setzt die zweite Methylolgruppe der Umsetzung meist erheblichen Widerstand entgegen oder reagiert überhaupt nicht. p-Methylolgruppen werden in jedem Fall bevorzugt abgespalten. E. ZIEGLER (*142*) kam zu dem Schluß, daß die Methylolgruppen besonders dann leicht verdrängt werden, wenn „die Gesamtzahl der einsamen Elektronenpaare der phenolischen Hydroxyl- und Oxymethylgruppe zugeordnet erscheint".

Im einzelnen sind die Vorgänge der Formaldehyd-Abspaltung aus Phenolalkoholen experimentell noch nicht restlos erforscht. Deshalb lassen sich heute für die einzelnen Methylolgruppen noch keine sicheren Angaben über die Haftfestigkeit machen. Dazu kommt, daß ebenso wie die Leichtigkeit, mit der sich bereits der Eintritt der Methylolgruppen vollzieht, auch deren Reaktionsfähigkeit in hohem Maße durch die Wirkung der sonst noch vorhandenen Substituenten beeinflußt wird.

III. Dioxydibenzyläther und Oxybenzylalkyläther.

Die Dimethylenätherbrücke und Alkoxymethylgruppen.

Beim Erwärmen von Phenolalkoholen erfolgt neben anderen Reaktionen sehr leicht eine gegenseitige Verätherung von Methylolgruppen zu *Dimethylenätherbrücken* ($—CH_2—O—CH_2—$), wobei Dioxydibenzyläther entstehen [v. AUWERS (*54*), A. ZINKE, F. HANUS und E. ZIEGLER (*133*), E. ADLER, H. v. EULER und Mitarbeiter (*143*), K. HULTZSCH (*58*)].

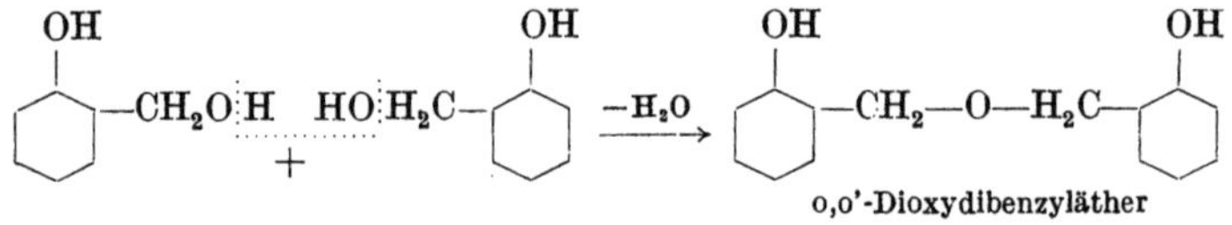

o,o'-Dioxydibenzyläther

In ebenso einfacher Weise lassen sich Phenolalkohole mit zahlreichen Fremdalkoholen zu Oxybenzylalkyläthern umsetzen [K. v. AUWERS (*55*), A. GRETH (*53*)], deren Kennzeichen die *Alkoxymethylgruppe* ($—CH_2—O—R$) ist.

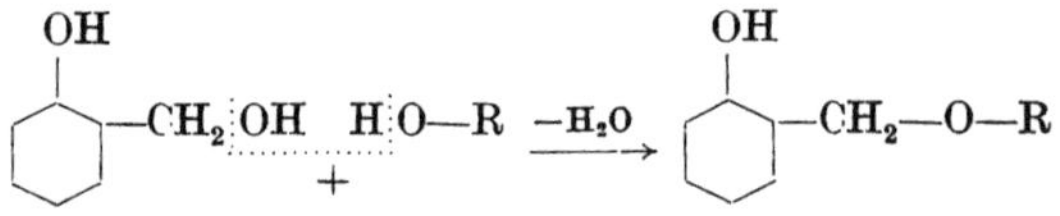

o-Oxybenzyl-alkyläther

Neben diesen Verätherungsreaktionen, deren Bedeutung für die Bildung und Härtung von Phenolharzen erst in neuerer Zeit erkannt wurde, spielen sich beim Erhitzen von Phenolalkoholen allein bzw. zusammen mit anderen Alkoholen auch noch andere Vorgänge ab. Dennoch muß vor allem die Bildung von Dimethylenäthern als eine Hauptreaktion der Phenolharzchemie angesehen werden, deren Einordnung in das Gesamtbild jedoch insofern nicht ganz einfach ist, als Dimethylenätherbrücken und Alkoxymethylgruppen im Harzbildungsprozeß sowohl Übergangs- als auch Endformen darstellen können. Wenngleich dabei die Verätherung von Phenolalkoholen mit Fremdalkoholen praktisch nur in Sonderfällen eine Rolle spielt, sollen doch die Oxybenzylalkyläther hinsichtlich ihrer Bildung und Eigenart sowie ihrer weiteren Reaktionen gemeinsam mit den Dioxydibenzyläthern beschrieben und erörtert werden, weil es sich in beiden Fällen chemisch um ganz gleichartige Vorgänge handelt.

a) Bildung von Dioxydibenzyl- und Oxybenzylalkyläthern.

Gemäß den Ausführungen über die allgemeine Reaktionsweise der Phenolalkohole stellt sich die Bildung von Dioxydibenzyläthern *formell* als Addition von einem Mol Phenolalkohol an ein Chinonmethid-Molekül bzw. als Anlagerung von einem Mol Wasser an zwei Chinonmethid-Moleküle dar, wobei als treibende Kraft der Reaktion die sich leicht vollziehende Wasserabspaltung aus Phenolalkoholen zu Chinonmethiden anzusehen ist. In gleicher Weise läßt sich die Verätherung von Phenolalkoholen mit Fremdalkoholen als Addition des Fremdalkohols an Chinonmethid ansehen:

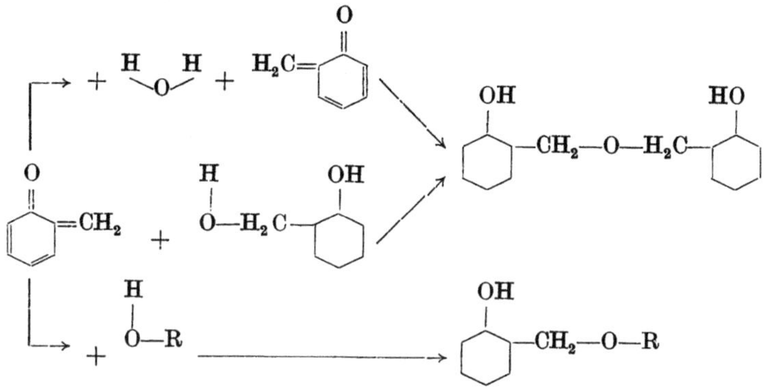

Für den tatsächlichen Reaktionsablauf nach diesem Schema könnten experimentelle Befunde sprechen, nach denen Reaktionen, bei welchen das Auftreten von Chinonmethiden als Zwischenprodukte sicher anzunehmen ist, in Gegenwart von Wasser als Neben- oder Hauptprodukte Dioxydibenzyläther bzw. in alkoholischer Lösung die Äther des betreffenden Alkohols ergeben.

So anschaulich diese Art der Formulierung sein mag, muß man es dennoch als wahrscheinlicher erachten, daß sich der Verätherungsvorgang im allgemeinen in Form einer Ionenreaktion abspielt, die man bei o-Phenolalkoholen folgendermaßen darstellen kann:

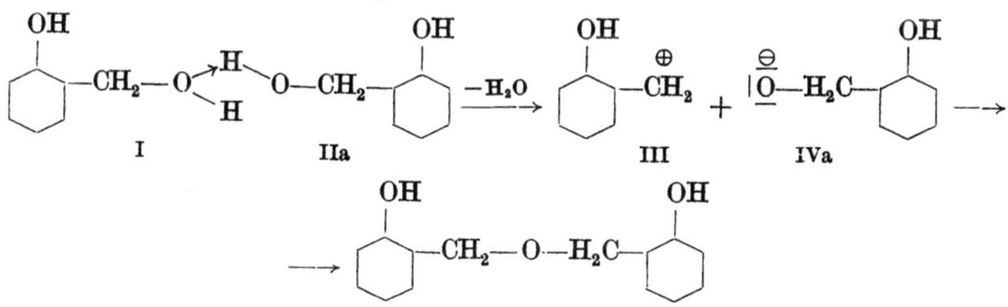

I IIa III IVa

Va

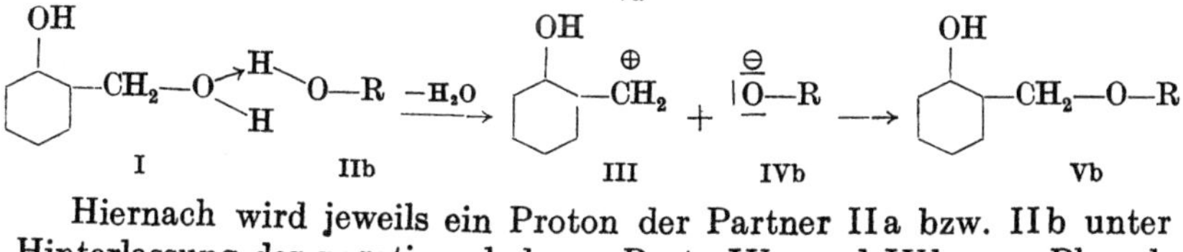

I IIb III IVb Vb

Hiernach wird jeweils ein Proton der Partner IIa bzw. IIb unter Hinterlassung der negativ geladenen Reste IVa und IVb vom Phenolalkohol I eingefangen, der dann unter Wasserabspaltung das Oxybenzyl-Carbenium-Kation III liefert. Durch Zusammenschluß von III mit

IVa bzw. IVb entstehen die Äther Va bzw. Vb. In ganz ähnlicher Weise formulierten auch LILLEY und OSMOND (*144*) die Verätherungsreaktion:

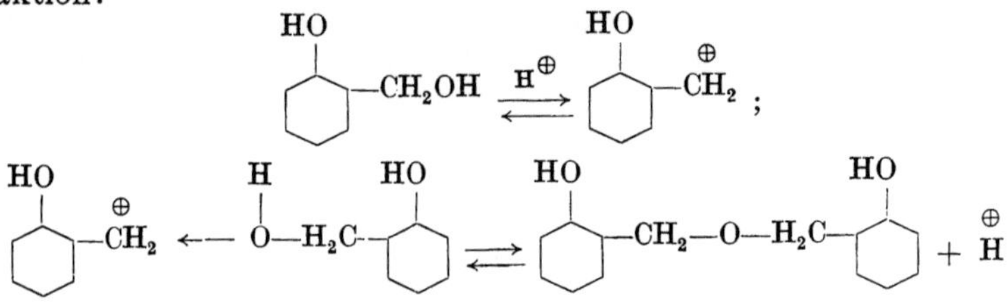

Überraschend ist die Leichtigkeit, mit der sich die Verätherung von Phenolalkoholen vollzieht, selbst wenn, wie bereits betont und erklärt wurde, die Reaktionsfähigkeit der Methylolgruppen von Fall zu Fall gewisse graduelle Unterschiede aufweisen kann. Die hohe Neigung zur Ätherbildung wird am besten ersichtlich aus der Tatsache, daß sich Phenolalkohole sogar in Gegenwart von Wasser, ja selbst in homogener wäßriger Lösung bei etwa 70—100° ohne irgendeinen katalytisch wirkenden Zusatz miteinander veräthern [HULTZSCH (*145*)]. Auch in der Harzschmelze tritt bei den empfindlichen technischen Phenolharzen die Verätherung vielfach schon um 80—100° herum ein, während sie bei etwas reaktionsträgeren Phenolalkoholen etwa zwischen 140 und 170° ihr Optimum hat. Die in den phenolischen Hydroxylgruppen veresterten oder verätherten Phenolalkohole spalten dagegen erst bei sehr viel höheren Temperaturen untereinander Wasser ab, wobei geringe Mengen von Säuren oder sauer reagierenden Stoffen katalytisch wirken.

In gleicher Weise wie die gegenseitige Verätherung der Methylolgruppen erfolgt auch deren Umsetzung mit Fremdalkoholen schon unter 100°, wie dies bereits aus den früher schon zitierten klassischen Arbeiten von K. v. AUWERS u. a. hervorgeht (vgl. S. 8).

So leicht also die Verätherung von Phenolalkoholen unter Umständen schon bei der Herstellung von Resolen, spätestens jedoch bei deren Härtung zustandekommt, so stößt sie doch in jedem Fall auf die Konkurrenz eines Kondensationsvorganges, der durch die Verknüpfung von Phenolalkoholen bzw. Chinonmethiden unmittelbar mit den Phenolkernen zu Diphenylolmethan-Verbindungen führt. Während beim Verätherungsvorgang das Proton der Methylolgruppe abgelöst wird, stellt bei der zuletzt genannten, zu Methylenbrücken führenden Kondensation der Phenolkern das reaktionsbereite Wasserstoffatom zur Verfügung:

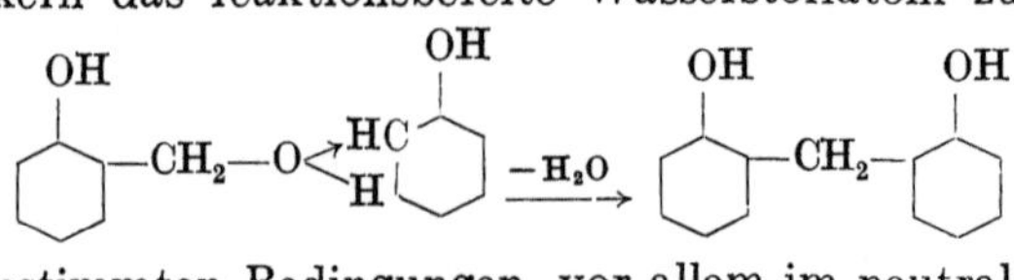

Unter bestimmten Bedingungen, vor allem im neutralen Reaktionsbereich, verlaufen beide Vorgänge nebeneinander, wobei zweifellos in erster Linie das jeweilige Verhältnis zwischen der Menge von Methylolgruppen und von reaktionsfähigen ortho- und para-ständigen Wasserstoffatomen des Phenolkerns für die Bevorzugung der einen oder anderen

Reaktionsart bestimmend ist. Dabei muß man aber berücksichtigen, daß bei ungenügender Haftfestigkeit von Methylolgruppen diese zum Teil auch wieder als Formaldehyd abgespalten werden können, und daß sich auf diese Weise also das Mengenverhältnis zugunsten der Kern-Wasserstoffatome zu verschieben vermag. Selbst wenn z. B. ursprünglich alle reaktionsfähigen Stellen der Phenole mit Methylolgruppen besetzt waren, so ist deswegen durchaus noch keine ausschließliche Bildung von Ätherbrücken gewährleistet. Es kommt in diesem Fall vielmehr sehr darauf an, wie weit der Einfluß von Substituenten und von Protonbrücken die Haftfestigkeit der Methylolgruppen steigern kann.

Entsprechende Versuche, vor allem die Bildung und Reindarstellung von Dioxydibenzyläther-Verbindungen aus Phenolalkoholen mit freien Reaktionsstellen im Kern, z. B. aus Saligenin [I; E. ZIEGLER (*146*)], p-Kresol-monoalkohol [II; v. EULER u. a. (*134*)] oder Di-p-kresylmethan-monoalkohol [V; ADLER u. a. (*143*)], zeigen indessen, wie die Ätherbildung in mehr oder minder hohem Maße auch in Gegenwart von unbesetzten Reaktionsstellen der Phenolkerne eintritt. Neben dem Verhältnis der Konzentrationen von Methylolgruppen zu Kern-Wasserstoffatomen spielen allerdings auch noch konstitutionelle Eigenheiten eine Rolle, durch die z. B. der saure Charakter der für die Kondensation in Betracht kommenden Kern-Wasserstoffatome verstärkt oder geschwächt wird. Gerade diese Einflüsse hat LILLEY (*147*) bei der vergleichenden Härtung von p-Nitrosaligenin (III) und p-Chlorsaligenin (IV) gut herausstellen können, da III viel mehr Ätherbrücken lieferte als IV.

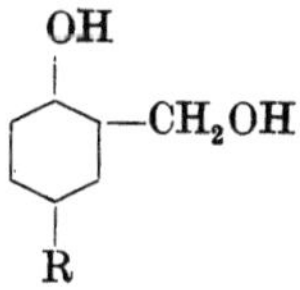

I : R = H
II : R = CH_3
III : R = NO_2
IV : R = Cl

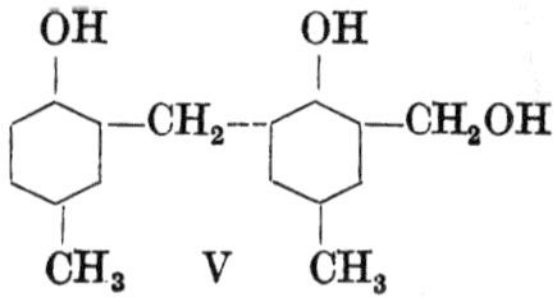

V

Durch Zugabe von Säuren wird die Ätherbildung in der Regel zugunsten der Ausbildung von Methylenbrücken gehemmt oder sogar unterbunden, es sei denn, daß durch Zugabe von entsprechenden Lösungsmitteln die Dissoziation zurückgedrängt wird. Die Erfahrung lehrt ferner, daß Methylolgruppen beim Erhitzen in alkalischer Lösung vielfach ebenfalls leicht zu Methylendiphenolen kondensieren, wie z. B. aus Versuchen von A. ZINKE und E. ZIEGLER (*148*) hervorgeht. Am günstigsten verläuft die Ätherbildung in neutralem Medium. In besonderen Fällen, nämlich bei einigen stark substituierten Phenolen, tritt nach Angaben von WEGLER (*84*, *112a*) allerdings bei der direkten Kondensation solcher Phenole mit einem Formaldehyd-Überschuß auch in schwefelsaurer Lösung die Bildung von Dioxydibenzyläthern ein. Hierbei handelt es sich wohl um einen weiteren Fall in der Reihe jener Anomalien, die der Verminderung des Einflusses der phenolischen Hydroxylgruppe durch eine starke Substituentenbelastung zuzuschreiben sind.

In entsprechender Weise ist auch die durch F. ZIPPLIES (*140b*) wahrscheinlich gemachte Bildung einer Ätherverbindung der Formel

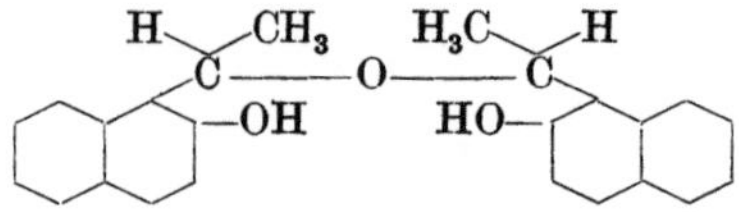

zu erklären, die sich bei der Einwirkung von Paraldehyd auf eine alkoholische Lösung von β-Naphthol bei Gegenwart ganz geringer Mengen konzentrierter Schwefelsäure vollzieht.

Zum Unterschied von den Methylenbrücken dürfte die Bildung von Dimethylenätherbrücken nach allen bisherigen Erfahrungen bei *technischen* Phenolharzen wohl nur in *ortho*-Stellung zur phenolischen Hydroxylgruppe in Betracht kommen. Es wurde bereits darauf hingewiesen, daß die Existenz von p-Methylolgruppen nur unter besonders günstigen Verhältnissen gewährleistet ist, während in den meisten Fällen, vor allem auch bei den in der Praxis üblichen Phenolen, die Reaktion schon gleich bei der Formaldehyd-Anlagerung bis zur Bildung von Methylenbrücken weiterschreitet. Damit entfällt schon aus diesem Grunde die Wahrscheinlichkeit für die Entstehung von p,p'- bzw. o,p'-Dioxydibenzyläther-Verbindungen. Aber auch die an einem reinen o,o-disubstituierten Phenolalkohol schon durch v. AUWERS (*149*) festgestellten, vor allem aber durch v. EULER (*139*) und HULTZSCH (*150*) untersuchten Härtungsreaktionen gaben zu erkennen, daß offenbar p,p'-Dioxydibenzyläther selbst unter diesen günstigen Bedingungen nur schwierig zu erhalten sind. Die Ätherbildung verläuft nämlich bei reinen Phenolalkoholen wegen deren größeren Reaktionsträgheit [vgl. HULTZSCH (*150*)] langsamer; sie tritt dabei bei niedriger Härtungstemperatur hinter der Methylenbrücken-Bildung, in einem höheren Temperaturbereich jedoch hinter Dimerisations- und Oxydo-Reduktionsvorgängen der p-Chinonmethide (S. 74 f.) zurück. Es ist jedenfalls nicht sehr wahrscheinlich, daß die von E. ZIEGLER und R. KOHLHAUER (*129*) bei der Härtung von analysenreinem o-Kresoldialkohol gefundene Verätherung der o- *und* p-Methylolgruppen als allgemeines Aufbauprinzip für Phenolharze anzusehen ist. Ähnliches gilt für die Verätherung der p-Methylolgruppen mit Fremdalkoholen, wenngleich bei disubstituierten Phenolen von K. v. AUWERS (*151*) und von HULTZSCH (*145*) experimentell in gewissen Fällen auch p-Alkoxymethylgruppen erhalten wurden.

Außer der direkten Verätherung der Methylolgruppen kennt man noch andere, in der Phenolharz-Industrie bisher jedoch nicht beschrittene Wege zur Darstellung von Oxybenzyl- bzw. Dioxydibenzyläthern. Beispielsweise führt die Alkoholyse von Phenolalkohol*estern* ziemlich glatt zu den entsprechenden Äthern. Zu diesen Estern gehören auch die Halogenmethylphenole, die wegen ihres eigenartigen Verhaltens schon früher als Pseudophenolhalogenide (*152*) in der Literatur bekannt wurden und die sich in alkoholischer Lösung, besonders bei Alkalizusatz, in die Äther des betreffenden Alkohols umwandeln. Solche Umsetzungen sind nicht nur aus den Arbeiten von TH. ZINCKE (*153*),

K. v. Auwers (*154*) u. a. bekannt, sondern bilden auch den Gegenstand älterer Patente (*155*), ohne daß, wie schon erwähnt, solche Verfahren innerhalb der Phenol*harz*chemie praktisch irgendeine Rolle gespielt hätten.

In die Reihe dieser Reaktionen gehört auch die G. Zigeuner und E. Ziegler (*156*) gelungene Darstellung eines Dioxydibenzyläthers durch direkte Umsetzung des Phenolalkohols mit dem Pseudophenolhalogenid, ferner durch Erhitzen einer Benzollösung des Phenolalkohols mit Azeton und verdünnter Salzsäure. Im letzteren Fall tritt (wegen der Zurückdrängung der Dissoziation) womöglich das Pseudophenolhalogenid als Zwischenverbindung auf.

Die mit Alkali bewirkte Alkoholyse von solchen Phenolalkoholestern, die auch in der phenolischen Hydroxylgruppe verestert sind, stellt eine besonders elegante und allgemein anwendbare Methode zur Gewinnung der Alkyläther von Phenolmono- und -polymethylol-Verbindungen dar. So führt nach Barthel (*157*) die Verseifung von p-Kresol-dialkoholtriacetat in methanolischer Lauge glatt zu dem Dimethyläther des p-Kresol-dialkohols:

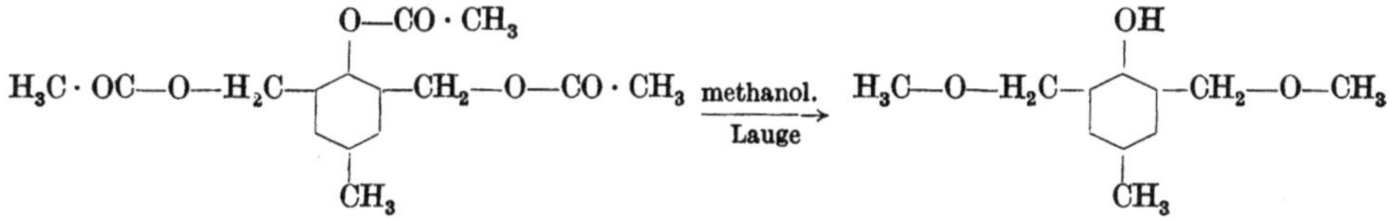

Der Vollständigkeit halber sei bei der Aufzählung von Bildungsmöglichkeiten für Oxybenzyläther auch ein Verfahren genannt, nach dem die Ätherbildung *vor* der Einführung des phenolischen Hydroxyls erfolgt. Von o- und p-Nitrobenzylchlorid ausgehend haben Thiele und Dimroth (*158*) Nitrobenzyläther und daraus durch Reduktion Aminobenzyläther hergestellt, von denen die o-Aminobenzyläther durch Diazotieren in o-Oxybenzyl-methyl- bzw. -äthyläther übergeführt wurden. Bei diesen Verfahren läßt sich die Ätherbildung mit der Reduktion in einem Arbeitsgang durchführen, indem man das Nitrobenzylchlorid mit Zinnchlorür in alkoholischer Lösung behandelt. Diese Arbeit ist weniger wegen der an sich etwas umständlichen Herstellung von o-Oxybenzylalkyläthern bemerkenswert, als vielmehr wegen der Tatsache, daß darin bereits Angaben über die thermische Unbeständigkeit dieser Äther und die Art ihrer Zersetzung enthalten sind. Hiervon wird später noch die Rede sein.

b) Reaktionen der Dioxydibenzyl- und Oxybenzylalkyläther.

Oxybenzylalkyl- und Dioxydibenzyläther stellen bei der Bildung bzw. Härtung von Phenolharzen nicht unbedingt Endformen dar, sondern besitzen wie die Phenolalkohole eine gewisse Reaktivität, wenngleich der labile Charakter im Vergleich zu den letzteren bereits vermindert ist. Jedenfalls sind diese Ätherverbindungen nicht nur hinsichtlich ihrer leichten Bildungsweise, sondern auch wegen ihrer weiteren

Reaktionen bemerkenswert. Vor allem interessiert ihr Verhalten in der Hitze, da die Verätherung der Methylolgruppen meist eine wichtige Stufe im Ablauf des Härtungsprozesses von Phenolharzen darstellt.

Grundsätzlich ergeben die Äther der Phenolalkohole bei weiterem Erhitzen die gleichen Härtungs- bzw. Umwandlungsprodukte wie die Phenolalkohole selbst. Hieraus wurde von HULTZSCH (*159*) ursprünglich der Schluß gezogen, daß die Härtungsreaktionen primär stets über die Stufe der Dioxydibenzyläther verlaufen würden. Dies ist indessen nicht nötig, wie man am besten aus dem auf S. 134 gezeigten Schema ersehen kann, in dem die Dioxydibenzyläther deutlich nur als Produkte einer vorübergehenden bzw. beschränkten Stabilisierung dargestellt sind.

Bei den experimentellen Untersuchungen über die Reaktionen, die sich beim weiteren Erhitzen von Dioxydibenzyläthern auf Temperaturen von etwa 150—200° oder gar noch darüber abspielen, ergaben sich drei voneinander zunächst scheinbar völlig verschiedene Vorgänge:

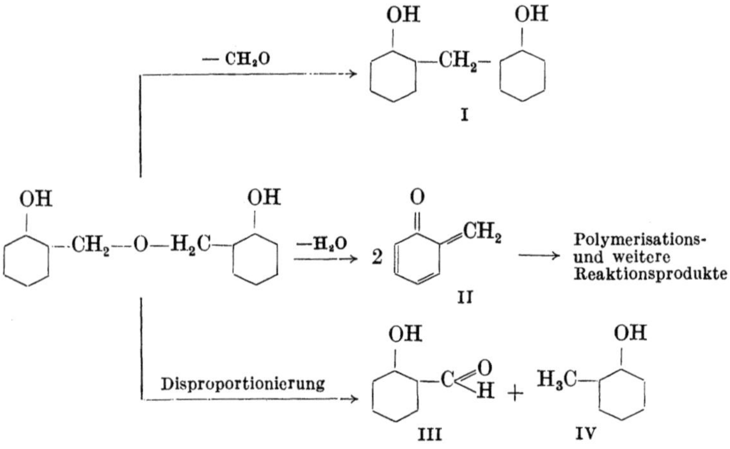

1. Abspaltung von Formaldehyd zu Diphenylolmethan-Verbindungen (I), d. h. Übergang der Dimethylenätherbrücke in die Methylenbrücke.

2. Intramolekulare Abspaltung von Wasser zu Chinonmethiden (II), die in Form von Polymerisations- oder sonstigen charakteristischen Reaktionsprodukten in Erscheinung treten.

3. Spaltung der Dioxydibenzyläther in Phenolaldehyde (III) und Phenole mit einer neuen Methylgruppe (IV), also Bruch der Brückenbindung unter Ausbildung von zwei Endgruppen.

Der eigentliche Ablauf der 1. Reaktion, der Formaldehyd-Abspaltung aus Dioxydibenzyläthern, war zunächst unklar, bis eine Deutung dafür in dem nachfolgenden Schema gefunden wurde, das zugleich auch die 2. Spaltungsreaktion, nämlich die Bildung von Chinonmethiden und deren weiteren Reaktionsprodukten zu erkennen gestattet.

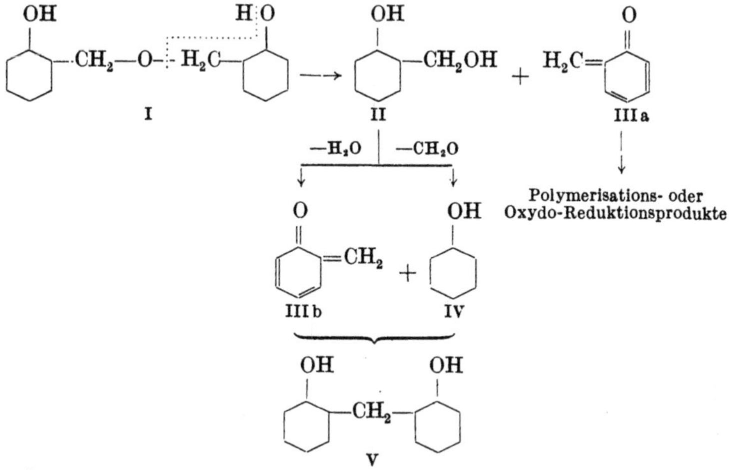

Übergang von Dioxydibenzyläthern in Chinonmethid, Diphenylolmethan und Formaldehyd.

Hiernach spalten sich die Dioxydibenzyläther (I) in der von H. v. EULER (*139*) angegebenen Weise gemäß ihrer Bildung aus Phenolalkohol (II) und Chinonmethid (IIIa) in diese Komponenten zurück. Der Phenolalkohol (II) kann bei der hohen Reaktionstemperatur entweder seine Methylolgruppe festhalten und unter intramolekularer Wasserabspaltung ebenfalls in Chinonmethid (IIIb) übergehen; oder aber er gibt den Formaldehyd wieder ab, wobei ein Phenol (IV) mit einem erfahrungsgemäß besonders reaktionsfreudigen Wasserstoffatom hinterbleibt, welches mit dem Chinonmethid (IIIb) zum Diphenylolmethan (V) zusammentritt. Das hierbei nicht umgesetzte Chinonmethid (IIIa) liefert weiterhin Polymerisations- und Oxydo-Reduktionsprodukte, von denen im V. Kapitel ausführlich die Rede sein wird. Dieses Reaktionsschema erklärt zwanglos die experimentellen Befunde: Bei der Hitzehärtung der Dioxydibenzyläther sind nämlich sowohl Polymerisations- und Oxydo-Reduktionsprodukte der Chinonmethide als auch die unter Formaldehyd-Abspaltung gebildeten Diphenylolmethane stets nebeneinander zu finden [HULTZSCH (*58*)]. Wieweit sich hierbei der eine oder der andere Vorgang mehr in den Vordergrund schiebt, hängt neben den Härtungsbedingungen, vor allem der Härtungstemperatur, von der Haftfestigkeit der Methylolgruppe ab, die ihrerseits wieder u. a. in hohem Maße durch die Anwesenheit von Substituenten beeinflußt wird [HULTZSCH (*159*), HANUS und FUCHS (*160*)]. Infolgedessen spalten auch, wie ADLER (*161*) feststellte, gewisse kernhalogenierte Phenolalkohole, ferner nach Befunden von A. ZINKE sowie H. v. EULER und Mitarbeitern (*162*) die Ätherverbindungen von Mehrkernphenol-alkoholen selbst bei höherer Temperatur fast keinen Formaldehyd mehr ab. Vollends verständlich wird durch das obige Schema die Tatsache, daß die im phenolischen Hydroxyl veresterten oder verätherten Produkte beim Erhitzen ebenfalls keinen Formaldehyd abgeben [A. ZINKE und Mitarbeiter (*163*)].

Der Vorgang der Formaldehyd-Abspaltung aus Dioxydibenzyläthern allein läßt sich entsprechend der auf S. 35 formulierten Ionengleichung recht einfach auch folgendermaßen darstellen:

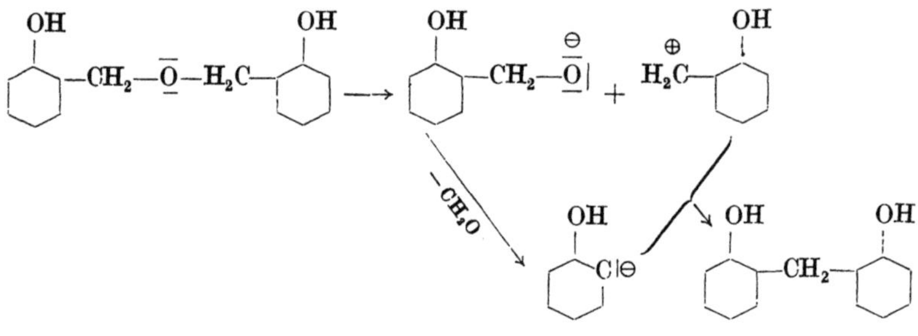

Die 3. Art der Spaltung von Dioxydibenzyläthern, welche die Ausbildung von Methyl- und Formyl-Endgruppen mit sich bringt, beruht wie die Vorgänge 1 und 2 ebenfalls auf der primären Rückspaltung in Phenolalkohol und Chinonmethid (vgl. Schema auf S. 43). Durch Hydrierung des Chinonmethids auf Kosten des Phenolalkohols erfolgt dann die Stabilisierung zu Methylphenol bzw. Phenolaldehyd. Diese Vorgänge gehören indessen bereits zu den Oxydo-Reduktionsvorgängen der Chinonmethide, die erst später (auf S. 71 ff.) behandelt werden.

Die C-Atome von Alkoxymethylgruppen haften im Gegensatz zu den Methylolgruppen erfahrungsgemäß fest am Phenolkern. Deshalb führt die Hitzespaltung der Oxybenzyläther, die je nach Art des Phenols etwa zwischen 150° und 230° eintritt, nur zu Chinonmethiden und deren weiteren Reaktionsprodukten:

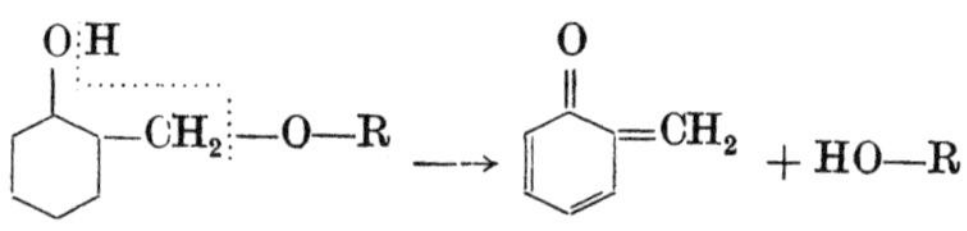

Auch hier handelt es sich wieder um den zur Bildung von Oxybenzyläthern rückläufigen Vorgang.

Die thermische Spaltung der Oxybenzylalkyläther wurde von Hultzsch (*145*) näher untersucht. Anhaltspunkte darüber ließen sich aber schon aus der bereits erwähnten Veröffentlichung von Thiele und Dimroth (*158*) ersehen, aus der hervorgeht, daß sich der Methyl- und der Äthyläther des Saligenins zwar im Vakuum, jedoch nicht bei Normaldruck unzersetzt destillieren lassen, weil sie bei höherer Temperatur Methyl- bzw. Äthylalkohol abspalten und dabei in braune Harze übergehen.

Eine ganz ähnliche Reaktion wie der Zerfall der Oxybenzylalkyläther in Chinonmethid und Alkohol ist die von Pauly und v. Buttlar (*164*) beobachtete, ebenfalls beim Erhitzen eintretende Spaltung von Verbindungen der Art des Salicylaldehydacetals in o-Chinon-alkoxymethid-(1) und Alkohol.

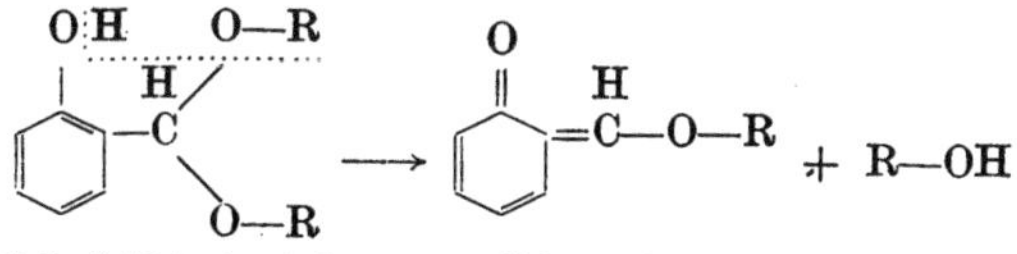

Salicylaldehydacetal o-Chinon-alkoxymethid-(1)

Neben der Empfindlichkeit der verätherten Methylolgruppen gegen hohe Temperatur ist ihre leichte, schon in der Kälte stattfindende Spaltbarkeit durch starke Säuren, vor allem durch konzentrierte oder wasserfreie Halogenwasserstoffsäuren, hervorzuheben:

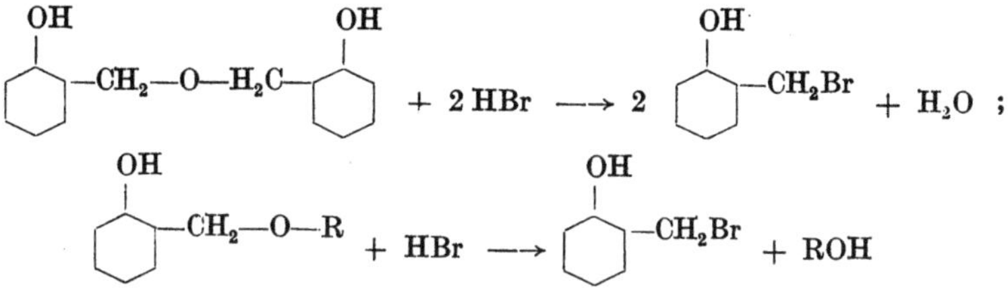

Wie die in diesem Fall eintretende Bildung von Pseudophenolhalogeniden erkennen läßt, handelt es sich auch hier wieder um die Umkehrung einer der Äther-Bildungsweisen, d. h. um die Überführung von Äthern der Methylolgruppe in deren Halogenwasserstoffester. Diese schon aus älteren Arbeiten K. v. AUWERS (*151*) bekannte Reaktion erbrachte bei den Versuchen von A. ZINKE (*133, 165*) und v. EULER (*166*) den Beweis für das Vorliegen von Dimethylenätherbrücken in den Härtungsprodukten der verschiedenen Phenolalkohole. Sie kann, wie von HULTZSCH (*159*) gezeigt wurde, vor allem auch dazu dienen, ein Bild über den chemischen Aufbau technischer Phenolharze zu gewinnen, indem die darin vorhandenen Ätherbrücken sich durch eine entsprechende Hydrolysierbarkeit der Produkte in bestimmten Säuren oder Säuregemischen rein qualitativ zu erkennen geben. Die Ätherspaltung durch Bromwasserstoff-Verseifung wurde von A. ZINKE und Mitarbeitern (*148*, *165*, *167*) sowie von LILLEY (*168*) aber auch zur quantitativen Ermittlung der Ätherbrücken in Phenolharzen herangezogen.

Beim Erhitzen in schwach sauren Lösungen neigen, wie bereits erwähnt, die Dimethylenätherbrücken vielfach zu der in bekannter Weise unter Abspaltung von Formaldehyd zustandekommenden Methylenbrücken-Bildung. Gegen Alkali sind die Äther an sich ziemlich beständig, doch kann beim Erhitzen der alkalischen Lösungen ebenfalls Formaldehyd-Abspaltung und Übergang in Diphenylolmethan-Verbindungen eintreten [A. ZINKE (*169*), E. ZIEGLER (*129*)], wenngleich zuweilen auch eine besondere Widerstandsfähigkeit mancher Äther gegen die Formaldehyd-Abspaltung festgestellt wurde [vgl. E. ZIEGLER (*146*)].

Eine weitere, bisher indessen noch kaum untersuchte Art der Spaltung von Dioxydibenzyläthern liegt wohl in der Reaktion mit Diazoniumverbindungen, wobei erstere sich wie Phenolalkohole (vgl. S. 35) bzw. wie Dioxydiphenylmethan-Verbindungen (vgl. S. 61) verhalten, d. h. unter Verdrängung des Formaldehyds bzw. der Brückenbindung mit

Diazoniumverbindungen kuppeln dürften. Jedenfalls findet nach ZIPPLIES (*140b*) auch bei der auf S. 40 angeführten, aus β-Naphthol und Paraldehyd aufgebauten Ätherverbindung eine derartige Spaltung leicht statt.

c) Die Rolle der Dimethylenätherbrücke und der Alkoxymethylgruppen für den Aufbau der Phenolharze.

Die Besonderheit der in ortho-Stellung befindlichen Dimethylenätherbrücken liegt augenscheinlich in ihrer Stabilisierung durch Protonbrücken. Durch diese ergeben sich nach Ansicht von HULTZSCH (*63, 65*) über die Äther-Sauerstoffatome und die Wasserstoffatome der benachbarten phenolischen Hydroxylgruppen Ringschlüsse, wie sie in den untenstehenden Formeln ihren Ausdruck finden. Solche Protonbrücken dürften, wie bei der Stabilisierung von Phenolalkoholen, überhaupt erst die Existenz von Dimethylenätherbrücken herbeiführen, indem sie die Protonen der phenolischen Hydroxylgruppen blockieren und damit die Labilität derartiger Oxybenzylverbindungen mildern. Außerdem wird dadurch wohl die Neigung zur Formaldehyd-Abspaltung verringert.

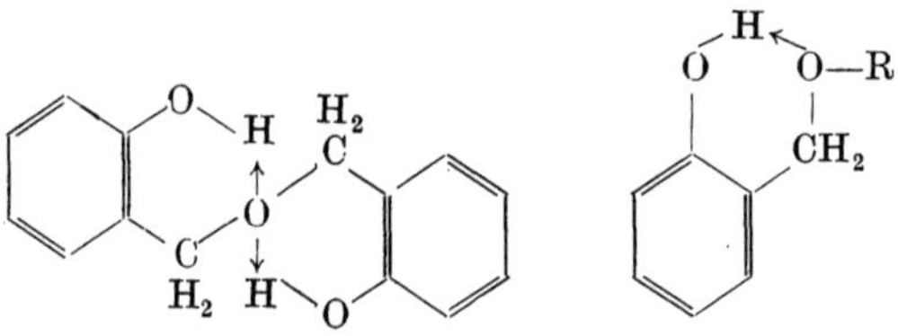

Protonbrücken bei o-Dioxydibenzyläthern und o-Oxybenzylalkyläthern

Für p,p'-Dioxydibenzyläther, die nach den früheren Ausführungen vermutlich nur in besonderen Fällen gebildet werden, träfe dann sinngemäß die bei den p-Methylolgruppen auf S. 31 gemachte Annahme einer Stabilisierung durch intermolekulare Protonbrücken zu. Auch die Stabilität der Oxybenzylalkyläther erklärt sich genau wie bei den Phenolalkoholen. Die im Vergleich zu diesen verringerte Empfindlichkeit der Dioxydibenzyl- und Oxybenzylalkyl-äther hängt vielleicht damit zusammen, daß bei den Äthern bereits die Protonen der Methylolgruppen ausgeschaltet und durch andere Reste ersetzt sind.

Die obige tetracyclische Formel der Dioxydibenzyläther läßt es verständlich erscheinen, daß der Einbau von Dimethylenätherbrücken in Phenolharzen sich durch keine besondere Steigerung der Elastizität bemerkbar macht, die man von einer dreigliedrigen Brückenbindung vielleicht erwarten könnte, ja daß möglicherweise derartige Produkte sogar noch starrer sind. Die Blockierung der phenolischen Hydroxylgruppen gibt sich auch dadurch zu erkennen, daß Dioxydibenzyläther in verdünnten Alkalien schlechter löslich sind als die entsprechenden Diphenylolmethan-Verbindungen. Dabei fußt die obige Dioxydibenzyläther-Formel auf der Annahme, daß die beste Stabilisierung *einer* Dimethylenätherbrücke durch *zwei* phenolische Hydroxyle herbeigeführt wird, zumal bei Äther-Sauerstoffatomen *jedes* der beiden einsamen Elektronenpaare zur Bildung von Wasserstoffbrücken befähigt ist (*170*). Die Stabilisierung durch Protonbrücken genügt deshalb nicht, um in *jedem Fall* die bei der Härtung von bestimmten p-alkylierten Phenoldialkoholen von A. ZINKE (*167*, *171*) aufgefundenen fortlaufenden

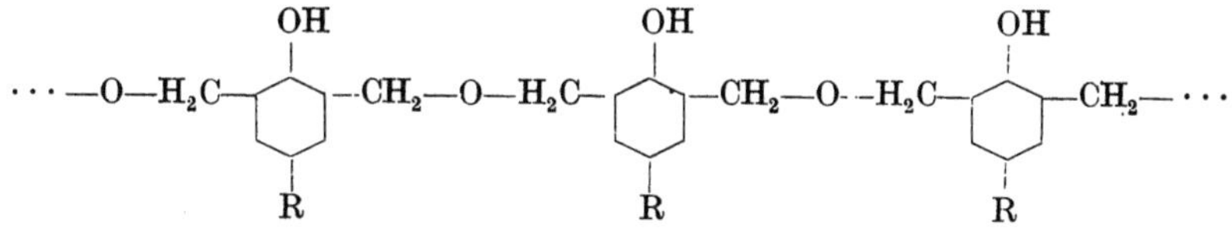

Ätherketten entstehen zu lassen. Vielmehr wird, wie die Erfahrung lehrt[1], bei anderen Phenolalkoholen ziemlich gleichzeitig mit dem Wasser Formaldehyd abgespalten, und zwar vielfach ungefähr so viel, als dem Übergang jeder zweiten Dimethylenätherbrücke in eine Methylenbrücke entspricht. In diesem Stadium, welches bei der Härtung etwa zwischen 150 und 180° erreicht wird, ergibt sich auch bei Phenolen ohne größere Substituenten endlich durch Protonbrücken eine weitgehende, wenn auch nicht vollständige Haftfestigkeit und Stabilisierung der Ätherbrücken, wie man dies etwa in nachstehender Weise zum Ausdruck bringen kann:

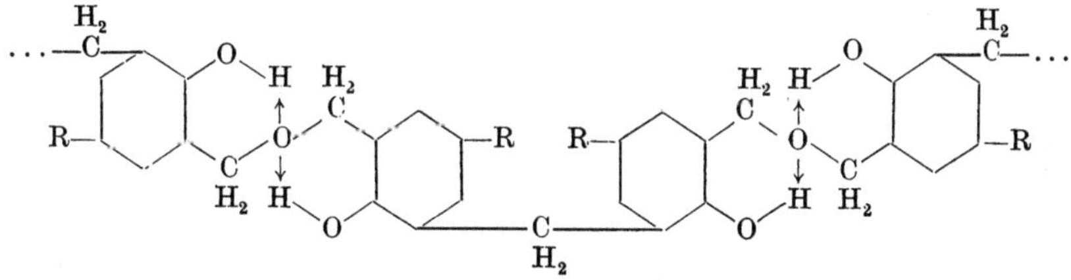

Offenbar können sich nur in Fällen, in denen durch eine stärkere Substituentenbelastung bereits eine beträchtliche Haftfestigkeit der Methylolgruppen und zugleich eine Schwächung des Einflusses der phenolischen Hydroxylgruppen erreicht wird, auch Dimethylenätherbrücken in *beiden* ortho-Stellungen zur phenolischen Hydroxylgruppe als einigermaßen beständig erweisen. Dies ist z. B. der Fall bei einer para-ständigen Verknüpfung mit anderen Phenolringen (im einfachsten Fall beim Diphenylolmethan-tetraalkohol), oder bei den Dialkoholen des Cyclohexylphenols, Phenylphenols usw.

Beim Erhitzen von Dimethylolverbindungen aus zwei- oder mehrkernigen Phenolen verläuft die Ätherbildung dementsprechend von vornherein praktisch ohne Formaldehyd-Abspaltung [E. ADLER (*143*, *173*), A. ZINKE (*171*), K. HULTZSCH (*145*)]. Dabei gelang es v. EULER (*174*), aus den Härtungsprodukten des Dialkohols des Di-p-kresylmethans sogar einen cyclischen Äther folgender Art zu isolieren:

[1] Vgl. z. B. die Befunde von A. ZINKE und Mitarbeitern (*172*).

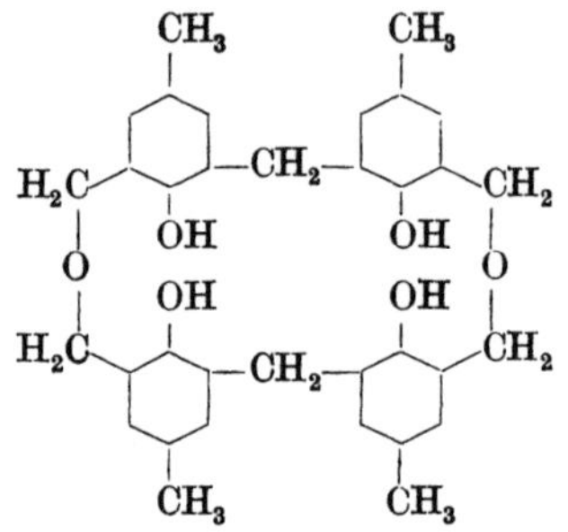

Aus all dem ergibt sich, daß die Dimethylenätherbrücke zwar keine Endform darstellt, jedoch trotz ihrer beträchtlichen Reaktionsfähigkeit sehr wohl zu einem Aufbauelement gehärteter Phenolharze werden kann. Denn die Ausbildung von technisch brauchbaren Phenolharzen beruht ja nicht, wie später noch eingehend dargelegt werden wird, auf dem Ablauf *sämtlicher* theoretisch möglichen Härtungsreaktionen bis zu deren Ende, sondern auf der Vernetzung von Phenolkernen durch eine genügende Anzahl von *Brückenbindungen*, die natürlich einen bestimmten Grad der Beständigkeit aufweisen müssen. Diese wird aber innerhalb des Harzverbandes wegen der durch die Molekülvergrößerung sich ständig steigernden Substituentenbelastung bei der Dimethylenätherbrücke in Verbindung mit der Stabilisierung durch Protonbrücken ohne weiteres erreicht. Nichtsdestoweniger handelt es sich — um dies noch einmal herauszustellen — bei der Dimethylenätherbrücke im Gegensatz zu der im nachfolgenden Kapitel zu besprechenden Methylenbrücke um eine immer noch empfindliche und gegebenenfalls sogar reaktionsfähige Brückenbindung, die bei hohen Temperaturen nach Aufhebung der Protonbrücken Wasser sowie Formaldehyd abspalten und dabei im Zuge der „Umwandlungsreaktionen" in weitere charakteristische Verknüpfungen oder Endgruppen verwandelt werden kann.

Die Verätherung der Methylolgruppen mit Fremdalkoholen, die technisch bei gewissen Resolen zur Anwendung kommt [Greth (*53, 175*)], führt nicht zu Brückenbindungen, sondern zu *Endgruppen*. Auch diesen kommt wegen ihrer plastifizierenden und die Löslichkeit fördernden Wirkung für Sonderzwecke eine beträchtliche Bedeutung zu. Bei der Härtung von Harzen, die Alkoxymethylgruppen enthalten, wird je nach den Arbeitsbedingungen ein Teil des ursprünglich ätherartig gebundenen Alkohols wieder abgespalten, so daß derartige Endgruppen als reaktiv anzusprechen sind. Immerhin steigt mit der Vergrößerung des Moleküls die Haftfestigkeit der restlichen Alkoxymethylgruppen derart an, daß sie auch teilweise im Endprodukt verbleiben können. Erst bei sehr hohen Härtungstemperaturen lassen sie sich völlig aus dem Harz abspalten.

Dimethylenätherbrücken und Alkoxymethylgruppen sind keine Besonderheit der Phenolharze allein. Wir finden sie vielmehr auch bei anderen härtbaren Formaldehyd-Harzen, und zwar bei solchen, für welche die Primärbildung von isolierbaren Methylolverbindungen kennzeichnend ist. Bei den *Melaminharzen* z. B. ist die gegenseitige Verätherung von Methylolgruppen als hauptsächliche Verknüpfungsart zwischen den Kernen unbestritten [GAMS, WIDMER und FISCH (*176*); KÖHLER (*176*)]. Auch von der Überführung der Methylolgruppen dieser Harze mit Fremdalkoholen in Alkoxymethylgruppen wird zum Zwecke der Plastifizierung viel Gebrauch gemacht [HODGINS, HOVEY u. a. (*127*)]. Bei den *Harnstoffharzen* ist die Verätherung der Methylolgruppen mit Fremdalkoholen ebenfalls üblich und wird auch als solche formuliert (*177*). Dagegen ist in der Harnstoffharz-Literatur (*178*) kein Anhaltspunkt dafür zu finden, daß auch hier die gegenseitige Verätherung der Methylolgruppen ein bevorzugtes Harzbildungsprinzip sein könnte. Diese Annahme läßt sich indessen nach HULTZSCH (*65*) in der Verallgemeinerung der bei den Phenolalkoholen gemachten Erfahrungen ohne weiteres machen. Wie bei den Methylolverbindungen des Phenols und des Melamins ist nämlich auch beim Methylol- und Dimethylolharnstoff in γ-Stellung zur Methylolgruppe ein Stickstoffatom mit einem Wasserstoffatom vorhanden, welches analog den Dioxydibenzyläthern die Stabilisierung einer Dimethylenätherbrücke durch Protonbrücken möglich machen könnte:

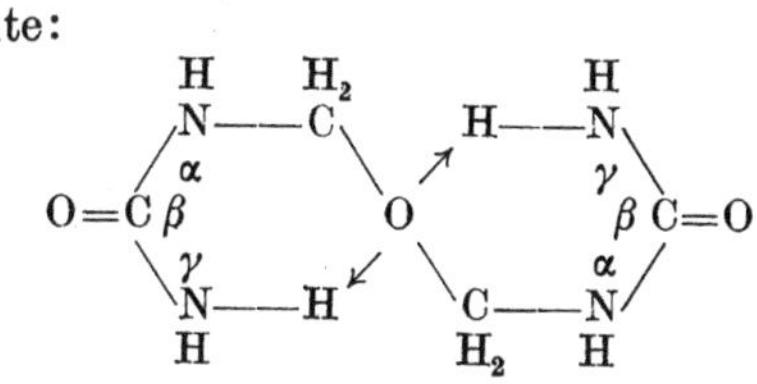

Indessen steht, wie schon erwähnt, im Gegensatz zu den Phenolharzen der experimentelle Beweis für die Bildung von Dimethylenätherbrücken bei den Harnstoffharzen noch aus.

IV. Dioxydiphenylmethan-Verbindungen.

Die Methylenbrücke und ähnliche Brückenbindungen.

Bekanntlich wurden bei Versuchen A. v. BAEYERS (*179*) und seiner Mitarbeiter über Kondensationen von Phenolen mit Aldehyden unbeabsichtigt die ersten Phenolharze erhalten. Seitdem kennt man auch die durch saure Kondensationsmittel herbeigeführte Verknüpfung zweier Phenolkerne durch die Gruppen —CH_2— bzw. —CHR— (Alkylendiphenole, Dioxydiphenylmethan- oder Diphenylolmethan- bzw. -alkan-Verbindungen). Solche Verbindungen, zu denen sich später noch die aus Ketonen und Phenolen gebildeten Zweikernphenole mit der Brückenbindung —CR_2— bzw. —CRR'— gesellten, sind in der Folgezeit häufig dargestellt oder aufgefunden worden.

Es war daher naheliegend, daß man, wie zuerst F. RASCHIG (*24*) vorschlug, in der zwischen Phenolringen eingefügten *Methylenbrücke* ein oder sogar *das* Bindungselement zum Aufbau der Phenolharze erblickte.

Eine starke Stütze erhielt diese Vermutung, als KOEBNER (*33*) die Darstellung von Substanzen mit bis zu 7 durch Methylenbrücken verknüpften Phenolkernen gelang. Nach diesen Versuchen konnte mit großer Wahrscheinlichkeit angenommen werden, daß zumindest die Novolake ein Gemisch solcher Verbindungen sind, und daß auch Resite durch eine starke Vernetzung von Phenolringen mittels Methylenbrücken zustande kommen würden. Nach dem heutigen Stand unserer Kenntnisse über Phenolharze läßt sich nicht bestreiten, daß die Methylenbrücke darin eine Hauptrolle spielt, wenngleich sich Ansichten, die ihr allein die maßgebliche Rolle in der Phenolharzchemie zubilligen wollen[1], heute nicht mehr aufrecht erhalten lassen. Hingegen kann man feststellen, daß Methylenbrücken praktisch bei *allen* mit Formaldehyd aufgebauten Kunstharzarten anzutreffen sind und bei einigen von ihnen tatsächlich das einzige Bindungselement darstellen.

a) Entstehung der Methylenbrücke.

Die verschiedenen Wege, welche zu den die einzelnen Phenolkerne verknüpfenden Methylenbrücken führen, sind in den vorangehenden Kapiteln bereits gestreift worden. Es handelt sich um folgende Vorgänge:

1. Kondensation von Phenol mit Formaldehyd in alkalischer Lösung,

2. Kondensation von Phenol mit Formaldehyd in saurer Lösung, beide nach der Gleichung

$$2\,C_6H_5\cdot OH + CH_2O \longrightarrow HO\cdot C_6H_4{-}CH_2{-}C_6H_4\cdot OH + H_2O;$$

3. Kondensation von Phenolalkoholen oder deren Abkömmlingen mit Phenol durch Einwirkung von Kondensationsmitteln oder höherer Temperatur

$$HO\cdot C_6H_4{-}CH_2OH + C_6H_5\cdot OH \longrightarrow HO\cdot C_6H_4{-}CH_2{-}C_6H_4\cdot OH + H_2O;$$

4. Formaldehyd-Abspaltung aus Dioxydibenzyläthern

$$HO\cdot C_6H_4{-}CH_2{-}O{-}H_2C{-}C_6H_4\cdot OH \longrightarrow HO\cdot C_6H_4{-}CH_2{-}C_6H_4\cdot OH + CH_2O.$$

So verschieden diese Reaktionen auf den ersten Blick erscheinen mögen, sind sie doch alle auf den einen gleichen Grundvorgang

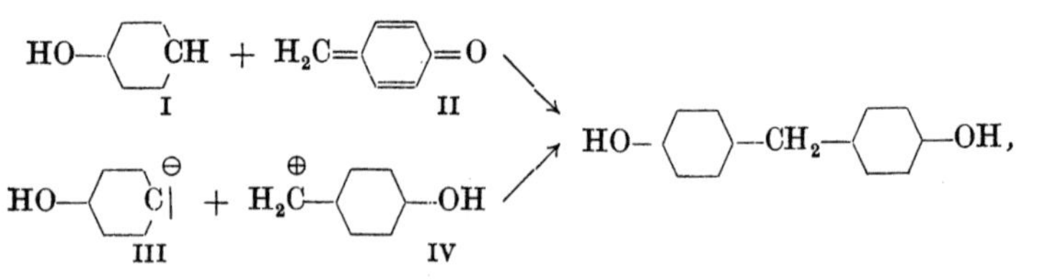

nämlich die Addition von Phenol (I) an Chinonmethid (II) bzw. eines negativ geladenen, von einem Kern-Wasserstoffatom entblößten Oxyphenylrestes (III) an ein Oxybenzyl-Carbenium-Kation (IV), zurückzuführen. Verschieden sind demnach nur die Reaktionen, die zu diesem Additionsvorgang hinleiten. Auch sie wurden bereits beschrieben und brauchen hier nur nochmals zusammengefaßt und ergänzt werden.

---

[1] Vgl. z. B. J. SCHEIBER (*180*), K. H. MEYER und H. MARK (*180*), M. KOEBNER (*180*).

Die ersten beiden der obigen vier Vorgänge unterscheiden sich äußerlich hinsichtlich ihrer Reaktionsgeschwindigkeit insofern, als die alkalische Kondensation wesentlich langsamer zur Methylenbrücken-Bildung führt, weil in diesem Fall zuerst nach dem auf S. 24 gezeigten Schema Methylolgruppen tatsächlich als solche ausgebildet werden. Da zudem die nachfolgende Wasserabspaltung aus dem gebildeten Phenolalkohol durch das alkalische Medium nicht begünstigt wird, ist für den Ablauf des Gesamtvorganges im allgemeinen eine erhöhte Reaktionstemperatur oder eine längere Reaktionszeit nötig.

Bei der Kondensation im sauren Reaktionsmedium muß erst die Anlagerung des Formaldehyds an das Phenol durch Anwendung von Wärme oder durch höhere Säurekonzentration herbeigeführt werden. Dann allerdings vollzieht sich der Übergang in eine Chinonmethid-Zwischenstufe, der wahrscheinlich nach dem auf S. 25 abgebildeten Schema verläuft, sowie die Anlagerung des so gebildeten Chinonmethid-Zwischenprodukts an das Phenol sehr schnell.

Das nachstehende Formelschema zeigt nochmals eingehend, wie nach der Auffassung von HULTZSCH (*63*) der Vorgang der Methylenbrücken-Bildung von Phenol und Formaldehyd bzw. Phenolalkohol

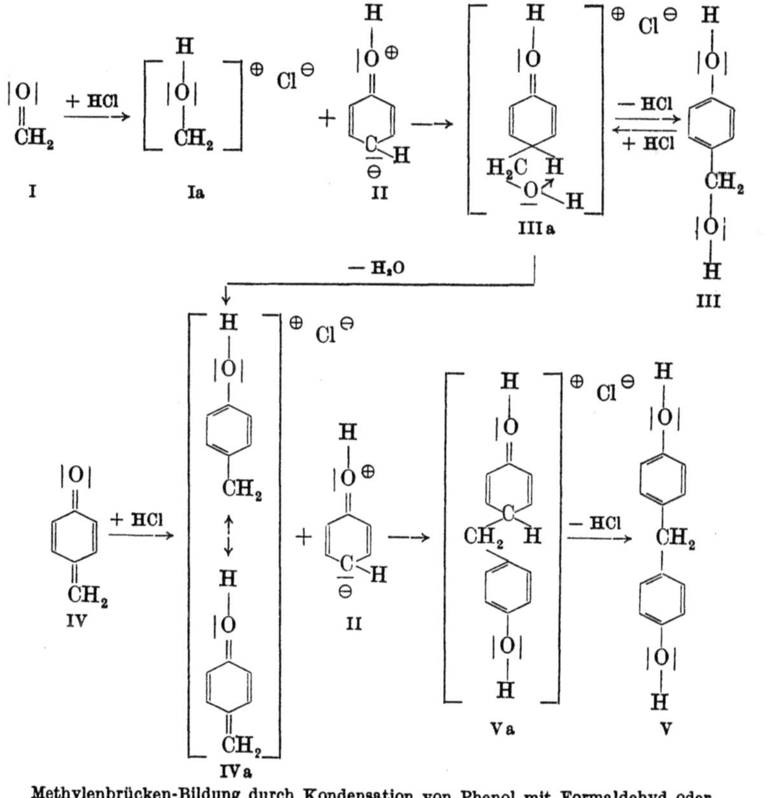

Methylenbrücken-Bildung durch Kondensation von Phenol mit Formaldehyd oder Phenolalkohol mittels HCl.

ausgehend durch Säureeinfluß zustande kommt[1]. Es läßt gleichzeitig bei einem Vergleich der oberen mit der unteren Reihe besonders schön erkennen, wie die Anlagerung des Chinonmethid-Zwischenprodukts (IV bzw. IVa) an Phenol (II) zum Diphenylolmethan (V) weitgehend der Addition von Formaldehyd (I) bzw. von dessen Säureadditionsprodukt (Ia) an Phenol (II) zum Phenolalkohol (III) entspricht.

Während der durch Säureeinwirkung herbeigeführten Kondensation von Phenol und Formaldehyd reichern sich die auf vorstehende Weise gebildeten Zweikernphenole allmählich im Reaktionsgut an und treten in steigendem Maße als Anlagerungskomponente mit dem einkernigen Ausgangsphenol in Konkurrenz. Die Addition von Chinonmethid an solche Diphenylolmethan-Verbindungen, die noch freie Reaktionsstellen aufweisen, führt dann zur Bildung von Dreikernsubstanzen, und deren Addition wiederum zu vierkernigen Methylenphenolen usw.:

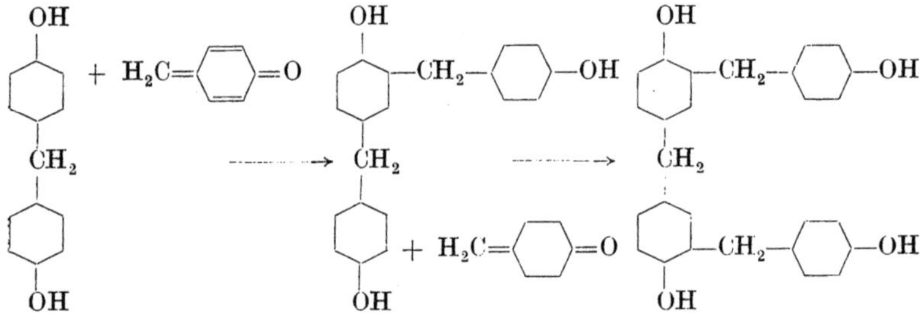

Mehrkernphenol-Bildung durch Chinonmethid-Addition.

Allerdings ist leicht einzusehen, daß bei einer solchen Reaktionsfolge, wie sie auch der Novolak-Bildung zugrunde liegt, die Menge der entstehenden vielkernigen Phenole schnell absinkt. Sie ist nämlich außer von der Zeitdauer der Reaktion vor allem vom Konzentrationsverhältnis Phenol zu Formaldehyd abhängig. Bei einem molaren Überschuß von Phenol über Formaldehyd bleibt immer noch das Prinzip der Kettenbildung gewahrt. Sobald der Anteil des Formaldehyds indessen ansteigt und gegebenenfalls den des Phenols übertrifft, verarmt das Reaktionsgut an einkernigem Phenol sehr bald; es tritt dann Formaldehyd-Anlagerung mit nachfolgender Chinonmethid-Bildung auch bei Zweikernphenolen ein, wodurch natürlich eine Vernetzung der Methylen-Phenol-Ketten erfolgt und die unter Umständen sogar eintretende Bildung von resitartigen Harzen durch Säurekondensation [KLEEBERG (*17*)] erklärt werden kann.

Im Gegensatz hierzu wird in alkalischer Lösung der Grundstock zur Vernetzung schon von Anfang an gelegt, indem infolge der Begünstigung der Methylol-Einwanderung gleich die Bildung von ein- und zweikernigen Polymethylol-phenolen erfolgt. Sobald aber auch hierbei im Ansatzverhältnis der molare Anteil an Phenol den des Formaldehyds erheblich übersteigt, kann es infolge der Reaktion dieser Phenolalkohole

[1] E. ZIEGLER (*110*) nimmt im Gegensatz hierzu bei der Kondensation mittels HCl Halogenmethylphenole als Zwischenprodukte an.

mit dem überschüssigen Phenol ebenfalls zur Bildung von löslichen, novolakartigen Produkten kommen, die im Vergleich zu den durch saure Kondensation erhaltenen geradlinigen Ketten wahrscheinlich mehr Verzweigungen aufweisen werden. Schließlich können bei solchen unter Alkalizusatz in der Wärme erhaltenen Produkten neben den Methylenbrücken auch Dimethylenätherbrücken auftreten, welche bei der Säurekondensation, abgesehen von den auf S. 39 bereits erwähnten Ausnahmen, nicht zur Ausbildung kommen.

Bei dem dritten der oben genannten, zu Methylenbrücken führenden Vorgänge, nämlich bei der durch Hitze- oder Säureeinwirkung eintretenden Kondensation von Phenolalkoholen bzw. deren Abkömmlingen mit Phenol, handelt es sich gewissermaßen um eine Kombination der Vorgänge 1 und 2, indem in erster Stufe die Reaktion durch die Phenolalkohol-Bildung in alkalischem Medium eingeleitet und in zweiter Stufe durch Säure bzw. hohe Temperatur zu Ende geführt wird. Der vierte Vorgang endlich, die Formaldehyd-Abspaltung aus Dioxydibenzyläthern, wurde an früherer Stelle (S. 43) schon näher besprochen und in die einzelnen Phasen zergliedert.

Als Verknüpfungsstellen der Methylenbrücken kommen bei all diesen Vorgängen in der Regel nur die zum phenolischen Hydroxyl ortho- und para-ständigen Kohlenstoffatome in Frage, da die auf S. 18 angeführte Kondensation in meta-Stellung als eine nicht zu verallgemeinernde Ausweichreaktion anzusehen ist. In saurer Lösung tritt der Formaldehyd meist zuerst in die para-Stellung ein, im alkalischen Medium dagegen in ortho- und in para-Stellung. Das zu verknüpfende Phenolmolekül reagiert offenbar vorzugsweise in der para-Stellung, sofern diese frei ist. Dementsprechend werden bei den mit Säure hergestellten Novolaken als Zweikernphenole überwiegend p,p'-Diphenylolmethan-Verbindungen, bei der alkalischen Kondensation jedoch auch o,p'-Diphenylolmethane aufgefunden [Scheiber (*181*), Seebach (*181*), Megson (*181*), E. Ziegler (*109*)]. Nach Angaben von Bender, Farnham u. Guyer (*181a*) soll um p_H 7 die o,o'-Verbindung bevorzugt gebildet werden.

Besonders leicht vollzieht sich die Methylenbrücken-Bildung, wie mehrfach schon erwähnt wurde, erfahrungsgemäß an solchen Kohlenstoffatomen, bei welchen durch Austritt von Formaldehyd wieder ein bewegliches Wasserstoffatom freigeworden ist. Die gleiche Beobachtung läßt sich übrigens — zum Teil in noch auffallenderem Maße — bei den Formaldehyd-Kondensationen anderer Verbindungen machen. Bei den

$$\underset{\text{I}}{2\ R{-}\overset{\overset{O}{\|}}{C}{-}NH{-}CH_2OH} \xrightarrow{-H_2O} \underset{\text{II}}{R{-}\overset{\overset{O}{\|}}{C}{-}\underset{\underset{CH_2OH}{|}}{N}{-}CH_2{-}NH{-}CO{-}R} \longrightarrow$$

$$CH_2O + \underset{\text{III}}{R{-}\overset{\overset{O}{\|}}{C}{-}NH{-}CH_2{-}NH{-}CO{-}R}$$

Carbonsäureamiden nahm EINHORN (*182*) an, daß sich zuerst zwei Methylolverbindungen (I) in vorstehender Weise zu einer Methylolmethylen-bisamid-Verbindung (II) kondensieren, welche dann Formaldehyd verliert und in die Methylen-bisamid-Verbindung (III) übergeht (siehe S. 53).

Eine ähnliche Reaktionsweise könnte man auch bei den Phenolalkoholen in Betracht ziehen, sofern man bei diesen die tautomere chinolide Formel zugrundelegen würde:

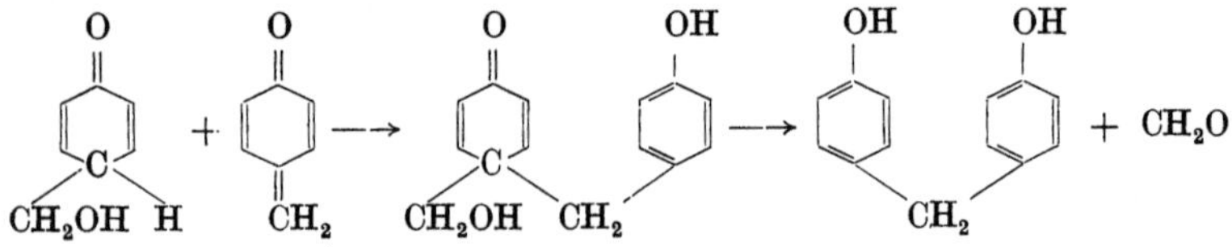

Entsprechend formulieren sogar E. ZIEGLER und G. ZIGEUNER (*102, 182a*) die von den Phenolalkoholen in alkalischer Lösung ihren Ausgang nehmende Bildung von Dioxydiphenylmethan-Derivaten:

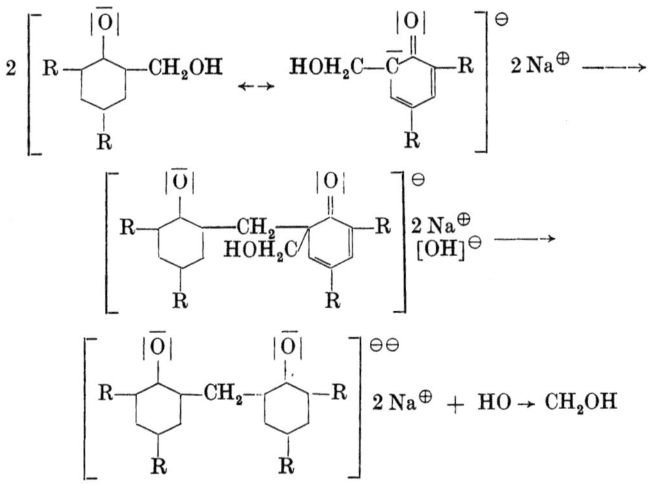

Es liegen indessen bisher keine Beweise vor, daß die Bildung von Methylenbrücken tatsächlich bei den Phenolalkoholen so erfolgt, zumal die einwertigen Phenole, wie auf S. 14 schon erwähnt wurde, praktisch nur in der Enolform vorliegen und reagieren. Eher dürfte die Kopplung von Formaldehyd-Abspaltung und Methylenbrücken-Bildung damit zu erklären sein, daß unmittelbar der durch den erstgenannten Prozeß ursprünglich wahrscheinlich entstehende, negativ geladene Oxyphenylrest $[C_6H_4 \cdot OH]^\ominus$ in Reaktion tritt und nicht das Phenol $C_6H_5 \cdot OH$ selbst.

Ebenso wie Formaldehyd oder Phenolalkohole können auch von ihnen abgeleitete Verbindungen unter mancherlei Bedingungen Methylenbrücken ergeben. So wurden z. B. die ersten Versuche zur Kondensation von Phenolen sowie auch zur Phenolalkohol-Herstellung in einigen Fällen mit Methylenchlorid durchgeführt, solange Formaldehyd noch ein kostspieliges Laboratoriumspräparat war[1]. Auch später noch wurden Phenolharze unter Verwendung von Methylenchlorid hergestellt (*184*).

Paraformaldehyd und Trioxymethylen können ebenfalls an Stelle der wäßrigen Formaldehydlösung verwendet werden, zweckmäßig mit einem Kondensationsmittel[2], mindestens aber bei erhöhter Temperatur. Versuche über die Phenolkondensation mit Paraformaldehyd wurden z. B. von SPRUNG (*186*), in alkoholischer Lösung auch von MEGSON und DRUMMOND (*187*) beschrieben. Technisch dient Paraformaldehyd in der Hauptsache zum Nachhärten, d. h. zur nachträglichen Erhöhung des Schmelzpunktes von Phenolharzen, wobei zusätzliche Methylenbrücken in das Harz eingeführt werden. Bei den Resorcinharzen erfolgt diese Reaktion übrigens so leicht, daß sie sich schon in der Kälte vollzieht.

In einem Falle wurde von POLLAK und RIESENFELD (*188*) auch die Verwendung von β-Polyoxymethylen an Stelle von Formaldehyd beschrieben, welches unter den Versuchsbedingungen aber sicherlich zu Formaldehyd depolymerisiert und daher wie dieser wirkt.

An Stelle von Phenolalkoholen können vielfach auch Abkömmlinge derselben zu Diphenylolmethan-Verbindungen führen. Dies trifft außer für die in der Methylolgruppe verätherten Produkte vor allem für die Pseudophenolhalogenide [K. v. AUWERS (*189*), FRIES und BRANDES (*60*), E. ZIEGLER (*109*, *110*), vgl. auch RICHTER-ANSCHÜTZ (*152*)] und andere Oxybenzylester [K. v. AUWERS (*189*)], sowie für die Chinole [RICHTER-ANSCHÜTZ (*152*)] zu. Alle diese Substanzen gehen durch Abspaltung von Alkohol, Säure usw. ebenfalls primär in Chinonmethide über, welche dann ihrerseits das Phenol addieren.

Auch zahlreiche andere Verbindungen reagieren mit Formaldehyd unter Ausbildung von Methylenbrücken. Leicht oder gar freiwillig verläuft dieser Vorgang jedoch nur in solchen Fällen, in denen insofern gleichartige Verhältnisse vorliegen wie beim Phenol, als sie bewegliche Wasserstoffatome in besonderer Molekülanordnung enthalten. Hierbei sind ebenfalls aus Methylolverbindungen durch Wasserabspaltung gebildete, den Chinonmethiden entsprechende reaktionsfähige Zwischenstufen festzustellen, z. B. Methylenharnstoffe, SCHIFFsche Basen, Methylenketone u. a. Sofern eine solche Reaktionsweise aber aus konstitutionellen Gründen nicht möglich ist und dennoch, wie etwa bei Phenoläthern und -acetalen (*105*) oder selbst bei aromatischen Kohlenwasserstoffen (*84*, *106*, *117*) eine Kernverknüpfung durch Methylenbrücken-Bildung zustande kommt, erfolgt diese jedoch nur unter wesentlich derberen Bedingungen, vor allem bei hoher Säurekonzentration. Derartige Reaktionen stellen deshalb keinen Beweis *gegen* die Gültigkeit des für den bei Kondensationen mit Phenolen angenommenen Reaktionsablaufes dar.

[1] Die technische Herstellung von Formaldehyd erfolgte erstmals 1888 durch MERCKLIN und LÖSEKANN (*183*).

[2] Vgl. dagegen die Patente von POLLAK (*185*).

b) Bildung von Alkylidenbrücken.

In ähnlicher Weise, wie die durch Säuren bewirkte Reaktion zwischen Phenolen und Formaldehyd zu einer Verknüpfung der Phenolkerne durch Methylenbrücken führt, gelangt man durch Kondensation mit *anderen Aldehyden* zur Bildung von Alkylidenbrücken (—CHR—) (*190*, *191*). Im Kapitel II wurden bereits die Gründe angeführt, warum solche Kondensationen nur bei Anwendung saurer Kondensationsmittel gelingen, wie dort auch schon auf den Umstand hingewiesen wurde, daß die Reaktionsfreudigkeit der Aldehyde mit steigendem Kohlenstoffgehalt absinkt. Dementsprechend ist hier die Aussicht auf Bildung längerer Ketten noch wesentlich ungünstiger als beim Formaldehyd; die Reaktion kommt vielmehr vielfach nach der Bildung von Zweikernphenolen zum Stillstand, wobei sich die Alkylidenbrücke infolge des sauren Reaktionsmediums überwiegend in para-Stellung zu den Hydroxylgruppen befindet.

Die Verknüpfung von Phenolkernen durch Alkylidenbrücken gelingt offenbar auch durch Einwirkung von Acetylenderivaten RC≡CH auf Phenolverbindungen; zumindest führt die Umsetzung von Acetylen selbst, welches formell ja als die Anhydroform des Acetaldehyds angesehen werden kann, nach v. EULER (*192*) in zwei Stufen ebenso wie bei der Kondensation mit Acetaldehyd zur Ausbildung von Äthylidenbrücken $(-\underset{\displaystyle CH_3}{\underset{|}{C}}H-)$.

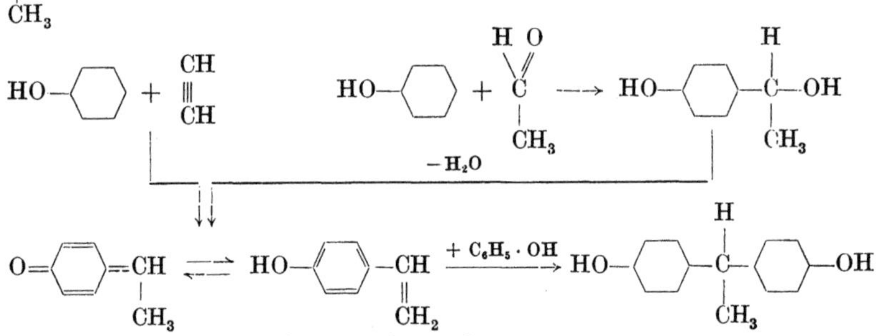

tautomere Formeln der Zwischenstufe

Bildung von Äthylidenbrücken.

Auch hier tritt eine anhydrische, sehr reaktionsfähige Zwischenstufe auf, von der im Zusammenhang mit den Chinonmethiden noch die Rede sein wird. In der obigen Formelgleichung wurde der Einfachheit halber die Beteiligung des Kondensationsmittels an der Reaktion nicht zum Ausdruck gebracht. Diese erfolgt sinngemäß nach dem auf S. 51 gezeigten Schema.

In einzelnen Fällen, z. B. bei der Kondensation von Resorcin mit Benzaldehyd, reagiert die Zwischenstufe (I) nicht mehr mit einem zweiten Phenolmolekül, sondern bevorzugt eine Stabilisierung in Form einer Dimerisation zu einem Stilbenderivat (II), wie man aus Befunden von R. FABRE (*193*) schließen kann:

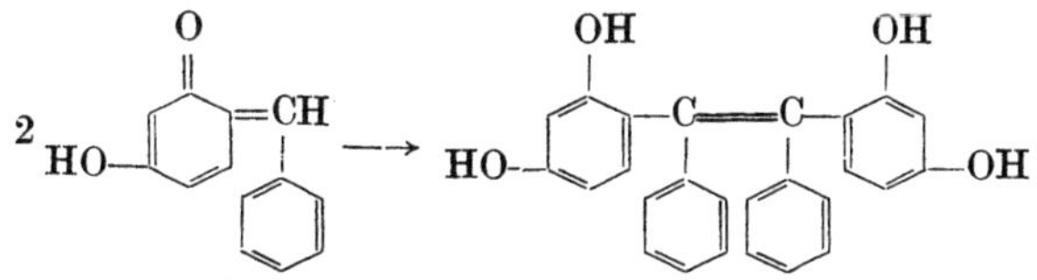

I II

Für solche Ausweichreaktionen muß man den Einfluß der Substituenten der Aldehydkomponente, in diesem Fall des Phenylrestes, verantwortlich machen.

Ein technisch gebräuchliches Kunstharz aus einem Phenol und Acetylen liegt in dem von W. REPPE (*194*) entwickelten „*Koresin*“ vor, welches aus p-tert.-Butylphenol und Acetylen mittels Zinknaphthenat als Katalysator unter Druck hergestellt wird und sich als Klebrigmacher in der Kautschukverarbeitung bestens bewährt hat. Die Ansichten über die Bildung und den Aufbau dieses Produktes gehen allerdings noch auseinander. REPPE selbst (*194a*) ist der Meinung, daß ein Polyoxystyrol (I) vorliegt. Andere Autoren wie HECHT und KRÖPER (*195*) sowie MEGSON (*195a*) sprechen von einer Verknüpfung der Phenolringe durch Äthylenbrücken (II). Letzterer glaubt darauf sogar die besonderen Eigenschaften des „*Koresins*“ zurückführen zu können. Auf Grund der oben bereits entwickelten Anschauungen über die Reaktion von Phenolen mit Acetylen bzw. Aldehyden mit mehreren Kohlenstoffatomen erscheint aber wohl die Struktur III am wahrscheinlichsten.

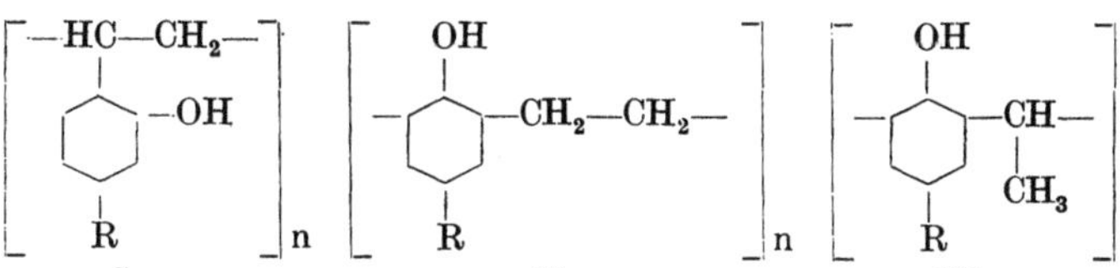

R = tert. - C_4H_9

I II III

Für die zuletzt aufgeführte Formel treten auch eine Reihe amerikanischer Autoren ein [W. E. HANFORD u. D. L. FULLER (*196*), A. O. ZOSS, W. E. HANFORD u. C. E. SCHILDKNECHT (*196a*), J. W. LE MAISTRE u. R. B. SEYMOUR (*196b*)], wenngleich sie zum Teil einen anderen Bildungsmechanismus, nämlich primäre Vinyläther-Bildung, zugrundelegen. Außer dem Ergebnis der Pyrolyse dieses Harzes (*196b*) spricht für den Aufbau mit Äthylidenbrücken vor allem der Umstand, daß ganz ähnliche Produkte wie „*Koresin*“ durch Kondensation von p-tert.-Butylphenol mit Acetaldehyd erhalten werden können [G. E. P. SMITH JR., J. C. AMBELANG u. G. W. GOTTSCHALK (*196c*)]. Allerdings sind derartige Harze nicht völlig identisch mit den mittels Acetylen hergestellten. Letztere enthalten nämlich mehr als ein Mol Acetylen gebunden und lassen spektrographisch einen geringen Gehalt an Doppelbindungen erkennen, der bei den mit Acetaldehyd kondensierten Harzen wegfällt (*196a*). Beide Befunde könnten indessen durch die oben bereits erwähnte Stilbenbildung erklärt werden, so daß also im „*Koresin*“ neben den

Äthylidenbrücken möglicherweise ein gewisser Anteil an Brückenbindungen der Art $—\underset{CH_3}{\overset{|}{C}}=\underset{CH_3}{\overset{|}{C}}—$ vorkommt.

Noch träger als die Aldehyde mit mehreren Kohlenstoffatomen reagieren *Ketone* mit Phenolen [vgl. J. v. BRAUN (*191*) und A. DIANIN (*197*)]. Nur die niederen Glieder, vor allem Aceton, geben in Gegenwart von starken Säuren und bei mäßiger Temperatur in befriedigender Weise Zweikernphenole mit para-ständigen Isoalkylidenbrücken ($—CR_2—$ bzw. $—CRR'—$):

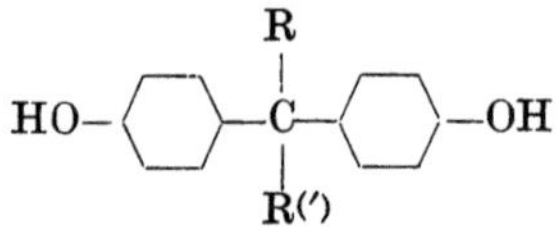

Mit steigender Molekülgröße der Ketone verliert sich rasch deren Kondensationsvermögen und es ergeben sich neue Schwierigkeiten, indem beim Vorliegen bestimmter, durch Substituenten hervorgerufener sterischer Hinderungen auch Ausweichreaktionen stattfinden können. Solche treten nach NIEDERL (*198*) vor allem in den Fällen ein, in denen ein Substituent in ortho-Stellung zu einem der beiden reagierenden Kohlenstoffatome vorhanden ist, also bei meta- und para-substituierten Phenolen, aber auch bei o-Methylcyclohexanon. So können sich beispielsweise zuerst 2 Moleküle des Ketons unter Wasserabspaltung miteinander kondensieren (etwa Aceton zum Mesityloxyd), bevor eine Addition des Phenols an die auf diese Weise entstandene Verbindung eintritt (*199*). In anderen Fällen kondensieren sich 3 Mol Aceton zum Phoron, welches seinerseits nun mit 2 Mol des betreffenden Phenols reagiert [vgl. NIEDERL u. Mitarb. (*200*) sowie BAKER u. Mitarb. (*200*)]. Weiterhin kann es wegen der rückläufigen Säurespaltung des zu erwartenden Zweikernphenols, von der nachstehend die Rede sein wird, zu verschiedenartiger Weiterreaktion der auch in diesem Falle auftretenden Zwischenstufe folgender Art kommen [TH. ZINCKE (*201*)]:

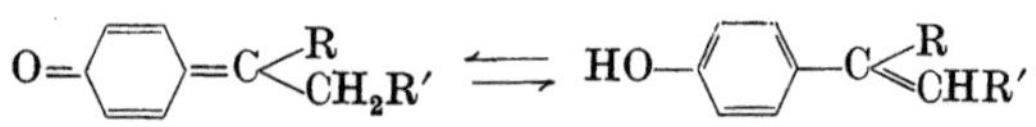

Hierüber sind in der Literatur eine beträchtliche Anzahl von Arbeiten zu finden, die indessen über die vorliegenden Betrachtungen hinausführen würden. Sie liefern aber doch indirekt einen wertvollen Beitrag zur Phenolharzchemie; denn sie zeigen in ihrer Gesamtheit, daß alle Carbonylverbindungen mit Phenolen grundsätzlich in gleicher Weise reagieren, wenn auch von Fall zu Fall verschiedene Endprodukte in Erscheinung treten.

c) Eigenschaften und Spaltung der Methylen- und Alkylidenbrücken.

Im Gegensatz zu der Dimethylenätherbrücke liegt in der Methylenbrücke eine wesentlich stabilere Molekülverknüpfung vor, die sich gegen alle Einflüsse thermischer oder chemischer Art, denen Phenolharze normalerweise ausgesetzt zu werden pflegen, praktisch als unempfindlich erweist und dementsprechend als Endform anzusprechen ist. Dennoch läßt sich auch bei ihr der Einfluß der ortho- bzw. para-ständigen phenolischen Hydroxylgruppe nicht verkennen, wie ein Vergleich mit den noch weit weniger angreifbaren meta-ständigen Brückenbindungen lehrt [vgl. J. v. BRAUN (*191*)].

Es wurde in den vorangehenden Kapiteln schon einige Male darauf hingewiesen, daß die Phenolharz-Reaktionen in gewisser Beziehung reversibel sind, d. h. unter geeigneten Bedingungen rückläufig gestaltet werden können. Diese bestehen in einer wesentlichen Erhöhung der Temperatur über das Bildungsoptimum oder in einer Senkung des p_H, bzw. bei den sauer kondensierten Produkten in einer erheblichen Steigerung der Säurekonzentration über das günstigste Maß der Bildung. Zu diesen reversiblen Vorgängen gehört die Wiederabspaltung von Formaldehyd aus den Phenolalkoholen, die Spaltung der Dioxydibenzyläther und Oxybenzylalkyläther und — wie nachstehend gezeigt wird — auch die Spaltung der Methylenbrücke sowie der Alkyliden- und Isoalkylidenbrücken. Da deren Bildung indessen vielfach erst bei höherer Temperatur oder im sauren Medium vor sich geht, müssen die Bedingungen zu einer Spaltung ziemlich grob sein. Dies trifft vor allem für die Methylenbrücke zu, die nach v. AUWERS (*202*) erst bei Temperaturen von etwa 300° aufwärts oder durch hochkonzentrierte Säure in der Wärme gespalten wird, während Befunde von NIEDERL u. a. (*203*) zeigen, daß die Alkylidenbrücken und nach TH. ZINCKE (*123*) und J. v. BRAUN (*191*) noch mehr die Isoalkylidenbrücken bereits merklich empfindlicher sind. Gerade bei den letzteren überschneidet sich vielfach schon der Bereich ihrer Bildung und ihrer Spaltung, worin auch die erwähnten Schwierigkeiten bei der Darstellung von Isoalkyliden-diphenolen begründet sind. Neben den Substituenten der Brückenbindungen beeinflussen, wie v. AUWERS (*89*) bereits feststellte, natürlich auch die Kern-Substituenten die Stabilität der Brücken.

Die Spaltung unterbleibt, sobald die Wasserstoffatome der phenolischen Hydroxylgruppen beseitigt werden oder der phenolische Charakter durch Hydrierung zum hydroaromatischen System verlorengeht [J. v. BRAUN (*191*)]. Vielfach geschieht dies ganz einfach dadurch, daß bei ortho-ständigen Methylen- bzw. Alkylidenbrücken durch gegenseitige Verätherung der Hydroxyle *Xanthenbildung* eintritt:

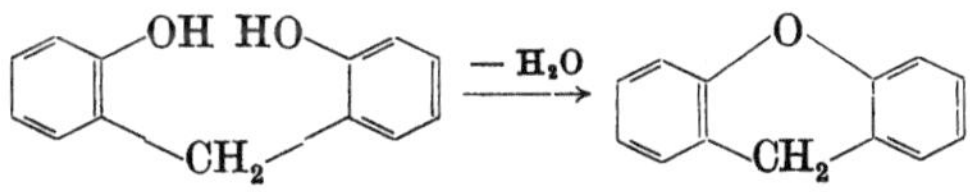

Xanthen

Infolgedessen finden sich nach Befunden von MEGSON (*204*) und A. ZINKE (*70*) solche Xanthenverbindungen auch unter den Vercrackungsprodukten der Phenolharze, ohne daß sie natürlich als regelmäßige und kennzeichnende Bestandteile der letzteren anzusehen wären.

Bei dem thermischen Abbau von Phenolharzen, wie er z. B. von MEGSON (*204*), ALLEN, MEHARG u. SCHMIDT (*205*) u. a. vorgenommen wurde, werden die Methylendiphenole offensichtlich in Umkehrung des zu ihrer Bildung führenden Vorganges in Phenol und Chinonmethid gespalten:

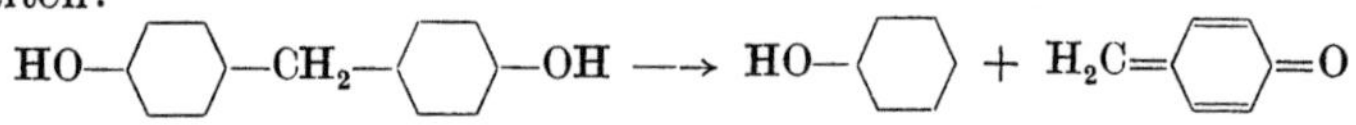

Während das Phenol hierbei z. B. durch Abdestillieren als solches erhalten werden kann, reagieren die Chinonmethide in verschiedener Weise weiter. Vor allem hydriert sich ein Teil von ihnen, wie später noch eingehend ausgeführt wird, auf Kosten eines weiteren Anteils zu einem kernmethylierten Phenol [vgl. auch BARCLAY, BURAWOY u. THOMSON (*206*)], welches ebenfalls flüchtig ist. Infolgedessen wurden z. B. auch bei der Vercrackung von Harzen aus Reinphenol als Spaltstücke o- und p-Kresol aufgefunden. Als Rückstand hinterbleibt hierbei eine koksartige Masse, deren Bildung zweifellos auch mit der Lieferung des Wasserstoffs zur Chinonmethid-Hydrierung in Zusammenhang zu bringen ist. Nimmt man die Pyrolyse unter gleichzeitiger Druckhydrierung vor, so läßt sich die Rückstandbildung stark verringern oder ganz unterbinden, und es entstehen weitere Mengen kernmethylierter Phenole [WATERMANN u. VELDMANN (*207*), Patentangaben (*208*)].

Gleichartig, aber bereits bei niedrigeren Temperaturen, verläuft die Spaltung der Alkyliden- und Isoalkylidenbrücken [J. v. BRAUN (*191*)]. An Stelle der Chinonmethide treten hierbei Isoalkenylphenole auf, die sich infolge von Oxydo-Reduktionsvorgängen zum Teil zu Isoalkylphenolen hydrieren, zum Teil aber auch dimerisieren oder polymerisieren [TH. ZINCKE (*201*), BAKER u. BESLEY (*209*)]. Bei den o-Isoalkenylphenolen kann ferner nach Patentangaben (*210*) auch Ringschluß zu Cumaran-Verbindungen eintreten.

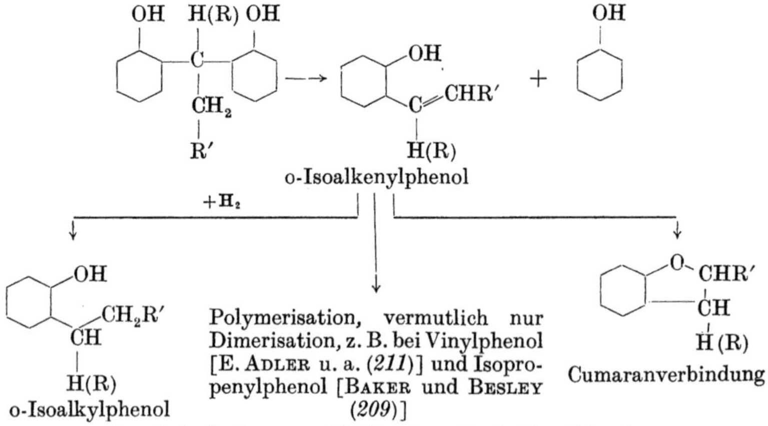

Thermische Spaltung von Alkyliden- bzw. Isoalkyliden-diphenolen.

Mit dieser Reaktionsfolge, bei welcher sich durch gleichzeitige Hydrierung die Ausbeute an Isoalkylphenolen natürlich stark erhöhen läßt, befassen sich außerhalb des Rahmens der Phenolharzchemie auch verschiedene ältere und neuere Arbeiten und zahlreiche Patente. So werden z. B. auf diese Weise aus Kresol und Aceton Menthol und Thymol hergestellt (*210*).

MEGSON (*204*) sowie WATERMANN u. VELDMANN (*207*) versuchten, durch *thermischen Abbau* von Phenolharzen einen Einblick in deren Konstitution zu gewinnen. Nach unseren heutigen Kenntnissen wird verständlich, warum diesen Bemühungen kein großer Erfolg beschieden sein konnte. Das Auffinden einiger Spaltstücke ermöglicht weder sichere Rückschlüsse auf den Aufbau der Phenolharze, noch läßt es den gesamten Mechanismus der Pyrolyse erkennen. Gerade letzterer wird erst jetzt im Zusammenhang mit den über die Chinonmethid-Zwischenstufe führenden Harz*bildungs*-Reaktionen voll verständlich.

Die Säurespaltung der Brückenbindungen zwischen aromatischen Mehrkern-Verbindungen hat, wie schon v. BRAUN (*191*) feststellte, stets eine Hydroxyl- (oder auch Amino-)Gruppe in ortho- bzw. para-Stellung zur Voraussetzung. Sie verläuft offensichtlich analog der Pyrolyse und stellt die Umkehrung des auf S. 51 aufgezeigten Schemas der Methylenbrücken-Bildung dar. Sofern man die Spaltung mit Halogenwasserstoffsäuren vornimmt, können sich bei der hierzu nötigen hohen Säurekonzentration die Chinonmethid-Spaltprodukte zu den Pseudophenolhalogeniden stabilisieren [TH. ZINCKE (*212*), K. v. AUWERS (*212*)], doch treten bei der hohen Temperatur auch Oxydo-Reduktionsvorgänge ein, welche die Bildung von dunklen Harzrückständen beim Aufarbeiten der Spaltprodukte zur Folge haben. Führt man bei Resiten einen Aufschluß in Gegenwart von reaktionsfähigen Phenolen, die zugleich als Lösungs- und Verteilungsmittel wirken, durch [vgl. SCHEIBER (*213*)], so kann die Reaktion auch zur Bildung eines novolakartigen Harzes geleitet werden, da die Spaltprodukte sich erneut mit dem Phenol umsetzen können.

Mit Hilfe von Diazoniumverbindungen lassen sich, wie erstmals R. MÖHLAU u. E. STROHBACH (*213a*) sowie später K. BRASS u. P. SOMMER (*213b*), P. KUBITZKY (*140a*), F. ZIPPLIES (*140b*) u. E. EWALD (*213c*) an einigen Beispielen fanden, Methylen- und Alkylidenbrücken leicht spalten. Neuerdings wurde diese Reaktion von E. ZIEGLER u. G. ZIGEUNER (*91a*, *214*) näher studiert und mit Erfolg zur Klärung verschiedener Probleme der Phenolharzchemie herangezogen. Wie alle diese Arbeiten zeigen, werden Dioxydiphenylmethan- und auch -alkan- bzw. -isoalkan-Verbindungen schon bei Zimmertemperatur in alkalischer Lösung oder auch in Eisessig durch Diazoniumverbindungen, z. B. p-Nitrobenzoldiazoniumchlorid, augenblicklich unter Kupplung zu Azoprodukten und unter Freiwerden von Formaldehyd bzw. entsprechender Aldehyde oder Ketone in folgender Weise zerlegt:

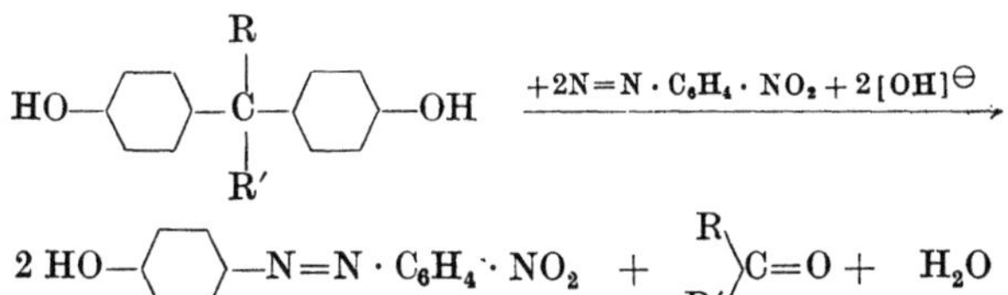

Soweit bisher ersichtlich ist, verläuft die Reaktion in para-Stellung zum phenolischen Hydroxyl sehr glatt, während sie in ortho-Stellung auf Schwierigkeiten stößt.

Außer diesen Spaltungen aromatischer Mehrkern-Verbindungen lassen sich an den —CH_2—-Brückenbindungen vermutlich alle diejenigen Reaktionen ausführen, die auch an ortho- und para-ständigen Methylgruppen gelingen, da man die Methylendiphenole als Oxyphenyl-methylphenole betrachten kann; so konnte SEEBACH (*215*) z. B. die Oxydation zu —CO— durchführen, ferner gelang TH. ZINCKE (*123*) die Substitution durch Halogen zu Verbindungen, die nichts anderes als substituierte Pseudochloride darstellen.

Dagegen greift Formaldehyd nicht an den Brückenbindungen an, ebensowenig wie z. B. o- oder p-Kresol in der Seitenkette mit Formaldehyd reagieren; eine solche Reaktionsmöglichkeit ist zwar verschiedentlich vermutet worden, zuerst von BAEKELAND und BENDER (*21*), später von WATERMANN und VELDMAN (*207*), und neuerdings hat auch A. ZINKE (*171*) sie diskutiert. Aber sowohl BARTHEL (*23*) als auch HULTZSCH (*216*) und v. EULER (*217*) erbrachten den experimentellen Beweis für die Unempfindlichkeit der Methylenbrücke gegenüber Formaldehyd.

Schließlich ist noch auf eine interessante Reaktion der Methylendiphenole hinzuweisen, welche sich ebenfalls praktisch bei den Phenolharzen auswirkt. Es handelt sich um die nach folgender Gleichung verlaufende, von FRIES u. BRANDES (*60*) sowie HANUS (*140*) beschriebene, auch früher (*218*) schon beobachtete Dehydrierung dieser Verbindungen zu Chinon-oxyphenylmethiden, die leicht und unter Umständen schon unter dem Einfluß von Luftsauerstoff zustande kommen kann:

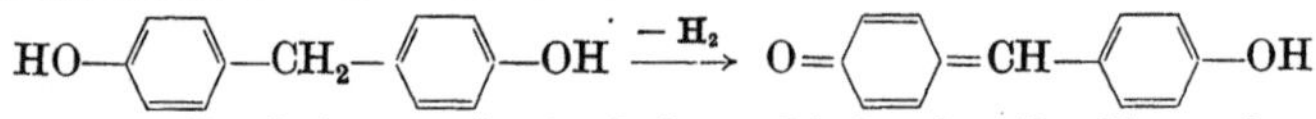

Mit dieser Reaktion steht in hohem Maße das Problem der Lichtbeständigkeit der Phenolharze in Zusammenhang. Die Dehydrierung des p,p′-Dioxydiphenylmethans wirkt sich nämlich in einer kräftigen Rotfärbung, die der ortho-Verbindung offenbar in einer gelbbraunen Färbung der Harzprodukte aus. Es ist verständlich, daß schon die Beseitigung eines der beiden an der Dehydrierung beteiligten Wasserstoffatome die Empfindlichkeit der Diphenylolmethane gegen Oxydation aufhebt. Daher sind die an der phenolischen Hydroxylgruppe veresterten oder verätherten Diphenylolmethane ebensowenig wie diejenigen mit Isoalkylidenbrücken (—CRR′—) einer solchen Oxydation zugänglich.

Diese für ein Kunstharz unerwünschte Sauerstoffempfindlichkeit ist demnach keine bezeichnende Eigenschaft der Methylenbrücke an sich, sondern kommt erst in Verbindung mit dem Phenolrest zustande; sie entfällt daher bei den meisten anderen Kunstharzen, auch wenn diese Methylenbrücken enthalten. Abgesehen von dieser Oxydationsempfindlichkeit, die ja keine Lösung der Kernverknüpfung zur Folge hat, bedingt die Methylenbrücke indessen hinsichtlich ihrer Stabilität tatsächlich eine thermische und chemische Beständigkeit, wie wir sie für ein Kunstharz nur fordern können. Darin besteht ihr hoher Wert für den Aufbau der Phenolharze.

V. Chinonmethide.

Die Erkenntnis, daß bei der Entstehung von Phenolharzen Chinonmethide[1] eine wichtige Rolle spielen, ist noch ziemlich neu. Zwar haben WOHL und MYLO (*25*) schon frühzeitig derartiges vermutet; auch die von HERZOG und KREIDL (*219*) aufgestellte „Bakelit"-Formel die auf dem Gedanken einer Desmotropie der Phenole aufbaut, erinnert an Chinonmethide. Indessen waren solche Meinungen durchaus spekulativ und entbehrten jeder experimentellen Grundlage, so daß es verständlich ist, wenn sie nur gelegentlich am Rande verzeichnet wurden. Erst die in den Jahren 1941/42 von H. v. EULER, E. ADLER und ihren Mitarbeitern (*61*) sowie unabhängig davon auch von K. HULTZSCH (*62*) veröffentlichten Arbeiten konnten einwandfrei nachweisen, daß die Chinonmethide, deren Chemie aus den klassischen Arbeiten von K. v. AUWERS (*16*), TH. ZINCKE (*56*) und ihren Mitarbeitern bereits einigermaßen bekannt und in einer 1939 erschienenen Abhandlung von FRIES u. BRANDES (*60*) zusammengefaßt worden war, am Aufbau der Phenolharze beteiligt sind. Die Forschungen des Arbeitskreises H. v. EULERs vertieften ebenso wie diejenigen von HULTZSCH die Kenntnisse über diese höchst interessanten Verbindungen. Sie ließen allerdings untereinander gewisse Abweichungen in den Auffassungen darüber erkennen, *welche* Rolle den Chinonmethiden in der Phenolharzchemie zukommt. v. EULER vertrat nämlich die Meinung, daß die Chinonmethide in ihren polymeren Formen eine Endstufe des Härtungsvorganges darstellen und eine Verknüpfung von Endgruppen bewirken. Er hielt sie demgemäß wichtig für die Vernetzung von Phenolharz-Bausteinen und damit auch für die Erreichung des endgültigen Resitzustandes. Nach der Ansicht von HULTZSCH sollten dagegen die Chinonmethide nur eine Übergangsstufe im Ablauf der Härtungsreaktionen sein. Gegen diese beiden Auffassungen wurden von anderer Seite, z. B. von SCHEIBER (*220*), Bedenken laut, welche in der Bildung von Chinonmethiden sogar überhaupt nur eine bescheidene Nebenreaktion sehen wollten. Ganz im Gegensatz hierzu haben aber weitere Überlegungen von HULTZSCH (*63*) über die Rolle dieser Verbindungsart nunmehr zu dem Schluß geführt, daß *die Chinonmethide im Mittelpunkt der Phenolharzchemie* stehen.

Eine gute Stütze für diese These ergibt sich bereits aus den Ausführungen der vorangehenden Kapitel; die Beweisführung soll hier jedoch noch erweitert und gefestigt werden.

a) Eigenart der Chinonmethide.

In diesem Zusammenhang interessieren nicht nur die im vorangehenden zum Teil bereits erwähnten Reaktionen, die zu den Chinonmethiden hinführen oder von ihnen ihren Ausgang nehmen, sondern in erster Linie auch die Antwort auf die Frage nach dem Wesen und der Art dieser Verbindungen.

[1] In der Literatur werden diese Verbindungen zuweilen auch Methylenchinone genannt [vgl. hierzu PUMMERER und CHERBULIEZ (*26*)].

Die Chinonmethide stellen offenbar höchst reaktionsfähige, bei sämtlichen Phenol-Formaldehyd-Kondensationen auftretende *Zwischenprodukte* dar, welche als solche nicht beständig sind und sich in verschiedener Art und Weise zu stabilisieren suchen. Tatsächlich liefert keine der Reaktionen, die irgendwie die Bildung von Chinonmethiden erwarten läßt, diese selbst, sondern nur ihre di- oder trimeren Formen oder sonstige Abwandlungsprodukte. Auch soweit sich in älteren Arbeiten Angaben über vermeintlich monomere Chinonmethide verzeichnet finden, handelt es sich, wie nachträglich von PUMMERER (*221*) festgestellt und von STRUFFMANN (*222*) bestätigt wurde, um polymere Produkte.

Es erhebt sich deshalb die Frage, was wir uns unter den Chinonmethiden überhaupt vorzustellen und wie wir sie demnach zu formulieren haben. Die im allgemeinen gebrauchten Strukturformeln

o-Chinonmethid p-Chinonmethid

lassen als Verbindungen mit einer Methylengruppe (=CH_2) und einer Carbonylgruppe (=C=O) zwar schon eine beträchtliche Reaktionsfähigkeit erwarten, doch bringen sie die Unbeständigkeit der monomeren Form in keiner Weise zum Ausdruck. Dies könnte dazu verleiten, die Chinonmethide als Diradikale mit ungepaarten π-Elektronen aufzufassen, z. B.

Da Radikale sich paramagnetisch verhalten, läßt sich der Radikalcharakter einer Verbindung durch magnetische Messungen erkennen. Derartige Versuche, die von E. MÜLLER (*223*) und seinen Mitarbeitern an ähnlichen Verbindungsgruppen durchgeführt wurden, weisen darauf hin, daß wir in den Chinonmethiden aber keine echten Diradikale zu erblicken haben. Man kennzeichnet deshalb wohl richtiger den Grundzustand dieser Stoffe durch eine Mesomerie mit polaren Grenzformeln (*Zwitterionen*):

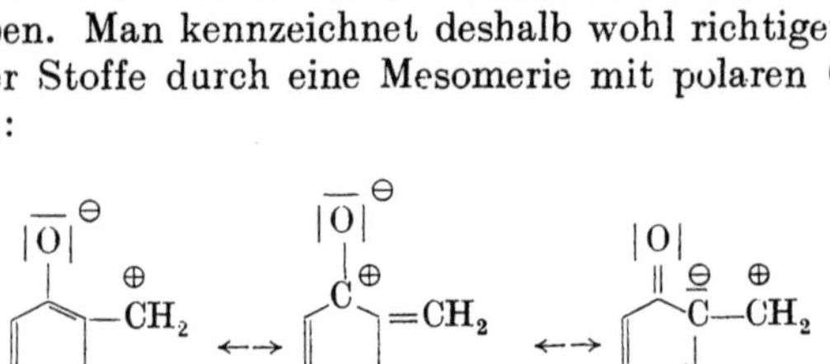

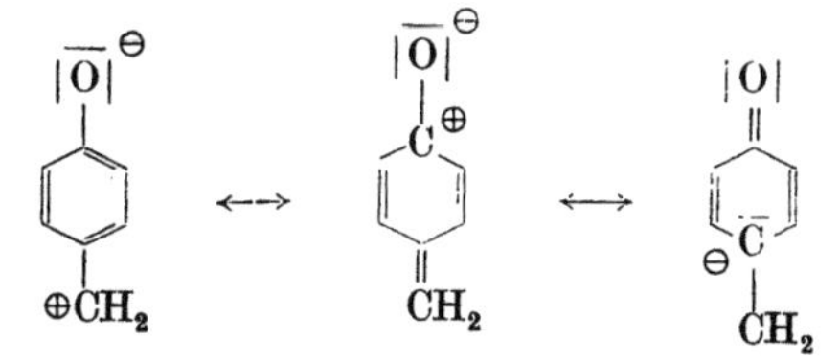

Aus einem zwischen diesen Grenzformeln liegenden Grundzustand können sich durch Anregung von außen her energiereichere, sich der einen oder anderen Grenzformel nähernde Reaktionszustände ausbilden, die zu einer Stabilisierung durch Aufnahme oder Abgabe von Elektronen drängen. Diese Anregung kann z. B. thermischer oder optischer Art sein, wodurch dann die o- und p-Chinonmethide zwar in einen paramagnetischen Triplettzustand, aber keinen Biradikalzustand übergehen, in dem die Spins der beiden „odd" (Einzel)-Elektronen parallel ausgerichtet sind [E. Müller (*224*), F. Seel (*225*)]:

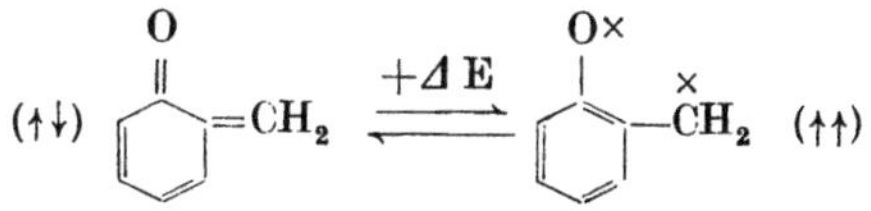

Auch durch Aufnahme von Ionen können die Chinonmethide in eine hochreaktionsfähige Form gebracht werden. Dabei werden sich Kationen, weil sie selbst eine Oktettlücke aufweisen, an das Sauerstoffatom anlagern, da dieses zur Auffüllung der Oktettlücke ein einsames Elektronenpaar zur Verfügung zu stellen vermag. Anionen dagegen addieren sich infolge ihrer einsamen Elektronenpaare an das Kohlenstoffatom der Methylengruppe, weil hier eine Oktettlücke auftreten kann.

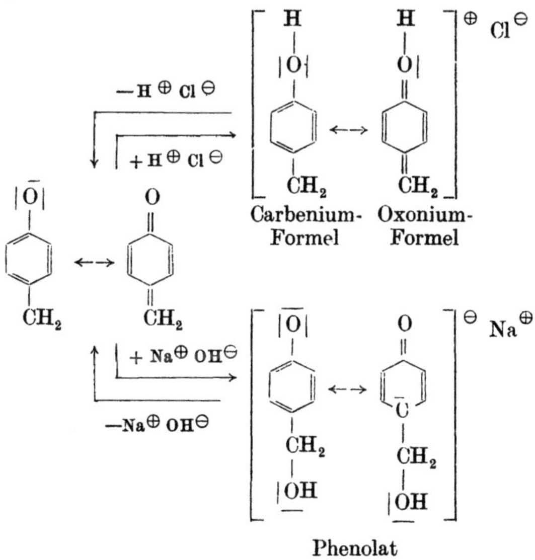

„Salzbildung" der Chinonmethide.

Durch Aufnahme von H-Ionen werden die Chinonmethide zu positiv geladenen komplexen Kationen, durch Aufnahme von OH-Ionen zu negativ geladenen Anionen. Diese Wechselwirkungen lassen sich etwa in der oben gezeigten Weise ausdrücken, wobei die Vorgänge gleichermaßen auch bei den ortho-Strukturen zu formulieren sind (s. S. 65).

Während in dem durch OH-Aufnahme gebildeten Anion ein Phenolalkohol-phenolat vorliegt, entsteht im ersten Fall durch Addition des Protons ein mesomeres Kation, für welches als Grenzformeln die Oxonium- und die Carbeniumform gelten [vgl. EISTERT (*107*)]. Vermutlich liegt das Gleichgewicht dieser Reaktion weitgehend auf Seiten der Ausgangskomponenten. Im Falle der Halogenwasserstoffsäuren können diese Salze aber auch im Gleichgewicht mit den zwar undissoziierten, jedoch wenig beständigen Pseudophenolhalogeniden stehen (vgl. das Schema auf S. 25).

Solche Chinonmethid-„Salze" stellen sehr wahrscheinlich die reaktionsfähigen Zwischenstufen bei den mit Alkalien und Säuren bewirkten Kondensationsreaktionen dar. Wenn man den Ausführungen von EISTERT (*226*) bezüglich der Keton-Kondensationen in saurem Medium folgt, so besteht die „katalytische" Wirkung der Säure immer darin, „daß durch die Addition des Protons an den Sauerstoff die Mesomerie der Carbonylgruppe zugunsten der einlagerungsfähigen *Carbenium*-struktur verschoben wird".

Die durch Temperaturerhöhung bewirkten Reaktionen der Chinonmethide gleichen offenbar im wesentlichen denjenigen, wie sie durch Säurezusatz ausgelöst oder gefördert werden. Vermutlich werden durch die Wärmezufuhr weitere Protonen mobilisiert, die sich dann an den Sauerstoff der Chinonmethide anlagern und eine Verschiebung in Richtung auf die Carbeniumform bewirken. In jedem Fall hat man bei den hier angestellten Betrachtungen in den Chinonmethiden nur *Zwischenprodukte* zu sehen, die aber durch ihre leichte Bildungsweise und ihre große Reaktionsfähigkeit die treibende Kraft für die Phenolharz-Bildung darstellen.

Der Charakter der Chinonmethide bleibt im großen und ganzen auch erhalten, wenn die Wasserstoffatome der Methylengruppe durch andere Atome[1] oder Atomgruppen ersetzt werden. Wir lernten derartige Zwischenprodukte bereits bei der Kondensation von Phenolen mit Aldehyden von mehr als einem Kohlenstoffatom, sowie mit Ketonen kennen (vgl. S. 56 u. 58):

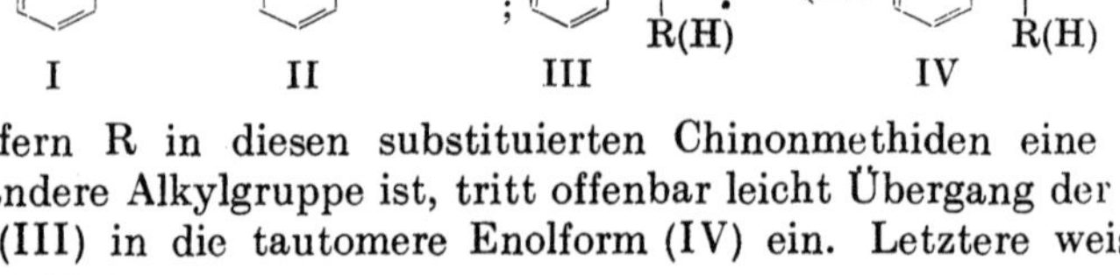

I II ; III IV

Sofern R in diesen substituierten Chinonmethiden eine Methyl- oder andere Alkylgruppe ist, tritt offenbar leicht Übergang der Chinonform (III) in die tautomere Enolform (IV) ein. Letztere weist einen

[1] z. B. auch durch Fluor [vgl. R. G. JONES (*226a*)].

Isoalkylen-Rest auf, bei dem die Doppelbindung sich indessen ebenfalls in konjugierter Stellung zum Benzolring befindet und sich damit gleichermaßen wie etwa beim Styrol auf die Reaktionsfähigkeit des gesamten Systems auswirkt. Solche Derivate der Chinonmethide sind natürlich infolge des Substituenteneinflusses der Seitenkette weniger reaktionsfreudig als die Chinonmethide selbst und können deshalb unter Umständen auch in monomerer Form beständig sein.

Als weiteres Beispiel für substituierte Chinonmethide nach I sei auf das S. 45 schon angeführte o-Chinon-alkoxymethid hingewiesen. Setzt man ferner für R den Oxyphenylrest, so hat man Chinon-oxyphenylmethide vor sich, die bei der Dehydrierung von Diphenylolmethan-Verbindungen auftreten (S. 62). Es leiten sich von den Chinonmethiden auch das Chinon-diphenylmethid sowie die Triphenylmethan-Abkömmlinge wie das Benzaurin u. ä. ab[1]. Auch solche komplizierten Chinonmethid-Derivate können, wie G. N. LEWIS (*227a*) am Fluorescein gezeigt hat, beim Bestrahlen in den paramagnetischen Triplettzustand (keinen Biradikalzustand!) übergehen.

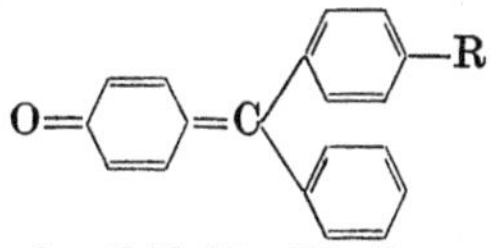

p-Chinon-diphenylmethid (R=H); Benzaurin (R=OH)

Hier besteht eine Brücke, die von der Phenolharzchemie hinüber zu den Farbstoffen führt. Deshalb können auch eine Reihe von Erkenntnissen, die sich dort ergeben haben, wieder auf die Chinonmethide und damit auch auf die Phenolharze übertragen werden, wie etwa die Bildung von Farbsalzen oder der Eintritt von Oxydations- und Reduktionsreaktionen, von dem u. a. in der Folge die Rede sein wird.

Es gibt eine Reihe anderer, den Chinonmethiden ähnlicher, reaktionsfähiger Systeme, die ebenfalls durch intramolekulare Wasserabspaltung aus Methylolverbindungen gebildet werden können und deshalb die Methylengruppe enthalten. Im einfachsten Fall können wir die

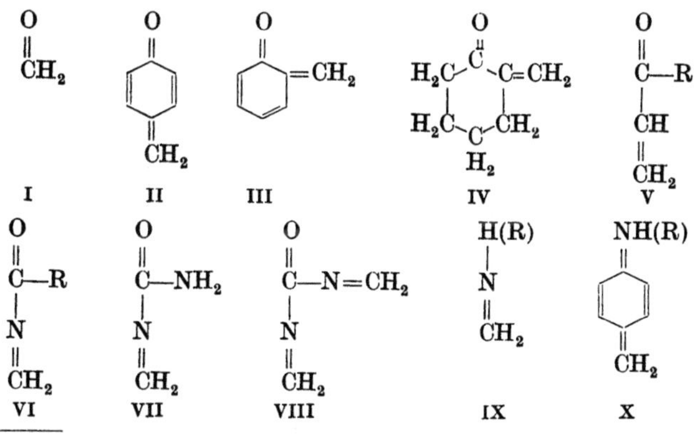

---

[1] Vgl. hierzu BISTRZYCKI und HERBST (*227*), TANASESCU und SIMONESCU (*227*) sowie TRAUBENBERG (*227*).

Chinonmethide, worauf an früherer Stelle schon hingewiesen wurde, mit dem Formaldehyd (I) selbst (der Anhydroform des Methylenglykols) vergleichen.

Bei den Chinonmethiden (II u. III) ist in den Formaldehyd gewissermaßen ein Benzol- bzw. Chinonsystem eingeschoben, das die Verbindung zwischen Sauerstoffatom und Methylengruppe durch konjugierte Doppelbindungen herstellt. Demgegenüber ist das von DIMROTH, RESIN u. ZETZSCH (*228*) sowie von MANNICH (*228*) beschriebene o-Methylencyclohexanon (IV) schon wesentlich reaktionsträger, weil bei ihm dieses spezielle System fehlt. Es kann deshalb unter günstigen Bedingungen auch in monomerer Form erhalten werden und gleicht hinsichtlich seiner Reaktionsfähigkeit eher den Vinylketonen (V) (*229*), von denen es ja nur eine Abart ist. Ebenfalls sehr reaktionsfähig sind die Methylenverbindungen der Amide (VI), besonders Methylen- und Dimethylenharnstoff (VII u. VIII), die wie die Chinonmethide monomer nicht beständig sind und ihrerseits das Aufbauelement der Harnstoff-Formaldehyd-Kunstharze darstellen (*230*). Mit den Chinonmethiden können sie aber nicht unmittelbar verglichen werden.

Durch Kondensation von Formaldehyd mit Ammoniak bzw. Aminen werden als höchst reaktionsfähige Verbindungen die Azomethine (IX) bzw. deren Polymerisate erhalten. Wie aber Formaldehyd durch Zwischenschaltung des Chinonrings zum Chinonmethid wird, so ergibt sich in gleicher Weise aus dem Azomethin (IX) das Chinon-iminmethid (X), üblicherweise Anhydro-p-aminobenzylalkohol genannt, in welchem man die Grundsubstanz der Anilinharze zu erblicken hat [K. FREY (*231*)]. Hier liegt völlige Analogie mit den Chinonmethiden als Aufbauelement der Phenolharze vor, wenngleich der Reaktionsmechanismus, der zu dieser Stufe hinführt, dort insofern etwas anders ist, als bei den primären und sekundären aromatischen Aminen die Formaldehyd-Einwanderung eindeutig zunächst über das Stickstoffatom erfolgt [vgl. E. C. WAGNER (*232*)].

Jedenfalls läßt sich aber bei dieser Betrachtungsweise erkennen, wie wichtig der Anteil des Benzol- bzw. Chinonkerns an der außerordentlichen Reaktionsfähigkeit der Chinonmethide und der Chinoniminmethide ist.

b) Bildung und Reaktionen der Chinonmethide.

Aus den in den Kapiteln II, III und IV erörterten chemischen Reaktionen konnte man bereits eine Reihe von Möglichkeiten zur Bildung von Chinonmethiden ersehen, wie dort auch gleichzeitig schon auf deren weitere Umsetzungen hingewiesen wurde. In allen Fällen war ersichtlich, daß die zur Bildung von Chinonmethiden führenden Reaktionen jeweils gegenläufig zu Vorgängen sind, die von den Chinonmethiden ihren Ausgang nehmen. Hierbei sind die ersteren Abspaltungsreaktionen, die letzteren Additionsvorgänge. Beide sollen deshalb hier gemeinsam besprochen werden, wobei die Reaktionen jeweils nur an einer der beiden (o- oder p-) Chinonmethid-Formen dargestellt werden; sie treten aber, wenn nichts anderes bemerkt ist, in gleicher Weise auch bei der anderen ein.

Den Mittelpunkt der Betrachtungen bilden also die Chinonmethide, die man etwa mit einem Pendel vergleichen kann, das nach verschiedenen Richtungen auszuschwingen vermag. Um es in die eine oder andere Richtung zu bewegen, bedarf es einer Störung des Gleichgewichts, welche durch Zufuhr äußerer Energie erfolgt. Während aber das Pendel nach Aufhebung der Gleichgewichtsstörung allmählich wieder in seiner Mittellage zur Ruhe kommt, stabilisieren sich die Chinonmethide durch Addition bestimmter Partner, und zwar so, wie diese nach ihrer Konzentration und Anlagerungsbereitschaft dargeboten werden. In Ermangelung eines geeigneten Partners addieren sich Chinonmethid-Moleküle auch gegenseitig oder unterliegen gewissen Oxydo-Reduktionsvorgängen. Wenn man den Vergleich mit dem Pendel also weiterführen will, so wird dieses in einer bestimmten Lage festgehalten, ohne daß diese Fixierung eine endgültige sein muß; denn durch einen weiteren Energieaufwand und eine erneute Störung des Gleichgewichts infolge genügend großen Angebots eines anderen reaktionsfähigen Partners kann die Festlegung des Pendels wieder abgeändert werden.

Recht ungleich ist allerdings die Kraft, mit der das Pendel in den jeweiligen Lagen festgehalten wird, d. h. der Energieinhalt der verschiedenen Stabilisierungsprodukte. Während die einen, etwa die Phenolalkohole oder gar die Pseudohalogenide, verhältnismäßig labil sind und deshalb Ausgangsverbindungen für die Phenol-Formaldehyd-Reaktionen darzustellen pflegen, sind im Gegensatz dazu die Dioxydiphenylmethan-Verbindungen bereits sehr stabil und gelten deshalb als Endprodukte, wenngleich auch sie wieder durch Vercrackung oder durch starke Säuren hoher Konzentration rückläufig gespalten werden können. Dazwischen stehen in der Beständigkeit die Dioxydibenzyläther, Oxybenzylalkyläther und andere noch zu besprechende Verbindungen. Die Phenolharz-Reaktionen stellen also nichts anderes dar als die Überführung von bestimmten Chinonmethid-Addukten bzw. Oxybenzyl-Verbindungen in andere Stoffe gleicher Art, wobei diese Reaktionen im allgemeinen durch Zugabe von Säuren oder in der Wärme durch die Beweglichkeit der eigenen Protonen ausgelöst werden. In diesem Zusammenhang hat die Erkenntnis von der *Rückläufigkeit der Phenolharz-Reaktionen* zur Klärung mancher verwickelter Reaktionsabläufe beigetragen.

Als Ausgangsverbindungen für viele Harzbildungsvorgänge stehen die Phenolalkohole zur Verfügung, die in alkalischem Medium wohl nach der auf S. 24 angegebenen Art und Weise aus Phenol und Formaldehyd aufgebaut und durch Protonbrücken stabilisiert werden. Bei der Härtung dieser Phenolalkohole werden durch die Einwirkung von Protonen weiterer Reaktionsteilnehmer die intramolekularen Protonbrücken gelöst, und es tritt nach Aufnahme eines solchen Protons Wasserabspaltung zu einem Oxybenzyl-Carbenium-Kation ein, von dem die weiteren Reaktionen ihren Ausgang nehmen. Bei der sauren Kondensation wird gemäß dem auf S. 25 gezeigten Schema aus Phenol und Formaldehyd unmittelbar die reaktionsfähige Chinonmethid-Zwischenstufe in Form des gleichen Oxybenzyl-Carbenium-Kations erreicht. Der

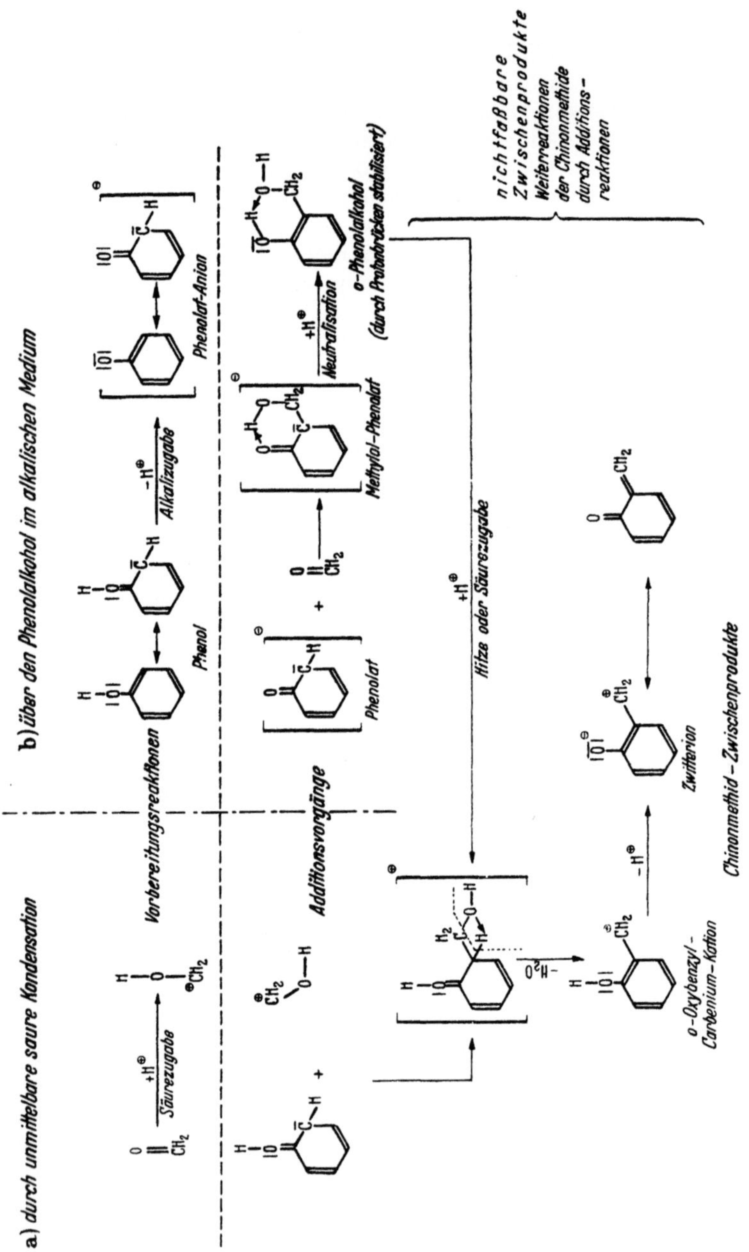

Bildung des o-Chinonmethid-Zwischenprodukts aus Phenol und Formaldehyd.

Übersicht halber sind beide Vorgänge hier nochmals in einem Schema vereinigt, in dem die Wirkung der sauren bzw. basischen Kondensationsmittel als *Vorbereitungsreaktionen* zum Ausdruck kommt [HULTZSCH (*64*)].

In diese einfache Form gebracht, läßt sich die ursprünglich so schwierig und verworren erscheinende Chemie der Chinonmethide, die zuerst von den Untersuchungen über die Pseudophenolhalogenide (*152*) ihren Ausgang nahm, ganz schematisch darstellen. Man braucht nur mehr die verschiedenen Additionsvorgänge zu ordnen und muß sich ferner vergegenwärtigen, daß sie auch in umgekehrter Richtung verlaufen können. Es handelt sich hier ja immer um Gleichgewichtszustände, die auch von der entgegengesetzten Seite erreicht werden können.

Die von den Chinonmethiden ihren Ausgang nehmenden Additionsvorgänge sollen hier in vier Gruppen besprochen werden:

1. Anlagerung von Verbindungen mit acidem Wasserstoff,
2. Oxydo-Reduktionsvorgänge,
3. Anlagerung von ungesättigten Verbindungen,
4. Polymerisationsreaktionen.

In jedem Fall muß die anzulagernde Verbindung gleich den Chinonmethiden in irgendeiner Weise aktiviert werden. Die Aktivierung erfolgt in den meisten Fällen durch Wärmeeinwirkung oder durch Säurekatalyse.

1. Anlagerung von Verbindungen mit acidem Wasserstoff.

In erster Linie addieren sowohl die o- als auch die p-Chinonmethide Verbindungen mit acidem Wasserstoff [v. AUWERS (*55*, *202*)] auf folgende Weise zu Oxybenzyl-Derivaten:

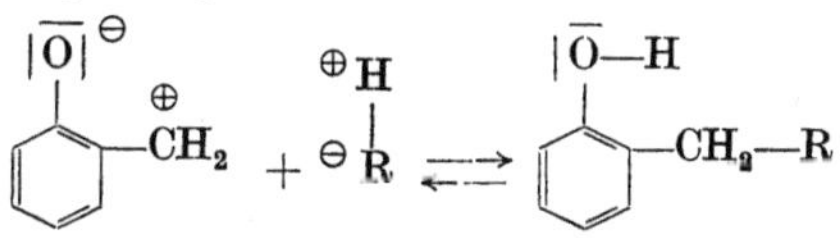

Die wichtigsten dieser Reaktionen sind in der Tabelle auf S. 72 zusammengefaßt. Die ersten sechs angeführten Reaktionen wurden an früherer Stelle bereits besprochen; die Addition von Aminen und Amiden wird Gegenstand der Betrachtungen des VI. Kapitels sein.

Alle auf diese Weise entstandenen Oxybenzyl-Derivate spalten bei mehr oder weniger hoher Temperatur unter Rückbildung von Chinonmethiden die angelagerten Verbindungen wieder ab. Ist die Reaktionstemperatur sehr hoch, können die abgespaltenen Stoffe vielfach auch entweichen. Treten keine anderen an ihre Stelle, so addieren sich die Chinonmethid-Moleküle untereinander oder sie unterliegen einer Reihe von Oxydo-Reduktionsvorgängen. Beide Reaktionsarten können auch nebeneinander oder miteinander gekoppelt ablaufen.

2. Oxydo-Reduktionsvorgänge.

Eine besonders hervorzuhebende Eigenschaft der Chinonmethide ist ihr Bestreben, sich durch Aufnahme von Wasserstoff zu stabilisieren. Sie wirken dadurch im angeregten Zustand, also vor allem in der Wärme stark dehydrierend, wobei sie den phenolischen Bestandteilen ihrer Umgebung Wasserstoff entziehen und diese dabei zu Chinonverbindungen oxydieren [FRIES u. BRANDES (*60*), v. EULER (*61*), HULTZSCH (*233*)]. Letztere können sich indessen vielfach durch tautomere Umlagerung

Angelagerte Verbindung	Neugebildetes Produkt	Entstandene Seitenkette oder Brückenbindung
H—OH Wasser	Oxybenzylalkohol	$—CH_2OH$ Methylolgruppe
H—OR Alkohol	Oxybenzylalkyläther	$—CH_2OR$ Alkoxymethylgruppe
$H—OH_2C \cdot C_6H_4 \cdot OH$ Phenolalkohol	Dioxydibenzyläther	$—CH_2—O—H_2C—$ Dimethylenätherbrücke
$H—C_6H_4 \cdot OH$[1] Phenol	Dioxydiphenylmethan	$—CH_2—$ Methylenbrücke
H—OOC · R Carbonsäure	Oxybenzylester	$—CH_2—OOC—R$ Acyloxymethylgruppe
H—X Halogenwasserstoffsäure	Oxybenzylhalogenide (Pseudophenolhalogenide)	$—CH_2X$ Halogenmethylgruppe
H—CN Cyanwasserstoffsäure	Oxybenzylcyanid[2]	$—CH_2—CN$ Cyanmethylgruppe
H—SCN Rhodanwasserstoffsäure	Oxybenzylrhodanid[3]	$—CH_2—SCN$ Rhodanmethylgruppe
$H—NH_2$ Ammoniak	Oxybenzylamin	$—CH_2—NH_2$ Aminomethylgruppe
$\mathrm{H{—}N}\langle^{\mathrm{H}}_{\mathrm{R}}$ Primäres Amin	Oxybenzylalkylamin	$—CH_2—NHR$ Alkylaminomethylgruppe
$\mathrm{H{—}N}\langle^{\mathrm{R'}}_{\mathrm{R}}$ Sekundäres Amin	Oxybenzyldialkylamin	$—CH_2—NRR'$ Dialkylamino-methylgruppe
H—NHCOR Säureamid	Oxybenzylamid	$—CH_2—NH—COR$ Acylaminomethylgruppe

Bildung von Oxybenzyl-Derivaten aus Chinonmethiden.

wieder in Phenole zurückverwandeln, indem sich der Ladungsausgleich über die Brückenbindungen oder Seitenketten vollzieht und die Doppelbindungen dorthin wandern. Ein solcher Vorgang ist z. B. bei der Tautomerie der Isoalkylidenphenole bereits formuliert worden.

Diese *Oxydo-Reduktionsvorgänge* spielen demgemäß bei der Härtung von Phenolharzen vor allem in den höheren Temperaturgebieten eine wichtige Rolle.

Der einfachste Hydrierungsvorgang ist nun die Absättigung eines Chinonmethids mit zwei Wasserstoffatomen zu einem kernmethylierten Phenol, wodurch bei der Hitzehärtung von Phenolalkoholen bzw. Resolen eine Endgruppenbildung durch *Methylgruppen* bewirkt wird [HULTZSCH (*136*)]:

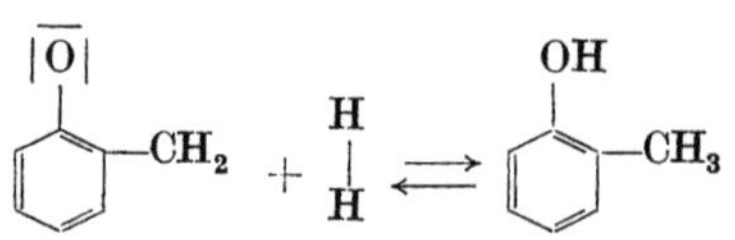

[1] Jedoch *nicht* $H—O \cdot C_6H_5$ zu den theoretisch denkbaren, jedoch niemals beobachteten Oxybenzylphenyläthern.

[2] K. v. AUWERS (*154, 232a*).

[3] K. v. AUWERS (*154, 232a*), O. STEPHANI (*232b*), E. ZIEGLER u. H. LÜDDE (*232c*).

Auch die Umkehrreaktion dieses Vorganges, die in einer Abart schon bei der Dehydrierung der Diphenylolmethane zu Chinon-oxyphenylmethiden zutage getreten ist, spielt bei den Phenolharzen praktisch insofern eine große Rolle, als sich Produkte aus Phenolen mit ortho- oder para-ständigen Alkylgruppen verhältnismäßig leicht dehydrieren lassen und dadurch verfärbt werden. Besonders die im Vergleich zu Harzen aus Reinphenol herabgesetzte Lichtbeständigkeit der Kresolharze dürfte auf einem solchen Dehydrierungsvorgang beruhen. Im Gegensatz zu den Kresolen erweisen sich nämlich Harze aus Phenolen mit Substituenten, die in unmittelbarer Nachbarschaft zum Benzolkern ein tertiäres Kohlenstoffatom aufweisen, z. B. aus p-tert.-Butylphenol, als wesentlich lichtbeständiger, weil bei ihnen keine derartige Möglichkeit der Dehydrierung eines Substituenten gegeben ist.

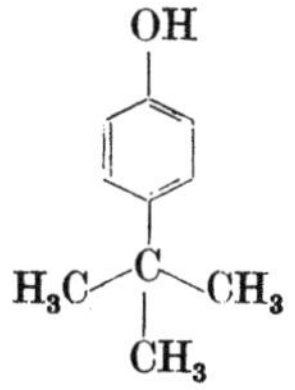

p-tert.-Butylphenol

Die Dehydrierung von o- und p-Methylphenolen zu Chinonmethiden geht ferner eindeutig aus Arbeiten von GOLDSCHMIDT u. BERNARD über die Dehydrierung des Mesitols (*234*) und von RICHTZENHAIN über die des 5-Methyl-pyrogallol-1,3-dimethyläthers (*91*) hervor, bei denen nach der auf S. 82 formulierten Weise die entsprechenden Abkömmlinge des p,p'-Dioxystilbens gebildet werden. Auch die von SCHORIGIN (*235*) durch p-Kresol in Schwefelsäure-Eisessig bewirkte Hydrierung von Triphenylcarbinol zu Triphenylmethan ist mit einer wahrscheinlich zum p-Chinonmethid führenden Dehydrierung des p-Kresols verbunden. Allerdings gibt es gerade für letzteres nach PUMMERER (*236*) noch eine andere Art der Dehydrierung, die bis zur Bildung von Diphenolen führen kann. Auch bei Phenolen mit ortho-ständigen Methylgruppen, z. B. dem o-Kresol [GOLDSCHMIDT, SCHULTZ u. BERNARD (*237*)] und dem vic. m-Xylenol [v. AUWERS u. v. MARKOVITS (*238*)], kann unter gewissen Bedingungen die Dehydrierung offenbar ohne Beteiligung der Methylgruppen verlaufen. Doch wurden bei den entsprechenden Arbeiten wohl nicht alle Reaktionsprodukte untersucht und eindeutig identifiziert, so daß sich hieraus auch kein Beweis *gegen* die Teilnahme der ortho-Methylgruppen bei der Dehydrierung ergibt. Hingegen hängt die Bildung offener und cyclischer Chinoläther, wie sie von PUMMERER (*239*) in seinen Arbeiten über Oxydation der Phenole festgestellt wurde, eng mit der Entstehung von Chinonmethiden zusammen (vgl S. 83).

Wegen dieser Dehydrierbarkeit können nach Ansicht von HULTZSCH (*82*) die Methylgruppen unter besonderen Bedingungen als *zusätzliche funktionelle Gruppen* bei den betreffenden Phenolen wirken. Hierdurch erklärt sich auch die Feststellung, daß bei der Härtung von Methylolverbindungen monofunktioneller Phenole, z. B. des o-Oxymesitylalko-

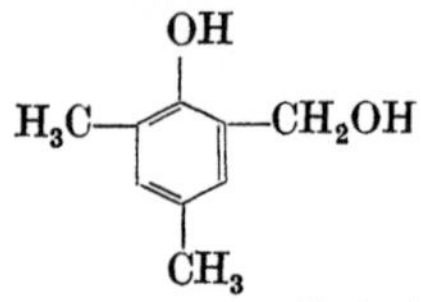

o-Oxymesitylalkohol

hols, bei über 200° liegenden Temperaturen Produkte entstehen, die aus mehr als zwei Phenolkernen aufgebaut sind und dennoch zum Teil phenolischen Charakter aufweisen [HULTZSCH (*58*)]. Hier sind sehr wahrscheinlich durch die dehydrierende Wirkung der Chinonmethide Harzbestandteile gewissermaßen „zusammenoxydiert“ worden:

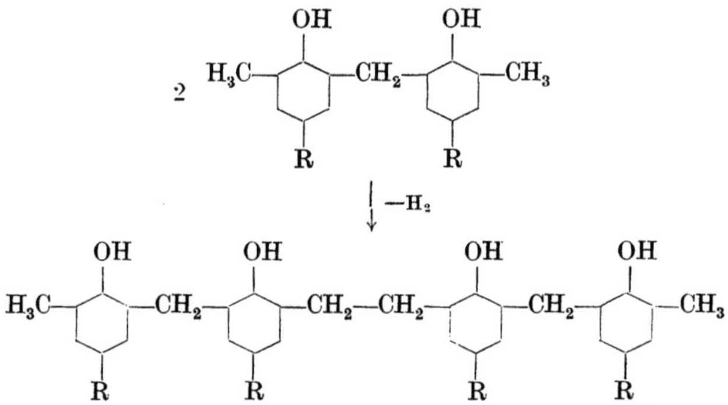

Ein weiterer Vorgang der Hydrierung von Chinonmethiden läuft gemeinsam mit einer Dimerisierungsreaktion ab. Hierbei bilden sich die von HULTZSCH (*58*) sowie von E. ADLER, V. EULER u. CEDWALL (*240*) bei der Hitzehärtung von Phenolalkoholen aufgefundenen *Dioxydiphenyläthan*-Verbindungen, deren Kennzeichen eine *Äthylenbrücke* (—CH_2—CH_2—) zwischen den Phenolkernen ist:

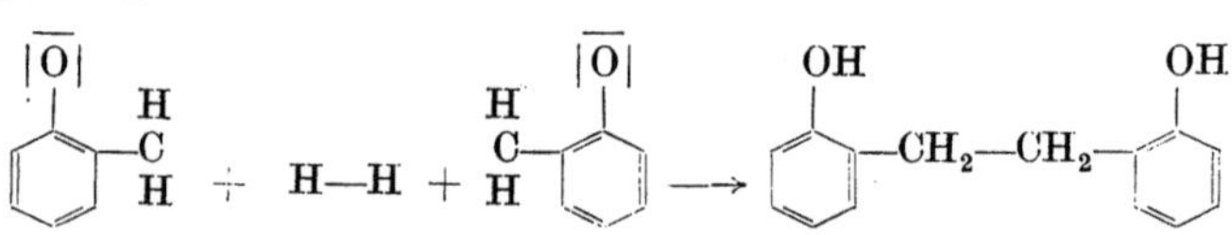

Aber auch diese Zweikernphenole können ihrerseits wieder sehr leicht dehydriert werden, wobei indessen die Dehydrierungsprodukte der ortho- und para-Verbindungen verschieden sind. Die p,p'-Dioxydiphenyläthan-Verbindungen (I) gehen nämlich bei der Dehydrierung in *p,p'-Dioxystilben*-Derivate (II) über, welche, wie später gezeigt wird, zugleich die Dimerisationsprodukte der p-Chinonmethide darstellen und als Kennzeichen eine *Vinylenbrücke* (—CH=CH—) aufweisen. Weitere Dehydrierung von II führt schließlich zum *Dichinon* (III) mit einer *Dimethinbrücke* (=CH—CH=). Diese Vorgänge können auch in umgekehrter Richtung verlaufen:

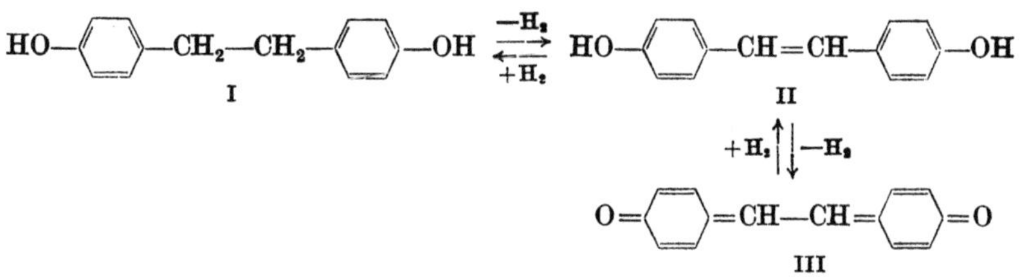

Die Dehydrierung von o, o'-Dioxydiphenyläthan-Verbindungen spielt sich dagegen, wie später gezeigt wird, in anderer Weise ab, indem sich cyclische Chinoläther bilden.

Neben diesen Dehydrierungs- und Hydrierungsvorgängen, an denen möglicherweise auch der abgespaltene Formaldehyd teilnimmt, bilden sich als Oxydationsstufe der Chinonmethide bei den Härtungsreaktionen auch *Phenolaldehyde* (I), die gewissermaßen tautomere Chinon-oxymethide (II) darstellen:

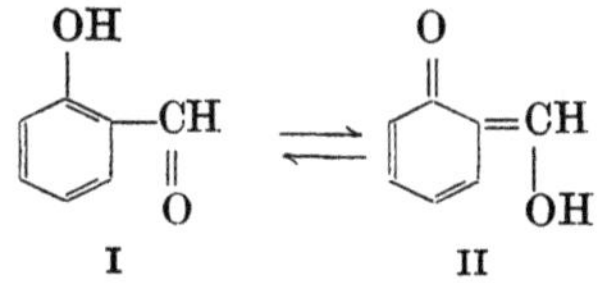

Die Bildungsweise dieser Phenolaldehyde, die übrigens meist nur als Nebenprodukte auftreten, wurde in den Veröffentlichungen von A. ZINKE und seinen Mitarbeitern, sowie von H. v. EULER und K. HULTZSCH ursprünglich lebhaft erörtert. ZINKE (*148*, *171*, *241*, *242*) führte ihre Entstehung auf eine direkte Spaltung von Dioxydibenzyläthern in Phenolaldehyde und kernmethylierte Phenole zurück, wie sie bei sehr viel höherer Temperatur auch beim hydroxylfreien Dibenzyläther möglich ist:

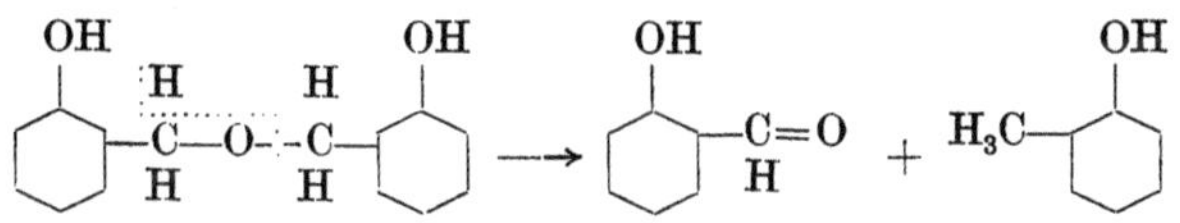

HULTZSCH (*58*, *136*, *233*, *243*) dagegen schrieb die Bildung der *Formylgruppen* (—CHO) und der *Methylgruppen* (—CH_3) allgemein den Oxydo-Reduktionsvorgängen zu, die bei den Chinonmethiden so auffällig in Erscheinung treten. Eine Spaltung im Sinne A. ZINKEs würde nämlich voraussetzen, daß stets eine äquimolare Menge von Phenolaldehyden und kernmethylierten Phenolen nebeneinander entstehen, wohingegen die Ausbeute an Aldehyd tatsächlich meist ein mehrfaches von der des kernmethylierten Phenols ist, weil als Hydrierungsprodukte auch noch die Dioxydiphenyläthan-Verbindungen gebildet werden.

Andererseits verlangte die Auffassung von HULTZSCH eine Sauerstoffquelle, die nur in den Reaktionsteilnehmern selbst liegen konnte, da sich die Möglichkeit einer Luftoxydation experimentell ausschalten ließ. Als Sauerstoffträger waren die phenolische Hydroxylgruppe und das Sauerstoffatom des Formaldehyds bzw. der Methylolgruppe — auch in Form von abgespaltenem Wasser — in Betracht zu ziehen. Da Hultzsch (*136*) auch bei der weiteren thermischen Umwandlung der dimeren o-Chinonmethide geringe Mengen von Phenolaldehyden erhalten hatte, zog er anfänglich daraus den Schluß, daß das Sauerstoffatom den Phenolgruppen entstammen müsse. Gleichzeitig wurde aber auch festgestellt, daß bei den Oxydo-Reduktionsvorgängen, die von den Phenolalkoholen bzw. deren Dioxydibenzyläthern selbst ihren Ausgang nahmen, eine viel stärkere Aldehydbildung eintrat als bei den Umwandlungsreaktionen der polymeren Chinonmethide. Dieser Umstand sprach wiederum für die Methylolgruppe bzw. die Dimethylenätherbrücke als Sauerstoffquelle.

v. Euler (*139*) lehnte die Auffassung Zinkes zwar nicht ab, erwog aber als weitere Möglichkeit der Phenolaldehyd-Bildung die Dehydrierung der Phenolalkohole durch die oxydierende Wirkung der Chinonmethide. Eine klare Entscheidung zwischen diesen Auffassungen kann man heute wie bei anderen bisher noch offenen Fragen in der Phenolharzchemie auf Grund der Erkenntnis der Rückläufigkeit aller Phenolharz-Reaktionen im Sinne des v. Eulerschen Vorschlages treffen. Denn die Phenolalkohole lassen sich ja tatsächlich auch mit anderen Oxydationsmitteln leicht zu den entsprechenden Aldehyden dehydrieren (*244*), wie umgekehrt auch deren Hydrierung zu Phenolalkoholen möglich ist (*245*).

Die Entstehung der Phenolaldehyde ist also im Zusammenhang mit der Spaltung von Dioxydibenzyläthern (I) in Chinonmethide (II) und Phenolalkohole (III) so zu erklären, daß sich die Chinonmethide auf Kosten der Phenolalkohole unter Bildung von Dioxydiphenyläthan (IV) und kernmethylierten Phenolen (V) mit Wasserstoff absättigen, wobei Phenolaldehyde (VIb) als dehydrierte Bestandteile zurückbleiben.

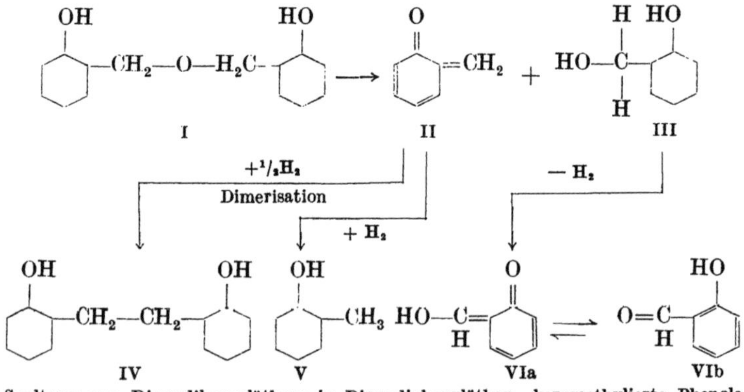

Spaltung von Dioxydibenzyläthern in Dioxydiphenyläthan, kernmethylierte Phenole und Phenolaldehyde.

Wie bei anderen Reaktionen läßt sich dieser letzte Vorgang natürlich auch mit Ionenformeln darstellen, wobei wiederum das Oxybenzyl-Carbenium-Kation und das Oxybenzoxy-Anion den Ausgangspunkt bilden:

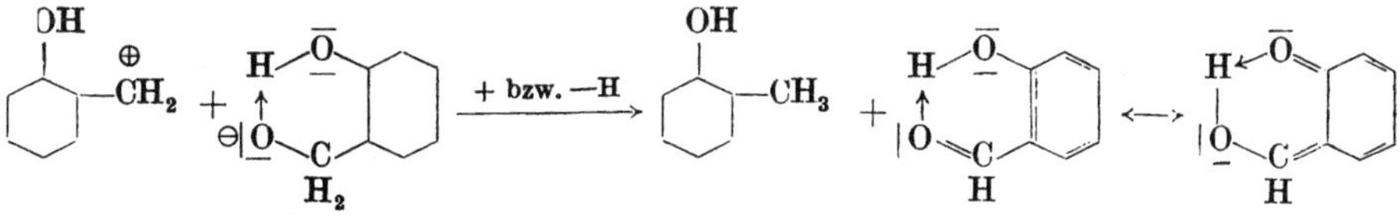

Die Deutung der Aldehydbildung als Dehydrierung der entsprechenden Phenolalkohole gibt weiter eine Erklärung für die Beobachtung, daß bei der Härtung gewisser Phenolalkohole die Bildung von Formylgruppen in so auffallendem Maße bevorzugt ist, so z. B. beim 4-Oxy-3,5-dimethylbenzylalkohol [HULTZSCH (*150*)] und beim 2-Oxy-3,5-dichlor-benzylalkohol [A. ZINKE u. E. ZIEGLER (*241*)]. Hierbei handelt es sich nämlich um solche Phenolalkohole, deren Methylolgruppen beim Erwärmen verhältnismäßig träge dehydratisieren und deshalb zum Teil bis in den Temperaturbereich der Dehydrierung erhalten bleiben. Weiterhin ist es verständlich, daß bei der Hitzehärtung von Phenoldialkoholen diese natürlich auch in Dialdehyde übergeführt werden können, wie andererseits hierbei nach Befunden von HULTZSCH (*136*, *243*) die Bildung kernmethylierter Monoaldehyde und dimethylierter Phenole ebenfalls möglich ist. Die Phenolaldehyd-Bildung, die in sehr geringem Maße auch bei der Zersetzung dimerer und trimerer Chinonmethide beobachtet worden war, läßt sich vielleicht durch die Entstehung geringer Wassermengen etwa durch gegenseitige Verätherung eines Teiles der phenolischen Hydroxylgruppen erklären, mit deren Hilfe sich dann die Reaktion formulieren ließe.

Die Oxydo-Reduktionsvorgänge spielen sich vor allem bei der etwa zwischen 150 und 200° vonstatten gehenden Härtung von Phenolalkoholen ab, sofern nicht etwa deren phenolische Hydroxylgruppen verestert oder veräthert sind. Sie können in gewissen Fällen sogar schon unterhalb dieses Temperaturbereichs, erst recht natürlich auch darüber beobachtet werden. Die hohe Temperatur ist offenbar nötig, um sowohl Chinonmethid als auch den Partner in reaktionsfähige Form zu bringen. Beim Vorliegen der Reaktionsteilnehmer im ionischen Zustand können diese Reaktionen ebenfalls bei niedrigerer Temperatur ablaufen; dies geht aus den in Lösung durchgeführten Versuchen von K. v. AUWERS (*16*), TH. ZINCKE (*56*), FRIES (*60*) und deren Mitarbeitern hervor, sowie aus den Ausführungen über die Spaltung der Methylen- und Alkylidenbrücken (s. S. 58ff.). Ein weiteres Beispiel hierfür ist die von LOSSEW u. AKUTIN (*122*) beobachtete Bildung von Benzaurin und p-Oxybenzophenon bei der mit HCl bewirkten Kondensation von Phenol und Benzaldehyd.

Im Zuge der Oxydo-Reduktionsvorgänge findet neben der Bildung von Methyl- und Formyl-Endgruppen stets eine Verfärbung der Produkte nach schokoladebraun bis braunschwarz statt, die auf eine starke Häufung der konjugierten Doppelbindungen, sowie auf das Auftreten von Chinhydronen zurückzuführen ist. Letztere entstehen wohl über Wasserstoffbrücken zwischen der phenolischen und chinoiden Form, die hier nebeneinander, zum Teil sogar im gleichen Molekül vorliegen.

Insgesamt spielen die hier aufgeführten, auch heute noch nicht restlos geklärten Oxydo-Reduktionsvorgänge in der Phenolharzchemie wegen der sicher damit zusammenhängenden verschiedenen Verfärbungseffekte praktisch eine große Rolle. Darüber hinaus erwecken sie aber auch vom theoretischen Standpunkt aus erhebliches Interesse.

3. *Anlagerung von ungesättigten Verbindungen.*

Während die bisher besprochenen Reaktionen der Chinonmethide sowohl an den ortho- als auch an den para-Verbindungen stattfinden können, gibt es noch einige sehr interessante Umsetzungen, deren nur die o-Chinonmethide fähig sind. Es sind dies *Ringschlüsse*, die zwischen dem Sauerstoffatom und der Methylengruppe mittels zweier durch eine Doppelbindung verbundener Atome herbeigeführt werden.

Sofern es sich hierbei um eine C=C-Bindung handelt, entstehen, wie HULTZSCH (*66*, *216*) zeigen konnte, *Chroman*derivate:

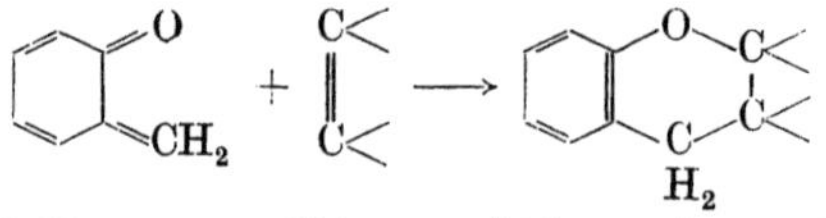

Chromanbildung aus o-Chinonmethiden und ungesättigten Kohlenstoffverbindungen.

Hier liegt offensichtlich eine *Dienreaktion* vor zwischen einem System konjugierter Doppelbindungen der Form O=C—C=CH_2 einerseits und Verbindungen, die in aliphatischen Ketten oder hydroaromatischen Ringen Doppelbindungen aufweisen, als „dienophilen" Partnern andererseits. Um diese Doppelbindungen für die Addition genügend zu aktivieren, d. h. aufzurichten, muß die Reaktionstemperatur offenbar eine bestimmte Höhe erreichen, die aber je nach Art der betreffenden ungesättigten Verbindung innerhalb bestimmter Grenzen schwanken kann. Unterhalb etwa 130° konnte indessen bisher noch keine Chromanbildung beobachtet werden.

Letztere verläuft im allgemeinen so leicht, daß es mit ihrer Hilfe ohne weiteres möglich ist, die bei der Hitzehärtung von Phenolalkoholen oder deren Abkömmlingen als Zwischenprodukte auftretenden o-Chinonmethide abzufangen. Gleichzeitig wird durch diese Chromanbildung auch das Auftreten von o-Chinonmethiden bei der Hitzehärtung von Phenolharzen bewiesen. Bei den in wäßriger Phase durchgeführten Phenolharzbildungs-Reaktionen gelang ein solcher Nachweis nicht [HULTZSCH (*145*)], offenbar weil die Doppelbindungen der ungesättigten Verbindungen bis 100° noch nicht die nötige Aktivierung erreichen.

Natürlich wird die Chromanbildung in denjenigen Fällen mehr oder weniger zurückgedrängt, in denen sich durch die gleichzeitige Anwesenheit von Verbindungen mit acidem Wasserstoff, beispielsweise von Phenolsubstanzen mit reaktionsfähigen Kern-Wasserstoffatomen, eine Konkurrenz in Form anderer Additionsreaktionen der Chinonmethide ergibt. Die Chromanbildung geht deshalb am besten vor sich, wenn derartige Möglichkeiten weitgehend ausgeschaltet werden.

Praktisch wird die Chromanbildungs-Reaktion (*246*) so durchgeführt, daß o-Phenolalkohole bzw. deren Ester, Äther oder andere

Abkömmlinge gemeinsam mit dem ungesättigten Partner auf Temperaturen von etwa 150—250° erhitzt werden, wobei die bei der Chinonmethidbildung abgespaltenen Verbindungen (Wasser, Säure oder Alkohol) zweckmäßig abdestilliert werden. Auf diese einfache Weise lassen sich zahlreiche Chromanabkömmlinge darstellen, und es ist nicht ausgeschlossen, daß in verschiedener Hinsicht wichtige Stoffe, z. B. tocopherolähnliche Substanzen, mit Erfolg so synthetisiert werden können. In großem Maßstab wird technisch von der Reaktion schon seit dem Beginn der Phenolharz-Industrie bei der Herstellung naturharzmodifizierter Phenolharze, von denen später (S. 157 ff.) noch eingehend die Rede sein wird, Gebrauch gemacht.

Auch mit Acetylenderivaten gehen nach HULTZSCH (*66*, *216*) die o-Chinonmethide eine gleichartige Reaktion ein, die hier zu Chromenverbindungen führt. Sie erfordert aber die Anwendung noch höherer Temperaturen als die Reaktion mit olefinischen Verbindungen.

Außer der Kohlenstoff-Doppelbindung kann auch die Carbonylgruppe als Kohlenstoff-Sauerstoff-Doppelbindung sich in zahlreichen Fällen an o-Chinonmethide unter Bildung ringförmiger Verbindungen, der 1,3-*Benzdioxane*, anlagern:

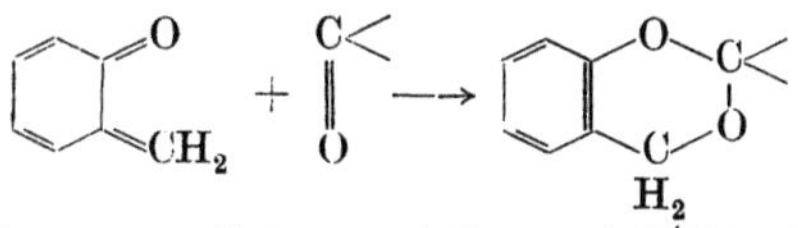

Benzdioxanbildung aus o-Chinonmethiden und Carbonylverbindungen.

Diese an sich schon länger bekannte, meist als Ringacetalbildung erachtete Reaktion gelingt nicht in allen Fällen, sondern setzt eine genügende Aktivierung der Carbonylgruppe voraus, die z. B. bei Ketonen offenbar im allgemeinen nicht erreicht wird. Von Aldehyden sind dagegen zahlreiche Fälle der Benzdioxanbildung bekannt geworden (*116*, *211*, *247*, *248*). Sie wird vielfach bei höheren Temperaturen vorgenommen, doch ist in bestimmten Fällen auch Kondensation in saurer Lösung möglich, da durch den Säurezusatz z. B. eine Aufrichtung der CO-Doppelbindung erreicht wird.

Der Chromanring ist infolge der Beseitigung des phenolischen Hydroxyl-Wasserstoffatoms thermisch wie auch chemisch sehr beständig und daher praktisch als Endform anzusprechen. Im Benzdioxanring dagegen, bei dem an sich die gleiche Voraussetzung gegeben ist, wird durch das zweite Sauerstoffatom wieder eine gewisse Lockerung der Festigkeit des heterocyclischen Ringes bewirkt. Deshalb spalten sich die Benzdioxanderivate bei noch höherer Temperatur oder noch stärkerem Säurezusatz als ihrem Bildungsoptimum entspricht, wieder in ihre Komponenten Aldehyd und o-Chinonmethid zurück [ADLER, V. EULER u. GIE (*211*), HULTZSCH (*145*)]. Die Benzdioxane verhalten sich also im Gegensatz zu den Chromanverbindungen trotz der blockierten phenolischen Hydroxylgruppe kaum anders als Phenolalkohol-Derivate mit freien phenolischen Hydroxylgruppen, beispielsweise Oxybenzyläther.

Die Benzdioxane sind zugleich, wie schon erwähnt, die cyclischen Acetale der o-Phenolalkohole. v. EULER (*211*) stellte auch aus Phenolen und Acetaldehyd entsprechende cyclische Acetale her, deren thermische Zersetzung eine verhältnismäßig glatte Darstellung von *Vinylphenolen* ermöglicht.

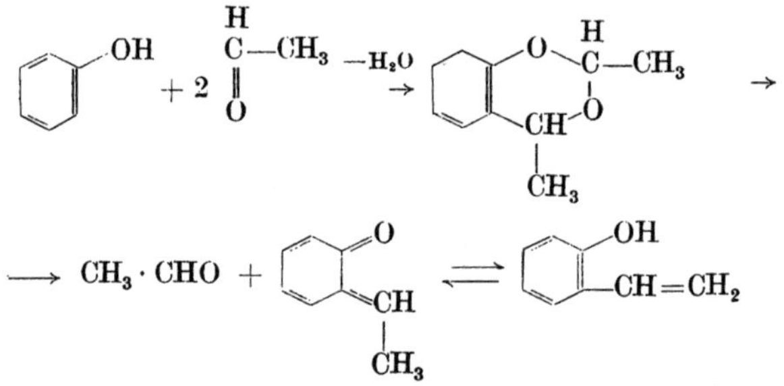

Bildung von Vinylphenol aus Phenol und Acetaldehyd (nach v. EULER).

Übrigens wurde von E. ZIEGLER (*249*) bei der Kondensation von 2-Oxy-3,5-dichlor-benzylalkohol mit Trioxymethylen in konz. Salzsäure bei 0° auch die Bildung des allerdings sehr unbeständigen *offenen Acetals* nachstehender Formel festgestellt. Möglicherweise handelt es sich hier um einen Fall der Kondensation von noch nicht depolymerisiertem Polyoxymethylen.

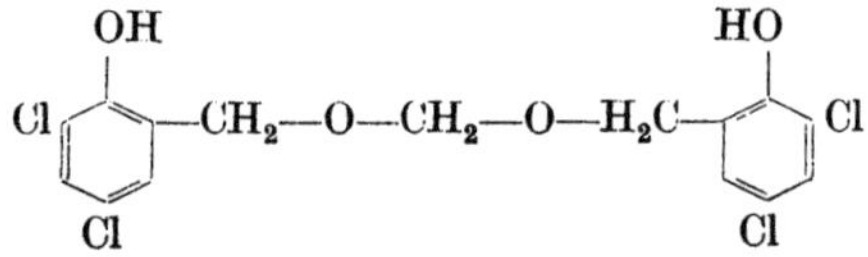

Bei den p-Chinonmethiden können derartige Ringschlußreaktionen natürlich nicht stattfinden; p-Methylolphenole ergaben deshalb bei Modellversuchen mit Maleinsäurediäthylester keinerlei Umsetzung [HULTZSCH (*66*)]. Indessen ist bekannt, daß durch Doppelbindungen auch die Wasserstoffatome von benachbarten CH_2-Gruppen beweglich gemacht werden, so daß bei ungesättigten Verbindungen mit Methylengruppen in α-Stellung zu den Doppelbindungen sehr wahrscheinlich Anlagerung von p-Chinonmethiden und dadurch Methylenbrücken-Bildung eintritt.

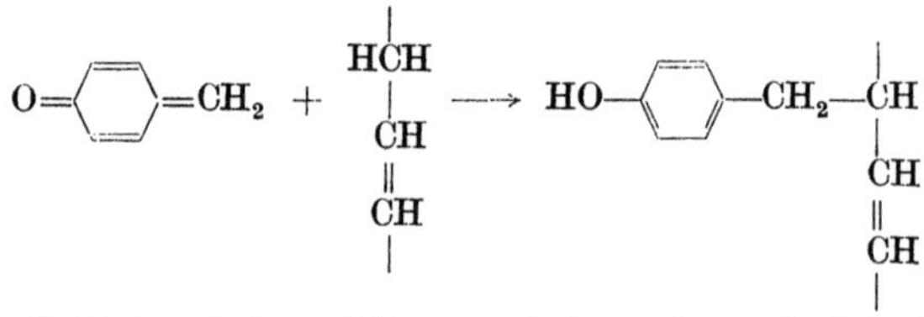

Reaktionsmöglichkeit zwischen p-Chinonmethiden und ungesättigten Verbindungen.

Insofern könnten also auch p-Methylolphenole mit ungesättigten Verbindungen, z. B. fetten Ölen, Kautschuk, Terpenen usw. in Reaktion treten. Anzeichen für das Stattfinden derartiger Additionen von p-Chinonmethiden sind auf Grund von Arbeiten VAN DER MEERs (*250*) und von HULTZSCH (*145*) vorhanden, doch sind sie im einzelnen noch nicht geklärt.

Bekanntlich können auch andere Doppelbindungen, wie N=O und vor allem C=O, durch ihren induktiven Effekt benachbarte Wasserstoffatome manchmal derart labilisieren, daß sich über eine Chinonmethid-Addition Kondensationsreaktionen zwischen Verbindungen mit solchen Gruppen und Phenolalkoholen ergeben können. Vor allem ist z. B. die von zwei Carbonylgruppen eingeschlossene $>CH_2$-Gruppe der Malonsäurederivate hier besonders bevorzugt, wie Arbeiten von WELCH (*251*) sowie von RÖHRS u. LANG (*251*) bestätigen.

Man kommt mit der Fortführung solcher Überlegungen sogar zum Phenol selbst zurück, bei welchem in der hypothetischen tautomeren Ketoform das gleiche System mit beweglichen Wasserstoffatomen in α- bzw. γ-Stellung zu der induktiven CO-Gruppe und den C=C-Doppelbindungen vorliegt:

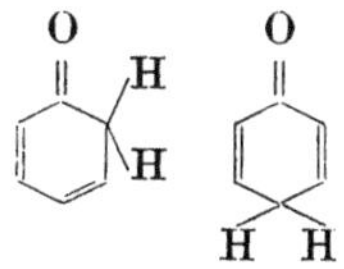

Phenole mit unsubstituierten ortho- und para-Stellen pflegen in erster Linie über die Kern-Wasserstoffatome zu reagieren. Offenbar kann aber in bestimmten Fällen doch auch die Carbonylgruppe der Ketoform in Reaktion treten und z. B. eine Benzdioxanbildung herbeiführen, allerdings vielleicht nur dann, wenn die Ketostruktur durch Substitution der *beiden* Wasserstoffatome am α- bzw. γ-ständigen Kohlenstoffatom fixiert, d. h. eine chinolide Struktur gegeben ist. Ein derartiger Fall wird weiter unten bei der Erörterung der Konstitution der trimeren o-Chinonmethide zur Sprache kommen.

4. Polymerisationsreaktionen.

Die Stabilisierung der unbeständigen Chinonmethide erfolgt im einfachsten Fall, vor allem in Abwesenheit anderer reaktionsfähiger Partner, durch ihre *gegenseitige Addition.* p-Chinonmethide ergeben hierbei *dimere* Produkte. Bei o-Chinonmethiden lassen sich neben einer dimeren Form in bevorzugten Fällen auch trimere Verbindungen erhalten.

Die Dimerisierung bzw. Trimerisierung findet z. B. in den Fällen statt, in denen Chinonmethide bei höherer Temperatur durch Abspalten von Wasser aus Phenolalkoholen oder Dioxydibenzyläthern, von Alkohol aus Oxybenzylalkyläthern, von Aldehyd aus Benzdioxanen usw gebildet werden. Sie kann aber im Gegensatz zur Chromanbildung auch schon in der Kälte und in Lösung eintreten, beispielsweise sobald aus den Pseudophenolhalogeniden[1] mittels Alkalien Halogenwasserstoff abgespalten wird:

[1] Die neuerdings von R. G. JONES (*226a*) beschriebene Umsetzung von o- und p-Trifluormethylphenolen mit NaOH zu polymeren Produkten beruht praktisch wohl auf dem gleichen Prinzip.

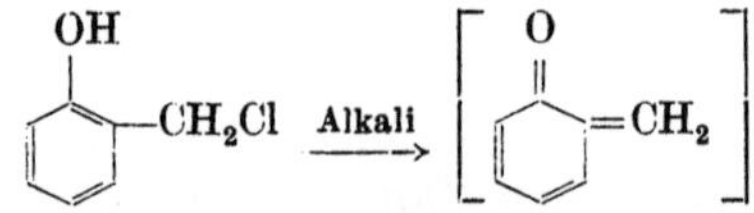

2 oder 3

Praktisch führt man die Halogenwasserstoff-Abspaltung so durch, daß man die in Äther oder Benzol gelösten Pseudophenolhalogenide, die man übrigens nicht nur aus Phenolalkoholen und Halogenwasserstoff oder unmittelbar aus Phenolen, Formaldehyd und Halogenwasserstoff, sondern auch durch direkte Halogeneinwirkung auf Phenole mit ortho- und para-ständigen Methylgruppen erhalten kann, mit einer Bicarbonat- oder Natriumacetatlösung durchschüttelt. Auf diesem Weg haben TH. ZINCKE (*252*) sowie K. FRIES (*60*, *253*) und ihre Schüler die Bildung und die weiteren Reaktionen der Chinonmethide schon lange vor dem Zeitpunkt entdeckt und beschrieben, an dem v. EULER (*57*) und HULTZSCH (*58*) auf sie bei den Hitzehärtungsreaktionen der Phenolalkohole stießen.

Die Dimerisation der p-Chinonmethide (*149*, *251*) erfolgt durch eine Verknüpfung an den beiden Methylengruppen unter Bildung von *Dioxystilben*-Verbindungen:

Dioxystilben

Dimerisation der p-Chinonmethide.

Diese werden, wie oben schon erwähnt, leicht zu *Dioxydiphenyläthan*-Verbindungen hydriert oder zu *Dichinonstilben*-Derivaten dehydriert. v. EULER (*139*) zog deshalb schon in Erwägung, daß die Dimerisierung mit einer Disproportionierung im folgenden Sinne einhergehen könnte [vgl. auch TH. ZINCKE (*254*)]:

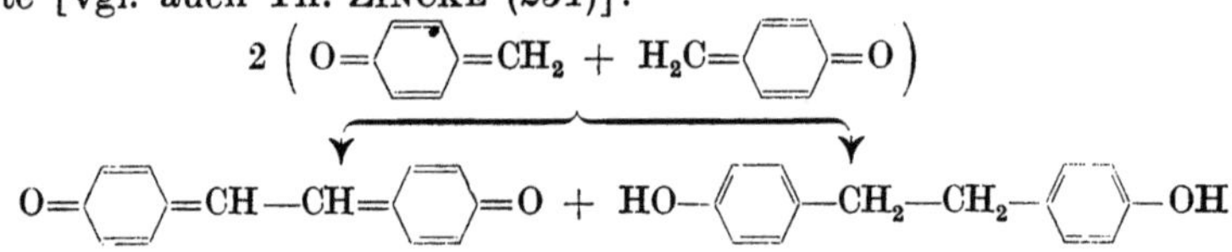

Bei den o-Chinonmethiden findet die Dimerisation in anderer Weise statt. Hier entstehen nach einer von ALDER (*255*) für α, β-ungesättigte Carbonylverbindungen als allgemein gültig erachteten Bildungsweise durch Dienreaktion stark gelb gefärbte *cyclische Chinoläther:*

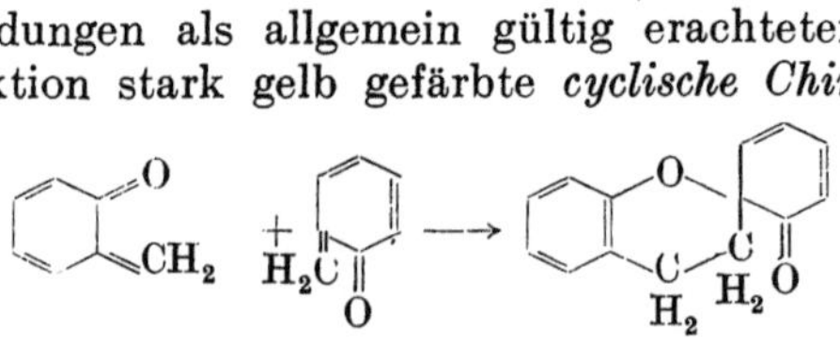

cyclischer Chinoläther

Dimerisation der o-Chinonmethide.

Die Konstitution derartiger Verbindungen wurde zuerst von PUMMERER (*221*) erkannt. Trotzdem die aufgestellten Formeln wegen der Spiroform zunächst nicht ganz befriedigten, mußte man bisher dabei verbleiben, da die Eigenschaften und Reaktionen solcher Verbindungen sich eben nur mit der obigen Struktur in Einklang bringen lassen.

Durch Reduktion gehen z. B. die gelben cyclischen Chinoläther nach der folgenden Gleichung in farblose *Dioxydiphenyläthan*-Verbindungen über, aus denen sie durch Dehydrierung wieder zurückerhalten werden können [Pummerer u. Cherbuliez (*221*), Struffmann (*222*)]:

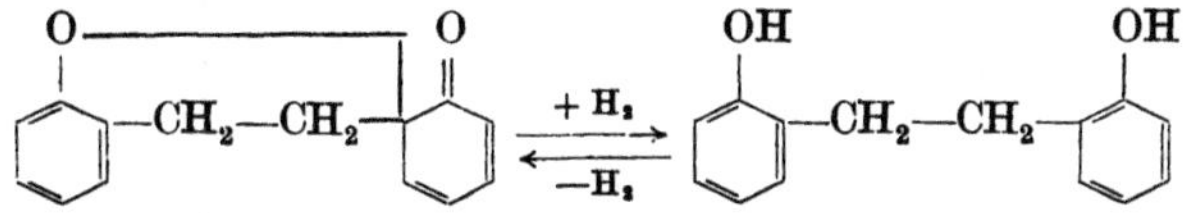

In dieser Hydrostufe hat man wieder eine den dimeren Produkten aus p-Chinonmethiden entsprechende Verbindung vor sich, während in der Dehydrostufe ortho- und para-Formen verschiedene Arten der Stabilisierung eingehen.

o-Chinonmethide können im Gegensatz zu den p-Chinonmethiden auch in einer farblosen *trimeren* Form [K. Kann (*253*), v. Euler (*256*), Hultzsch (*58*)] in Erscheinung treten, deren Konstitution lange Zeit im Dunklen lag. Von den zuerst von Struffmann (*222*) und später von H. v. Euler (*256*) zur Erörterung gestelltenFormeln ließ sich keine mit den experimentellen Befunden in Einklang bringen. Dies ist dagegen bei nachstehendem, von Schiemann und Hultzsch (*257*) angenommenen Aufbau der Fall, der sich auf einer Benzdioxanbildung zwischen einem o-Chinonmethid und der Carbonylgruppe eines dimeren o-Chinonmethids, also eines cyclischen Chinoläthers, gründet:

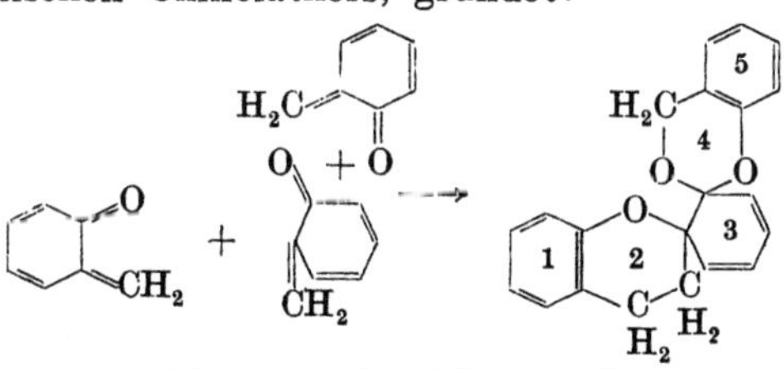

Trimerisation der o-Chinonmethide.

Auch diese Formel mag auf den ersten Blick nicht voll befriedigen, doch läßt sie sich aus sämtlichen bisher von Struffmann (*222*) und Schiemann (*257*) angestellten Analysen und Abbauversuchen herleiten. Die Eigenart der Substanz liegt darin, daß der Chinoncharakter des cyclischen Chinoläthers durch die Benzdioxanbildung aufgehoben ist, wodurch das trimere Produkt im Gegensatz zum dimeren farblos ist. Die Verbindung ist ferner unsymmetrisch und spaltet sich beim Erhitzen auf über 200° zunächst in monomeres und dimeres Chinonmethid zurück. Ersteres wird zum Teil zum kernmethylierten Phenol hydriert, letzteres ist wegen seiner Äthylenbrücke ($-CH_2-CH_2-$) verhältnismäßig beständig. In der Kälte werden von der trimeren Substanz leicht 4 Atome Brom aufgenommen; entsprechend zeigt eine Benzopersäure-Titration die beiden Doppelbindungen des Ringes **3** an. Die von Struffmann (*222*) vorgenommene Acetolyse spaltet offenbar die Chinoläther-Sauerstoffbrücke und führt nach der Verseifung des hierbei erhaltenen Diacetats (S. 84, I) unter Dehydratisierung der neugebildeten tertiären Chinol-Hydroxylgruppe zur Verbindung II. Diese ist zum trimeren Chinonmethid isomer, weist jedoch im Gegensatz dazu eine phenolische Hydroxylgruppe auf und ist wohl infolge der neu entstandenen Doppelbindung gelb gefärbt:

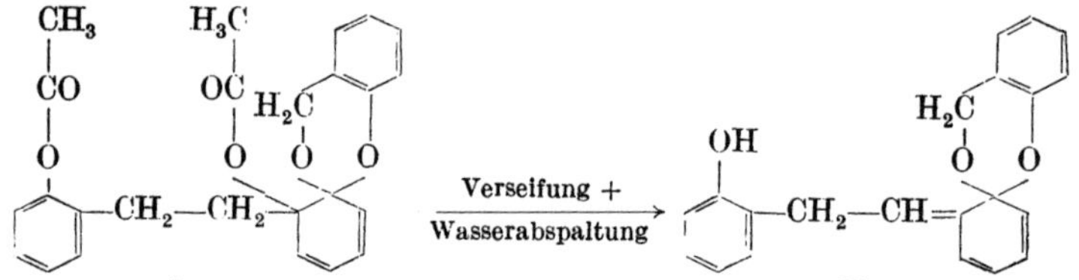

I II

Ob die Bildung der verhältnismäßig schwer löslichen trimeren Chinonmethide primär über den cyclischen Chinoläther erfolgt, ist noch nicht klar. Jedenfalls tritt beim Durchschütteln der Pseudophenolhalogenid-Lösungen mit Alkalien zuerst eine kräftige Gelbfärbung auf, die nach wenigen Sekunden wieder verblaßt. Man hat diese Gelbfärbung früher den monomeren Chinonmethiden zugeschrieben, doch ist sie vielleicht besser durch das vorübergehende Auftreten des dimeren Produktes zu erklären. In gleicher Weise färben sich auch die trimeren o-Chinonmethide beim Erhitzen über ihren Schmelzpunkt bei etwa 200° wieder gelbrot, ein Zeichen, daß unter Spaltung des thermisch nicht völlig beständigen Benzdioxanringes der Chinoläther zurückgebildet wird.

In vielen Fällen polymerisieren die o-Chinonmethide jedoch nur bis zur dimeren Stufe, oder es entsteht ein Gemisch des dimeren und trimeren Produkts. Dies ist nach Beobachtungen von HULTZSCH (*258*) vor allem der Fall, sobald eine stärkere Belastung der Phenolkerne durch Substituenten vorliegt. Offenbar wird dadurch die Polarisierbarkeit der Ketogruppe des cyclischen Chinoläthers herabgesetzt, wodurch gleichzeitig auch der Nachweis durch Carbonylreagenzien erschwert oder unterbunden wird (Ortho-Effekt!). Sämtliche dimeren und trimeren o-Chinonmethide sind thermisch nur in beschränktem Maße beständig und unterliegen, wie HULTZSCH (*58*, *136*) zeigte, beim Erhitzen auf Temperaturen um 200° und darüber weiteren Umwandlungen. Diese bestehen neben der erwähnten Depolymerisation in den weiter oben schon beschriebenen Oxydo-Reduktionsvorgängen, welche zu kernmethylierten Phenolen und Dioxydiphenyläthan-Verbindungen als hydrierte Substanzen einerseits, zu Chinonen als Dehydrostufe andererseits führen. Gleichzeitig kann auch noch eine „Zusammenoxydation" von Substanzen mit ortho- und para-ständigen Seitenketten und dadurch wiederum eine Molekülvergrößerung eintreten. Diese Vorgänge zeigen sich durch eine starke Verfärbung der Reaktionsprodukte nach dunkelbraun an.

Durch den Einbau von Substituenten in die Methylengruppe wird die Additionsfähigkeit und damit natürlich auch das Polymerisationsbestreben der Chinonmethide stark herabgesetzt. Derartige Verbindungen können, wie sich aus Arbeiten von ADLER, v. EULER u. GIE (*211*) sowie von NIEDERL u. ZIERING (*259*) ergibt, deshalb auch in monomerer Form mehr oder weniger beständig sein. Beispielsweise lassen sich die o-Alkenylphenole, die mit den o-Chinon-alkylmethiden tautomer sind, als monomere Verbindungen darstellen. Sie dimerisieren indessen ebenfalls leicht nach dem Prinzip der Dienreaktion, wie das nachstehende, von BAKER u. BESLEY (*209*) beschriebene Beispiel des o-Isopropenylphenols zeigt:

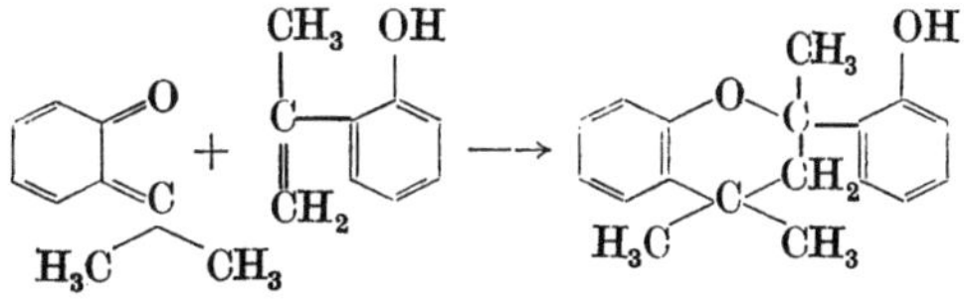

Dimerisation des o-Isopropenylphenols.

Analog gebaute dimere Verbindungen ergeben sich z. B. auch noch aus dem Vinylphenol [ADLER, v. EULER u. GIE (*211*)] und Cyclohexenylphenol [NIEDERL u. ZIERING (*259*)].

Der Salicylaldehyd ist, wie schon erwähnt, zu einem o-Chinon-oxymethid tautomer. Auch er läßt sich unter nachfolgender Dehydratisierung in ein dimeres Derivat, den Anhydro-disalicylaldehyd, verwandeln, dessen von ADAMS, FOGLER u. KREGER (*247*) aufgestellte, auf den ersten Blick merkwürdig erscheinende Konstitutionsformel nach der folgenden Bildungsweise verständlich wird:

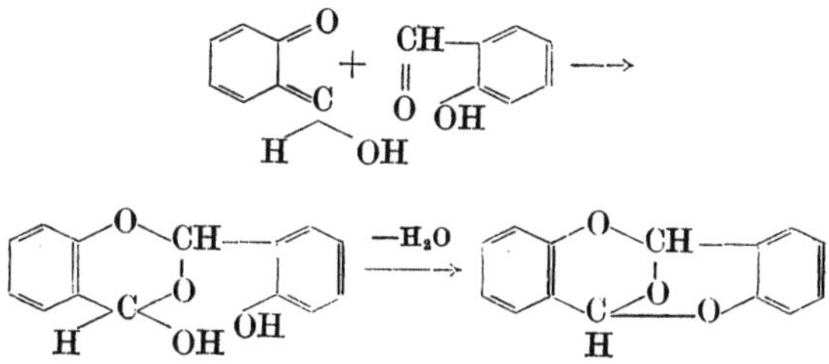

Anhydro-disalicylaldehyd

Auf Grund der Modellversuche ergab sich zwar bisher kein Anhaltspunkt dafür, daß auch die bei der Hitzehärtung von Resolen als Nebenprodukte auftretenden Phenolaldehyde in dieser Richtung weiterreagieren, doch läßt sich eine solche Möglichkeit nicht von der Hand weisen.

Ein weiteres, auf S. 57 bereits formuliertes Beispiel der Dimerisation eines in der Methylengruppe substituierten o-Chinonmethids ist die von FABRE (193) angeführte Bildung einer Dioxy-α,β-diphenyl-stilben-Verbindung aus einem o-Chinon-phenylmethid bei der Kondensation von Resorcin und Benzaldehyd. Kompliziertere Chinonmethide, wie das p-Chinonoxyphenylmethid (S. 62), das p-Chinon-diphenylmethid und das Benzaurin (S. 67), sind keiner Dimerisation mehr fähig.

Natürlich wurde vielfach die Frage aufgeworfen, welche Rolle der Dimerisation bzw. Trimerisation von Chinonmethiden beim Aufbau der Phenolharze zuzuweisen ist. Hierzu läßt sich sagen, daß sie zunächst einmal überhaupt nur in solchen Fällen eintritt, in denen Phenolalkohole oder Resole bzw. deren Abkömmlinge auf Temperaturen von etwa 170—200° oder darüber erhitzt werden und gleichzeitig keine größere Anzahl von reaktionsfähigen Kern-Wasserstoffatomen zugegen ist. Technisch ist dies nur in besonderen Fällen, z. B. beim Einbrennen gewisser Phenol-Lackharze der Fall.

Ferner haben in technischen Harzen die p-Methylolgruppen bis zum Erreichen des genannten Temperaturbereichs normalerweise bereits in anderer Richtung reagiert, so daß man schon aus diesem Grund mit dem Auftreten von p-Chinonmethiden nicht mehr besonders zu rechnen braucht. Sie könnten allenfalls in gewissem Maße noch durch Dehydrierung von para-ständigen Methylgruppen oder — dies jedoch nur bei sehr hoher Temperatur — auch durch Spaltung von p-Methylenbrücken zustande kommen und dann durch Dimerisation zu Vinylen- und Aethylenbrücken führen.

In der Hauptsache werden unter den erwähnten Bedingungen indessen wohl nur o-Chinonmethide polymerisieren. Es muß dabei sehr in Zweifel gestellt werden, ob es über die Dimerisation hinaus noch zu einer nennenswerten gemeinsamen Verknüpfung dreier Moleküle mit endständigen Chinonmethiden und damit, wie v. Euler (*139*, *260*) meint, zu einer besonders wirksamen Vernetzung kommen kann, da die Bindung im Harzverband natürlich als sehr starke Substituentenbelastung wirkt. Dagegen kann die Ausbildung von Verknüpfungen durch cyclische Chinoläther und von Äthylenbrücken in jedem Fall in Rechnung gestellt werden. Für erstere spricht schon die braune Farbe der bei so hohen Temperaturen gehärteten Harze, sowie die darin von Hultzsch (*159*) analytisch nachgewiesene Verringerung der Hydroxylgruppen. Vielleicht ließen sich die Chinoläther-Verknüpfungen in den ausgehärteten Harzen auch durch physikalische Analysenmethoden, z. B. auf spektrographischem Wege, noch erkennen.

Auf keinen Fall bewirken diese Polymerisationsvorgänge, selbst wenn sie tatsächlich zustande kommen, eine stärkere Molekülvergrößerung oder Vernetzung, als sie auch durch andere Brückenbindungen hervorgerufen wird, da ja anstelle von Dimethylenäther- oder auch Methylenbrücken eben nur die gleichwertige Chinoläther-Verknüpfung bzw. Vinylen- und Äthylenbrücken treten [Hultzsch (*82*)]. Nur in den Fällen, in denen ortho- oder paraständige Methylgruppen der Grundphenole durch Dehydrierung in den Harzbildungsprozeß mit einbezogen werden, wird durch die damit verbundene Erhöhung der Funktionalität dieser Phenole ein zusätzlicher Effekt erzielt. Dieser wird aber vermutlich durch den umgekehrten Vorgang, d. h. durch die Reduktion von Methylengruppen zu Methylgruppen an anderer Stelle wieder ausgeglichen.

Die Wichtigkeit der Rolle, welche die Chinonmethide in der Phenolharzchemie spielen, liegt also nach all den vorangehenden Ausführungen weniger in der Möglichkeit einer *Selbst*addition dieser Verbindungen begründet, als vielmehr in der Annahme, daß sie als unbeständige und daher äußerst reaktionsfähige *Zwischenprodukte* bei *allen* Vorgängen der Bildung von Phenolharzen, also z. B. auch schon von Novolaken, anzunehmen sind. Polymerisationsreaktionen, Oxydo-Reduktionsvorgänge und Dienadditionen an ungesättigte Stoffe treten vor allem in höheren Temperaturbereichen bei der Härtung von Resolen ein. Dienadditionen spielen besonders auch bei den Umsetzungen von härtbaren Phenolharzen mit ungesättigten Naturharzen und Ölen (S. 156ff.) eine Rolle. Darüber hinaus verdienen die Chinonmethide auch in wissenschaftlicher Hinsicht starke Beachtung, da sie zweifellos eine ungemein interessante Verbindungsklasse darstellen und beim Studium verschiedener Fragen der organischen Chemie von Wert sein dürften.

VI. Oxybenzylamin-Verbindungen.

Stickstoffhaltige Brückenbindungen und Endgruppen.

Resole werden in vielen Fällen mit *Ammoniak* als Kondensationsmittel hergestellt. Man hatte trotz der von LEBACH (28) bereits geäußerten gegenteiligen Vermutungen bisher allgemein doch angenommen, daß diese Base in gleicher Weise wie die Alkalien katalytisch den Eintritt von Methylolgruppen in die Phenole erleichtern und damit eine Resolbildung bewirken würde. Dies ist jedoch nach neueren Arbeiten von HULTZSCH (*69*) *nicht* der Fall. Weiterhin besteht eine beliebte und technisch sehr gebräuchliche Herstellungsweise für Resite in der vor allem auf LEBACH (*261*) und auf AYLSWORTH (*262*) zurückgehenden Härtung von nicht selbsthärtenden, also methylolfreien Harzen durch deren Umsetzung mit *Hexamethylentetramin.* Diesen Prozeß hat man sich bisher so vorgestellt, daß kettenförmige oder verzweigte Mehrkernphenole, z. B. Novolake, durch den Einbau zusätzlicher, vom Hexamethylentetramin unter Ammoniakabgabe gelieferter Methylenbrücken in stark vernetzte Phenolharze, d. h. in Resite, umgewandelt werden würden [vgl. z. B. KOEBNER (*33*), SEEBACH (*263*) u. HULTZSCH (*159*)]. Auch dieser Härtungsvorgang verläuft in Wirklichkeit anders.

Wie sich gezeigt hat, entsprechen diese beiden für die Phenolharz-Industrie so wichtigen Umsetzungen einander vollkommen, indem bei der Kondensation mit Ammoniak letzteres sich sofort mit Formaldehyd zu Hexamethylentetramin umsetzt und erst als solches mit Phenol reagiert. Diese in gleicher Weise sowohl in wässriger Lösung als auch in der Harzschmelze erfolgende Reaktion verläuft also unter Mitbeteiligung des Stickstoffs, der auf diese Weise bei der Resolbildung praktisch vollkommen und selbst bei der Härtung in der Hitze meist zu einem großen Teil im Harz verbleibt. Auf diese Weise werden stickstoffhaltige Brückenbindungen und Endgruppen in Phenolharze eingebaut, wodurch sich unter diesen eine besondere Gruppe ergibt. Deshalb soll auch diese Möglichkeit der Phenol-Formaldehyd-Kondensation eingehend besprochen werden, zumal die zugrundeliegenden Vorgänge nicht nur technisch. sondern auch wissenschaftlich nicht uninteressant sind und ein wesentliches Kapitel der Phenolharzchemie darstellen.

a) Entstehung von stickstoffhaltigen Brückenbindungen und Endgruppen durch Mischkondensation von Phenolen, Aminen und Aldehyden.

Die Umsetzung zwischen phenolischen Verbindungen und Hexamethylentetramin stellt nach HULTZSCH (*69*) eine ***Mischkondensation*** zwischen Phenol, Formaldehyd und dem einfachsten Amin NH_3 dar. Wenngleich auf diesem Gebiet allgemein noch nicht allzuviel experimentelles Material vorliegt, ergibt sich doch bereits ein klares Bild.

Schon seit langer Zeit weiß man, daß sich Phenolalkohole mit Aminen sowie mit Säureamiden unter der Einwirkung von Säuren oder auch schon durch gemeinsames Erhitzen unter Wasserabspaltung umsetzen können. So beschrieben PAAL und SENNINGER (*264*) die Kondensation von Saligenin (o-Oxybenzylalkohol) mit Ammoniak und primären Aminen zu o,o'-Dioxydibenzylamin bzw. Oxybenzylalkylaminen. Später erhielten v. AUWERS (*265*) und Mitarbeiter mit aromatischen Aminen Oxybenzylanilide, und in neuerer Zeit berichteten v. EULER (*266*) und Mitarbeiter über Kondensationen von Phenolalkoholen mit Aminen, Diaminen, Carbamiden und Hydrazinen. In all diesen Fällen bilden sich in ortho- bzw. para-Stellung zum phenolischen Hydroxyl Endgruppen oder Brückenbindungen von der Art

$$\begin{array}{l} —CH_2—HN—R \\ —CH_2—HN—OC—R \\ —CH_2—NH—CO—NH—CH_2— \text{ usw.,} \end{array}$$

zu denen man, wie PAAL u. SENNINGER (*264*) sowie v. AUWERS (*267*) zeigten, auch durch Umsetzung von Oxybenzylhalogeniden mit Aminen bzw. Amiden gelangt. Nach den früheren Ausführungen auf S. 71 entsprechen diese Vorgänge formell einer Anlagerung der betreffenden stickstoffhaltigen Verbindungen an Chinonmethide und bedürfen deshalb hier keiner besonderen Besprechung mehr.

Zu gleichartigen Kondensationsprodukten kann man auch gelangen, wenn man die Methylolverbindungen der Amine und Amide bzw. ihre den Chinonmethiden entsprechenden Anhydrostufen mit Phenolen zur Reaktion bringt. Beweise dafür sind beispielsweise die in einem Patent (*268*) angeführten Umsetzungen von Phenol mit Anhydroformaldehydanilin, oder auch die von BISCHOFF u. FRÖHLICH (*269*) beschriebenen Reaktionen von Phenol mit Methylendianilin sowie mit Methylolverbindungen der Säureamide [EINHORN (*182*)]. Hier handelt es sich um Additionsvorgänge von Stoffen mit aciden Wasserstoffatomen an die Stickstoff-Kohlenstoff-Doppelbindung, wie sie sich schematisch in folgender Weise formulieren lassen und ebenfalls leicht verständlich sind:

$$\begin{array}{c} R—N \\ \| \\ H_2C \end{array} + \begin{array}{c} H \\ | \\ R' \end{array} \longrightarrow \begin{array}{l} R—N—H \\ \quad\;| \\ H_2C—R' \end{array}$$

Durchaus nicht so klarliegend sind indessen die Reaktionen, die sich zwischen Phenolen, Aminen und Aldehyden unmittelbar abspielen. Frühere in dieser Hinsicht angestellte Untersuchungen beschränkten sich auf Einzelfälle, aus denen sich kein umfassendes und einheitliches

Bild der Reaktionsvorgänge gewinnen ließ. So war es anfänglich durchaus ungeklärt, ob die Amine etwa die direkte Phenol-Formaldehyd-Kondensation nur beschleunigen würden, wie das aus der Literatur[1], in der jegliche Art von Aminen als Katalysatoren genannt werden, hervorzugehen schien, oder ob, wie und in welchem Maße sie sich an der Reaktion selbst beteiligen.

In einigen Arbeiten wurde bereits über solche Mischkondensationsprodukte aus Phenolen, Aminen und Aldehyden berichtet. So deutete M. Betti (*271*) den Reaktionsverlauf derart, daß sich zunächst ein Aldehydmolekül (z. B. Benzaldehyd) mit dem Amin unter Wasserabspaltung umsetzt (Vorgang I), und daß die hierdurch gebildete Schiffsche Base dann das Phenol zu einem Oxybenzylamin-Derivat addiert (Vorgang II). Letzteres ergab bei seinen Versuchen zudem in einigen Fällen noch mit einem zweiten Mol Aldehyd ein Dihydro-1,3-benzoxazin-Derivat (Vorgang III), wobei diese Phase offensichtlich der bei den Phenolalkoholen bzw. Chinonmethiden festgestellten Benzdioxanbildung entspricht. An β-Naphtol gezeigt, stellt sich die Reaktion demnach folgendermaßen dar:

$$R{-}CHO + H_2N{-}R' \xrightarrow{-H_2O} R{-}CH{=}N{-}R'$$

I

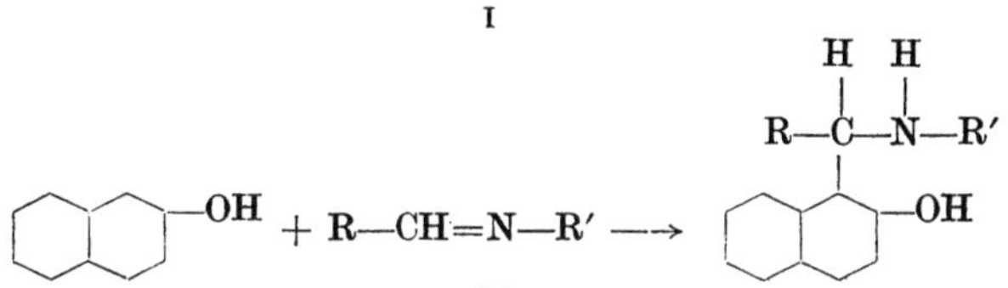

II

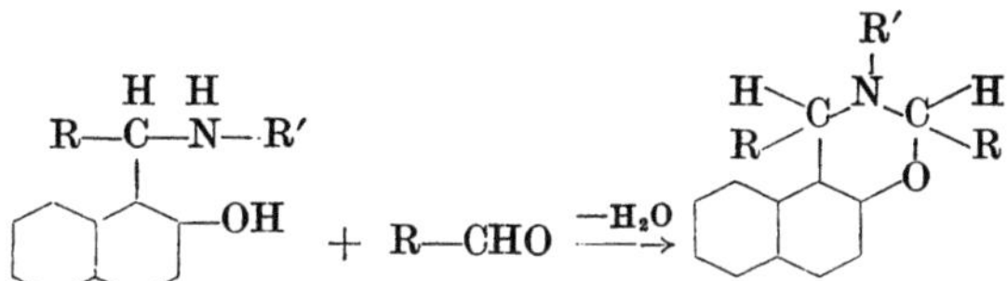

III

J. Décombe (*272*) kondensierte Phenole, Formaldehyd und Dimethylamin gemeinsam bereits in der Kälte und erhielt hierbei den Eintritt von $(CH_3)_2N{-}CH_2$-Gruppen in ortho-Stellung des Phenols. Mit einem Überschuß von Formaldehyd und Dimethylamin konnte H. A. Bruson (*273*) in Phenol und in m-Kresol sogar drei derartige Gruppen einführen. Er erhielt ferner krystalline Kondensationsprodukte aus Phenolen, Formaldehyd und Äthanolamin (*274*), welche meist die Gruppe

$$-CH_2{-}HN{-}CH_2{-}CH_2OH$$

enthielten; doch wurden auch tertiäre Basen mit der Brücke

$$-CH_2{-}N\begin{matrix} \diagup CH_2{-} \\ \diagdown CH_2{-}CH_2OH \end{matrix}$$

gefaßt. Schließlich geht auch aus verschiedenen Patentschriften (*275*) die Bildung derartiger Mischkondensate hervor.

[1] Vgl. z. B. Holmes und Megson (*48*), ferner Scheiber (*270*).

Die Phenol-Amin-Formaldehyd-Mischkondensate bilden sich erfahrungsgemäß sehr leicht, vielfach bereits in der Kälte oder doch wenigstens bei nur mäßig erhöhter Temperatur, ja sogar auch unter Wärmeentwicklung, wohingegen die Umsetzung von Phenolalkoholen mit Aminen der Einwirkung von Säuren als Kondensationsmitteln oder von stärkerer Wärmezufuhr bedarf. Aus diesem Umstand zog HULTZSCH den Schluß, daß die Verknüpfung der einzelnen Bestandteile nicht über die Phenolalkohol-Stufe verläuft, sondern daß der Formaldehyd in jedem Fall primär mit dem Amin reagiert, worauf erst die Verknüpfung mit dem Phenol erfolgt.

1. Allgemeine Reaktionsweise zwischen Aminen, Aldehyden und Phenolen.

Die sich zwischen Phenolen, Aminen und Formaldehyd abspielende Mischkondensation verläuft also zunächst als Amin-Formaldehyd-Umsetzung. Es ist daher zweckmäßig, zunächst das Wichtigste über die Amin-Aldehyd-Reaktionen hier einzuschalten, wenngleich auf diesem Gebiet kein derart umfassendes experimentelles Material[1] zur Verfügung steht wie etwa bei den Phenol-Aldehydharzen. Indessen wird das Verständnis für die Amin-Aldehyd-Reaktionen in hohem Maße durch ihre Ähnlichkeit mit den gut erforschten Aldehyd-Reaktionen der Phenole erleichtert.

Bekanntlich addieren sich auch Amine und Aldehyde schon in der Kälte leicht zu Carbinolverbindungen, wofür die Aldehydammoniak-Bildung ein bekanntes Beispiel ist:

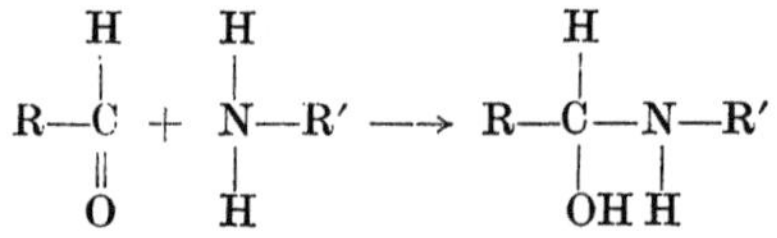

Aldehydammoniak: R′=H

Durch intramolekulare Wasserabspaltung gehen diese Carbinole leicht in *Azomethinverbindungen* (SCHIFFsche Basen) über:

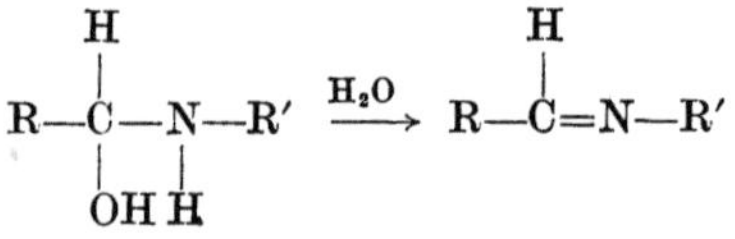

Die durch die Addition von Formaldehyd entstehenden Methylolverbindungen (R=H) sind so unbeständig, daß sie als solche nicht gefaßt werden können. Die Reaktion geht in diesem Fall vielmehr sofort bis zur Anhydrostufe weiter (vgl. S. 30).

Die Azomethine weisen in vielfacher Hinsicht eine große Ähnlichkeit mit den Chinonmethiden auf. So können sie wie diese nach der weiter oben schon angegebenen Gleichung Verbindungen mit acidem Wasserstoff anlagern, addieren sich aber in deren Abwesenheit auch gegenseitig, wobei die Trimerisation durch Ausbildung von *Triazinderivaten* bevorzugt ist[2]:

---

[1] Zur Umsetzung von primären Aminen mit aliphatischen Aldehyden lieferte A. P. PAQUIN (*275a*) neuerdings einen Beitrag.

[2] Vgl. SCHEIBER (*276*).

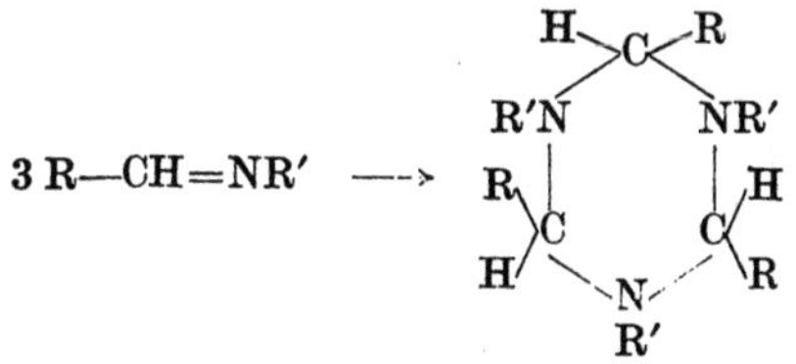

Triazinverbindungen

Auch Hexamethylentetramin ist ein derartiges Triazin mit einem zentralen Trimethylenaminrest:

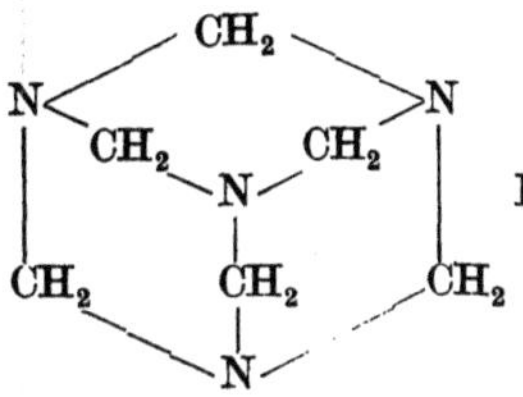

Hexamethylentetramin

In anderen Fällen bilden sich aus den SCHIFFschen Basen jedoch nur dimere Verbindungen; bei sehr starker Substituentenbelastung sind sie sogar lediglich in monomerer Form bekannt[1].

Die dimeren und trimeren Azomethine depolymerisieren beim Erwärmen und reagieren dann wie die monomeren Verbindungen, indem sie Phenole [BISCHOFF u. FRÖHLICH (*269*)], Carbonylverbindungen, insbesondere auch Ketone [MANNICH (*277*)], und andere Verbindungen mit beweglichen Wasserstoffatomen anlagern und so entsprechende Mischkondensate liefern:

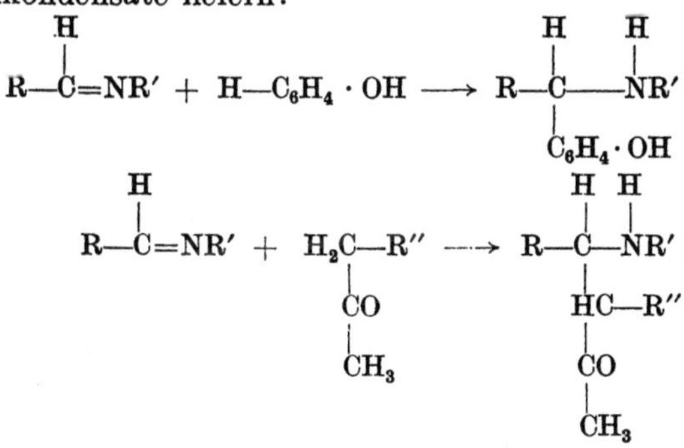

Oxyphenylbase

Ketobase

Hier soll indessen nur von den Oxyphenylbasen die Rede sein.

Sicherlich wird wie bei den Chinonmethiden auch bei den Azomethinverbindungen vielfach eine ionische Form in Reaktion treten. Diese besteht wahrscheinlich in einem mesomeren Kation (I) mit folgenden Grenzformeln:

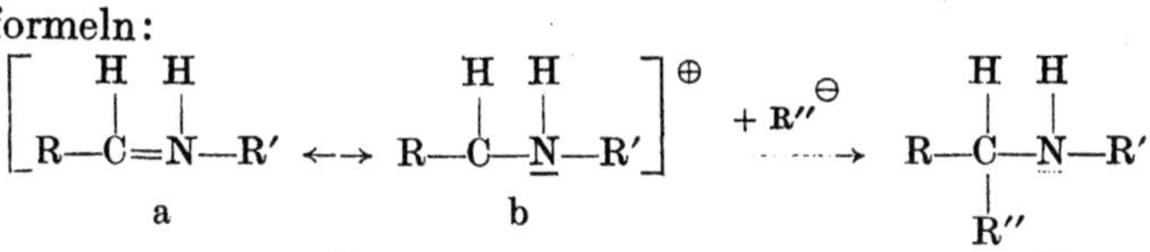

I II

[1] Vgl. SCHEIBER (*276*).

Das Proton hierfür dürfte der zu addierenden polaren bzw. polarisierten Verbindung H—R'' entstammen, deren negativ geladener Rest R'' dann bei der Carbeniumformel (I b) an die Oktettlücke des C-Atoms herantritt. Hierdurch kommt die Bildung sekundärer Basen (II) zustande.

Bei der Reaktion von Phenolen, Aldehyden und Aminen werden indessen nicht nur sekundäre, sondern auch tertiäre Basen als Reaktionsprodukte erhalten. Deren Entstehung könnte man sich so vorstellen, daß die zuerst gebildete sekundäre Base (II) erneut Aldehyd anlagert und in gleichartiger Weise, wie es weiter oben bei der primären Base gezeigt wurde, weiterreagiert. Dieser Weg würde gemäß der linken Seite des Formelschemas auf Seite 93 über eine Carbinolverbindung (III) sowie ein dehydratisiertes Kation (V) führen, welches in Übereinstimmung mit der von HARMON u. MEIGS (*278*) geäußerten Auffassung durch Addition eines weiteren negativen Restes R'' schließlich in eine tertiäre Base (VI) übergeht.

Ein solcher Reaktionsverlauf findet aber offenbar nur dann statt, wenn ein bereits vorhandenes sekundäres Amin mit Aldehyd und Phenol in Reaktion tritt. Für die *direkte* Mischkondensation, die von den primären Aminen ihren Ausgang nimmt, kann man vielmehr aus verschiedenen Gründen, vor allem wegen der keinesfalls über eine Methylolverbindung, sondern nach vorangehender Bildung von Hexamethylentetramin verlaufenden Phenol-Ammoniak-Formaldehyd-Kondensation (vgl. S. 93 ff.) eine andere Reaktionsweise annehmen. Nach dieser lagert, wie in dem Schema auf der nächsten Seite rechts gezeigt wird, das Azomethin in seiner Carbeniumstruktur (I b) zunächst ein zweites Mol Aldehyd an. Das Kation des so gebildeten Additionsproduktes (VII) wird dann durch Einbeziehung des Protons eines weiteren Phenolmoleküls zu einem unbeständigen zweiwertig positiv geladenen Ion (VIII), welches über eine Anhydrostufe (IX) schließlich durch Addition der zwei Anion-Reste R'' zum tertiären Amin (VI) wird.

Tertiäre Amine können natürlich nicht mehr in dieser Weise mit Aldehyden und Phenolen unmittelbar reagieren. Infolge ihrer Alkalität können sie aber in gleicher Weise wie die anorganischen Basen als Kondensationsmittel die Bildung von härtbaren Harzen aus Phenol und Formaldehyd herbeiführen.

Die treibende Kraft bei den Aldehyd-Reaktionen primärer und sekundärer Amine ist mithin die große Neigung der Azomethine bzw. daraus hervorgegangener Carbenium-Kationen zu Additionsreaktionen. Sie gleichen hierin vollkommen den Chinonmethiden bzw. Oxybenzyl-Carbenium-Kationen, bilden sich aber augenscheinlich noch wesentlich leichter als diese. Auch bei ihnen machen sich in hohem Maße Einflüsse der Substituenten geltend. So bleibt bei den aromatischen Aminen die Reaktion meist bei der Ausbildung des sekundären Amins stehen; das Gleiche ist bei der Kondensation mit Benzaldehyd der Fall. Die geringste Substituentenbelastung ergibt sich natürlich bei der Reaktion von Ammoniak und Formaldehyd. Diese findet deshalb ganz besonders leicht statt und führt durch Addition von Phenolen stets zu einem Gemisch von sekundären und tertiären Oxybenzylaminbasen sowie von einigen Nebenprodukten. Diese Reaktionen sollen im folgenden eingehend dargestellt werden.

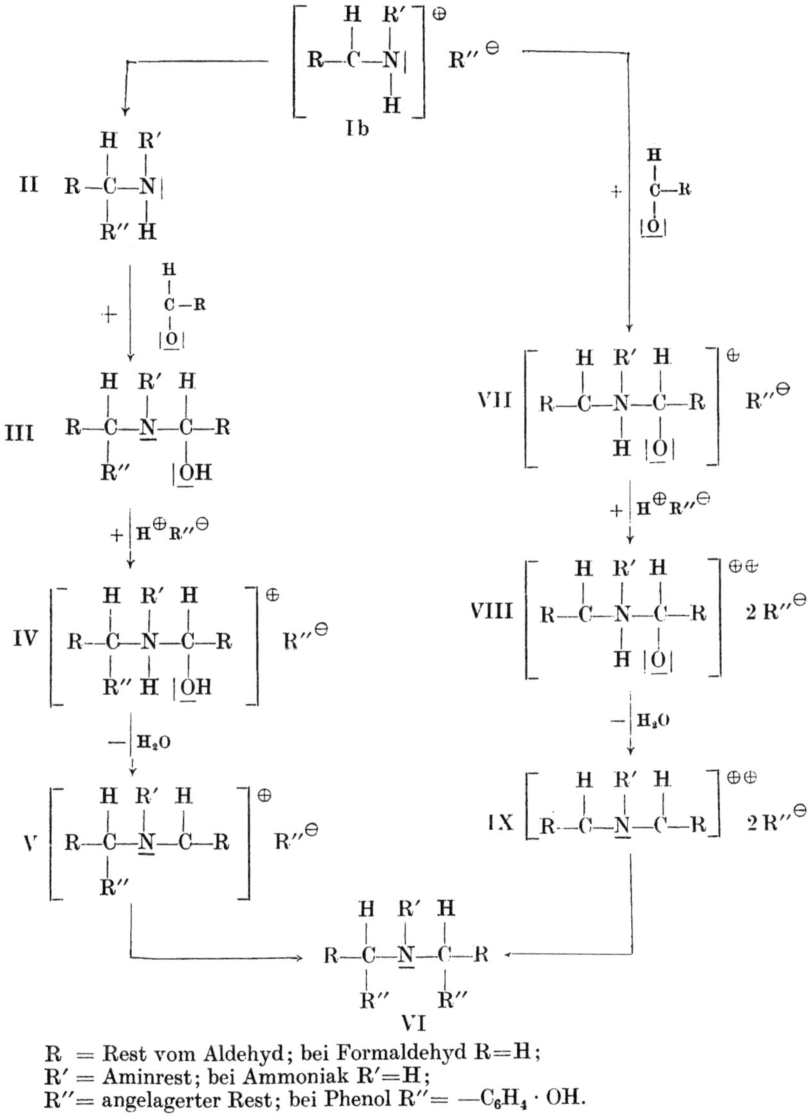

R = Rest vom Aldehyd; bei Formaldehyd R=H;
R′ = Aminrest; bei Ammoniak R′=H;
R″= angelagerter Rest; bei Phenol R″= —$C_6H_4 \cdot OH$.

Bildung von tertiären Phenolbasen aus Azomethinen, Aldehyden und Phenol.

2. Die Umsetzung von Hexamethylentetramin mit Phenolen.

Beim Zusammengeben von Formaldehyd und Ammoniak wird in einer exothermen Reaktion fast augenblicklich Hexamethylentetramin gebildet, wodurch einerseits die Alkalität des Ammoniaks ausgeschaltet, andererseits auch der sauer wirkende Formaldehyd neutralisiert wird. Bei den Verharzungsvorgängen zwischen Phenolen, Ammoniak und Formaldehyd handelt es sich demnach um Reaktionen zwischen Phenolen und Hexamethylentetramin. Dies trifft natürlich nur insoweit zu, als die Partner in stöchiometrischen Verhältnissen miteinander reagieren. Sofern die Base nur in untergeordneter Menge eingesetzt wird, wie dies bei der mit Ammoniak bewirkten Resolbildung meist der Fall ist, reagieren die überschüssigen Anteile der Phenole und des Formaldehyds nach Maßgabe des sich einstellenden p_H ohne Beteiligung des Ammoniaks miteinander [HULTZSCH (*69*)], wovon später noch die Rede sein wird.

Zunächst sei nur die Umsetzung zwischen Phenol, Formaldehyd und Ammoniak in stöchiometrischen Verhältnissen, z. B. also die Reaktion von Phenol und Hexamethylentetramin dargestellt. Im Zusammenhang mit der Phenolharz-Bildung sind hierüber schon verschiedentlich Untersuchungen, z. B. von L. V. REDMAN (*279*), L. H. BAEKELAND (*280*), M. KOEBNER (*33*), G. WALTER (*281*) sowie R. BARTHEL (*23*) angestellt worden. Aus diesen Veröffentlichungen lassen sich jedoch die tatsächlich ablaufenden Reaktionen nicht ohne weiteres erkennen und erklären. Nur T. SHONO (*282*) hat durch das Auffinden zweier stickstoffhaltiger Verbindungen bei der Kondensation von Phenol, Formaldehyd und Ammoniak, von denen die eine als *Dioxydibenzylamin* erkannt wurde, einen wertvollen, aber zu wenig beachteten Beitrag für die Klärung der Reaktionsweise geleistet. Als wichtiger erwiesen sich auch hier wieder Arbeiten, die wohl nicht im unmittelbaren Zusammenhang mit der Phenolharzchemie angestellt wurden. So beschrieben D. MAROTTA u. M. E. ALESSANDRINI (*283*), sowie G. DOUGHERTY u. W. H. TAYLOR (*284*) die Bildung von Trioxytribenzylaminbasen, ferner J. C. DUFF (*285*) die Entstehung von *Schiffschen Basen* bei der Reaktion von Phenolen mit Hexamethylentetramin.

Auf Grund weiterer Versuche von HULTZSCH (*69*) stellt sich nunmehr der Reaktionsverlauf folgendermaßen dar: Hexamethylentetramin reagiert bei Temperaturen etwa ab 60° in An- oder Abwesenheit von Wasser oder anderen Lösungsmitteln mit reaktiven Kern-Wasserstoffatomen der Phenole. Die Umsetzung vollzieht sich unter NH_3-Abspaltung und unter Ausbildung von *Dimethylenaminbrücken* ($—CH_2—NH—CH_2—$) und *Trimethylenamin-Verknüpfungen* [$—CH_2—N(—CH_2—)_2$] nach folgenden Summengleichungen:

$$(CH_2)_6N_4 + 6\,C_6H_5 \cdot OH \begin{cases} \xrightarrow{a} 3\,HO \cdot C_6H_4—CH_2—NH—CH_2—C_6H_4 \cdot OH + NH_3 \\ \xrightarrow{b} 2\,N(—CH_2—C_6H_4 \cdot OH)_3 + 2\,NH_3 \end{cases}$$

$$3\,HN(—CH_2—C_6H_4 \cdot OH)_2 \xrightarrow[c]{} 2\,N(—CH_2—C_6H_4 \cdot OH)_3 + NH_3$$

Die nach a) gebildeten Dioxydibenzylamin-Verbindungen, die auch von A. ZINKE (*70*) bei der Härtung mit Hexamethylentetramin festgestellt wurden, können beim weiteren Erhitzen unter Ammoniak-Austritt ebenfalls in die Trioxytribenzylaminbasen übergehen (c), die vielfach das Endprodukt der Reaktion darstellen.

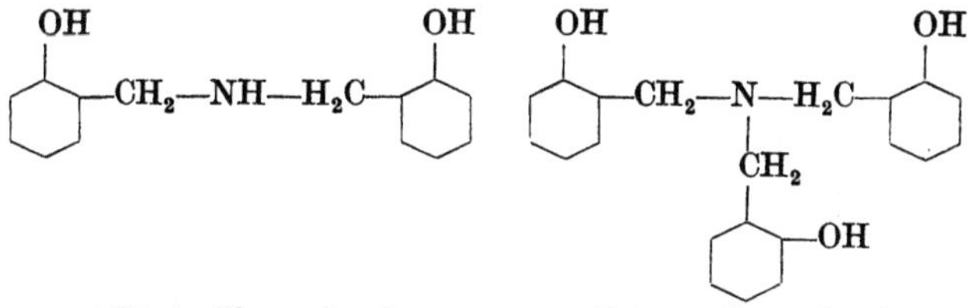

o,o'-Dioxydibenzylamin o-Trioxytribenzylamin

Bei einem erheblichen Phenolüberschuß allerdings geht die Reaktion insofern weiter, als der gesamte Ammoniak abgespalten und aller im Hexamethylentetramin gebundener Formaldehyd in Methylenbrücken übergeführt wird [HULTZSCH (*69*), A. ZINKE (*70*)]:

$$(CH_2)_6N_4 + 12\,C_6H_5\cdot OH \longrightarrow 6\,HO\cdot C_6H_4{-}CH_2{-}C_6H_4\cdot OH + 4\,NH_3$$

Das bei diesen Reaktionen abgespaltene Ammoniak setzt sich bei Gegenwart von weiteren Formaldehydmengen sofort wieder zu Hexamethylentetramin um und kann auf diese Weise erneut zur Reaktion gelangen, sofern auch noch Phenole mit reaktionsfähigen Kern-Wasserstoffatomen zugegen sind. Erst sobald entweder die letzteren oder auch der Formaldehyd aufgebraucht sind, wird Ammoniak als solches in Freiheit gesetzt. Auch bei Einsatz von Ammoniumsalzen anstelle von Ammoniak sind die Reaktionen grundsätzlich die gleichen.

Das einkernige Oxybenzylamin (II) wurde im allgemeinen bei all diesen Reaktionen nur in sehr geringen Mengen gefunden. Sehr gut läßt sich diese Verbindung indessen durch die von EINHORN (*182*) bereits durchgeführte Säurehydrolyse der Kondensationsprodukte von Säureamiden, Phenolen und Formaldehyd, den Oxybenzylamiden (I) erhalten:

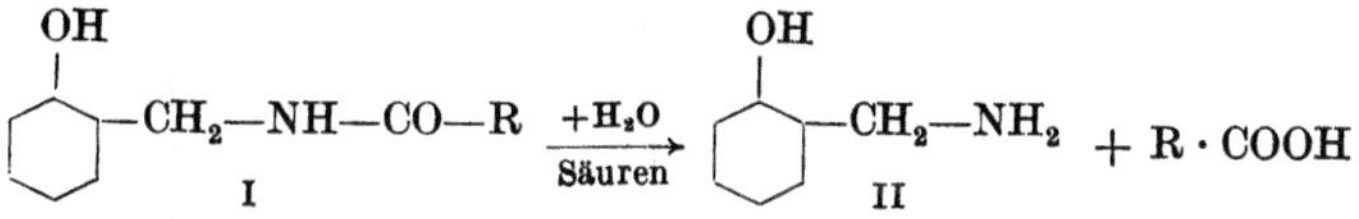

Bekanntlich vereinigen sich Phenole mit Hexamethylentetramin zu sehr stabilen und zum Teil ausgezeichnet krystallisierenden *Additionsverbindungen*, von denen zuerst MOSCHATOS u. TOLLENS (*286*), später PUMMERER u. HOFMANN (*287*), sowie SMITH u. WELCH (*287*). neuerdings auch A. ZINKE u. Mitarb. (*70*) eine ganze Reihe beschrieben haben. Diesem Umstand ist aber für den Ablauf der Ammoniak-Kondensation wohl nicht *mehr* Bedeutung zuzumessen als der Erfahrung, daß sich offensichtlich auch zwischen Carbonylverbindungen und Phenolen durch Protonbrücken intermolekulare Bindungen ergeben [vgl. z. B. MEGSON (*288*) sowie SCHMIDLIN u. LANG (*289*)]. Diese bedeuten für den eigentlichen Reaktionsablauf indessen wohl keine Voraussetzung, sondern nur eine Erleichterung.

Vermutlich wird bei der Reaktion von Phenol mit Hexamethylentetramin dieses in zwei- oder dreiwertige Kationen folgender Art gespalten, bei welchen die Protonen vom Phenol zur Verfügung gestellt werden:

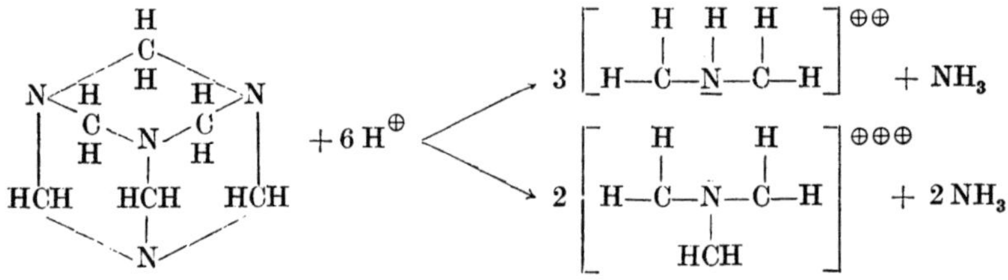

Diese doppelt bzw. dreifach positiv geladenen Reste ergeben durch Anlagerung an die durch den Verlust eines Protons verbliebenen Oxyphenyl-Anionen die Oxybenzylaminbasen. Möglicherweise kann dies auch stufenweise erfolgen, wobei SCHIFFsche Basen von der Art I auftreten könnten, die dann nach Ansicht von DUFF (*290*) wahrscheinlich nach II tautomerisieren:

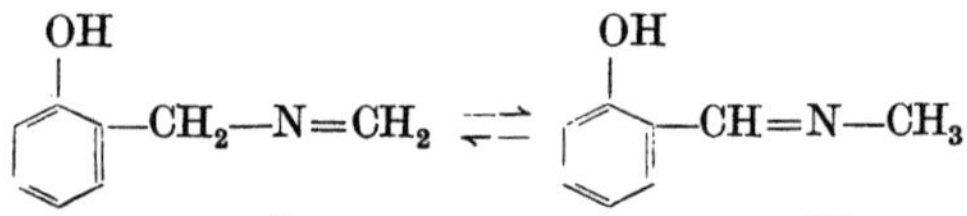

I II

Der Vorgang ist insofern von Bedeutung, als dieser Autor bei der Reaktion von Phenolen mit Hexamethylentetramin als Nebenprodukte stark gelb gefärbte phenolische Azomethinverbindungen fand. Diese verursachen nämlich die für alle mit Hexamethylentetramin gehärteten Harze kennzeichnende Gelbfärbung und machen sich auch schon bei den mit Ammoniak hergestellten Resolen in Form einer leichten Gelb- oder Gelbbraunfärbung der Harze bemerkbar. Bei den von HULTZSCH (*69*) angestellten Modellreaktionen mit monofunktionellen Phenolen ergaben sich hierbei einkernige, mit Wasserdampf flüchtige, ungesättigte Basen, sowie nichtflüchtige zweikernige Azomethinverbindungen. Letztere bilden sich im allgemeinen erst bei höherer Temperatur und werden auch als Nebenprodukte bei den Umsetzungen von Phenolalkoholen mit Ammoniak erhalten. Für diese Azomethinverbindungen kommen folgende Formeln in Betracht:

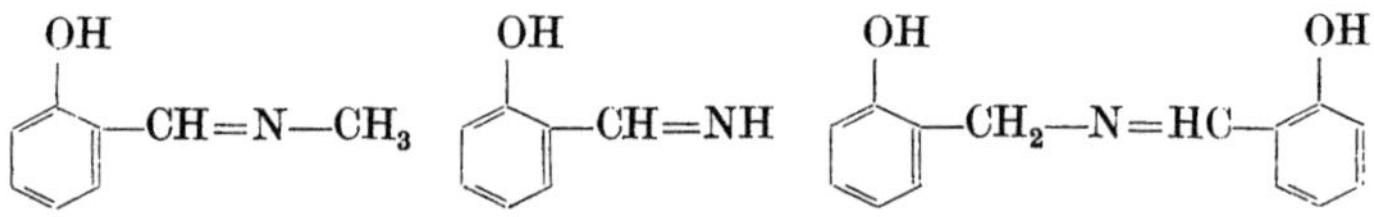

II III IV

Hiervon sind die zweikernigen Substanzen durch HULTZSCH (*69*) im Sinne der Formel IV identifiziert worden, während bei den einkernigen Verbindungen (II und III) noch nicht entschieden ist, welche von beiden vorliegt oder ob etwa sogar beide nebeneinander auftreten. Die Azomethinverbindungen nach II könnten auf die oben formulierte Art und Weise durch Umlagerung aus I entstanden sein. Die zweikernigen SCHIFFschen Basen mit einer *Methylenazomethinbrücke* ($—CH_2—N{=}CH—$) sind auf jeden Fall als Dehydrierungsprodukte anzusehen, ebenso Stoffe der Art III, sofern sie überhaupt auftreten sollten. Als Wasserstoffacceptor wirkt offenbar das den Chinonmethiden entsprechende Formaldehydimin $H_2C{=}NH$ selbst, welches bei der Depolymerisation des Hexamethylentetramins auftreten kann und sich hierbei zu Methylamin hydriert. Tatsächlich wurde bei der Härtung von Novolaken mit Hexamethylentetramin nicht nur Geruch nach Ammoniak, sondern auch nach Methylaminbasen beobachtet [REDMAN, WEITH u. BROCK (*279*)].

Demnach ergeben sich auch bei den Ammoniak-Formaldehyd-Reaktionen Oxydo-Reduktionsvorgänge, die sogar eine praktische Anwendung gefunden haben. So führt die nachstehend formulierte Säurespaltung obiger SCHIFFscher Basen, deren Bildung unter gewissen Bedingungen stark in den Vordergrund geschoben werden kann, zu *Phenolaldehyden*; letztere können nach den Angaben von DUFF (*285*) auf diese Weise vielfach in besserer Ausbeute dargestellt werden, als nach der REIMER-TIEMANNschen Methode:

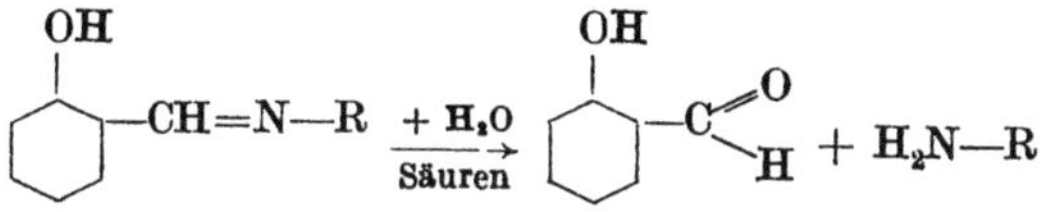

Auch die bekannte, nach ESCHWEILER (*291*) durch nachstehende Gleichungen gekennzeichnete Umsetzung von Formaldehyd mit Ammoniumsalzen zu einem Gemisch der Salze des Mono-, Di- und Trimethylamins läßt sich auf die dehydrierende Wirkung des Formaldehydimins zurückführen. Als Wasserstoffdonator wirkt hier der Formaldehyd.

$$2\,NH_3\cdot HCl + 3\,CH_2O \longrightarrow 2\,H_2N(CH_3)\cdot HCl + CO_2 + H_2O;$$
$$2\,NH_3\cdot HCl + 6\,CH_2O \longrightarrow 2\,HN(CH_3)_2\cdot HCl + 2\,CO_2 + 2\,H_2O;$$
$$2\,NH_3\cdot HCl + 9\,CH_2O \longrightarrow 2\,N(CH_3)_3\cdot HCl + 3\,CO_2 + 3\,H_2O.$$

Zusammenfassend läßt sich feststellen, daß durch die vorbeschriebenen Reaktionen in Phenolharze nicht nur eine weitere Anzahl von Brükkenbindungen, wie die Dimethylenaminbrücke ($—CH_2—NH—CH_2—$), die Trimethylenaminverknüpfung [$—CH_2—N(—CH_2—)_2$] und die Methylenazomethinbrücke ($—CH_2—N{=}CH—$) eingeführt werden, sondern daß sich gelegentlich auch stickstoffhaltige Endgruppen ergeben.

b) Eigenschaften und Reaktionen der stickstoffhaltigen Brückenbindungen und Endgruppen.

Die auffallendste Eigenschaft von Phenolharzen mit stickstoffhaltigen Brückenbindungen oder Endgruppen ist ihre mehr oder weniger stark ausgeprägte basische Natur, die allerdings nicht immer deutlich in Erscheinung tritt, weil die basischen Gruppen meist durch phenolische Hydroxylgruppen infolge *intramolekularer Salzbildung* festgelegt sind. Die seltener vorkommenden stickstoffhaltigen Endgruppen wirken allerdings vielfach stärker basisch, wohingegen die stickstoffhaltigen Brückenbindungen so schwach basisch sind, daß oft der Phenolcharakter überwiegt.

Zwischen den phenolischen Hydroxylgruppen und den Stickstoffatomen der dazu ortho-ständigen Brückenbindungen werden außerordentlich starke koordinative Kräfte wirksam, auf die schon DÉCOMBE hinwies. Heute formuliert man diese analog den Dimethylenätherbrücken am besten als Chelate. Sie sind bei den stickstoffhaltigen Brückenbindungen noch viel stärker ausgeprägt als bei den sauerstoffhaltigen und können, wie bereits in der Arbeit von Marotta u. Alessandrini (*283*) zum Ausdruck kommt, sogar eine Ringbildung durch Hauptvalenzen vortäuschen bzw. den Phenolcharakter völlig vermissen lassen. So sind z. B. die o,o'-Dioxydibenzylaminbasen (I) nur in alkoholischer oder sehr starker wäßriger Lauge löslich, während die entsprechenden o-Trioxytribenzylamin-Verbindungen (II) bereits wieder die den Phenolen eigene Alkalilöslichkeit aufweisen [Hultzsch (*69*)]. Diese Löslichkeitsunterschiede werden bei einem Vergleich der beiden nachfolgenden Formeln, in denen die auftretenden koordinativen Kräfte als Protonbrücken eingezeichnet sind, sofort klar:

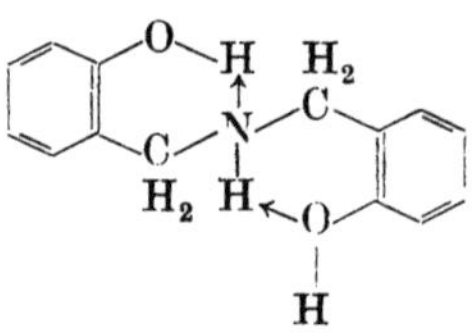

I

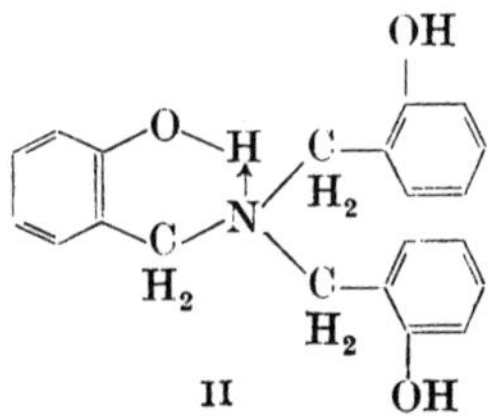

II

Während nämlich bei dem Dioxydibenzylamin (I) *beide* phenolischen Hydroxyle gewissermaßen maskiert sind, sind bei den Tribenzylaminbasen (II) noch zwei Hydroxylgruppen im Molekül frei verfügbar.

Mit Säuren bilden die stickstoffhaltigen Phenolharzanteile schwer lösliche *Salze*, wobei die Menge der von solchen Harzen gebundenen Säure nach Tsuruta (*292*) vom Stickstoffgehalt abhängig ist.

Die stickstoffhaltigen Molekülverknüpfungen in der *para*-Stellung sind noch wenig untersucht. Sie verleihen den Produkten sowohl Phenol- als auch Amincharakter, weil offenbar die innere Salzbildung in diesem Fall nicht zu Chelaten führen kann. Zugleich kann man bei den para-ständigen stickstoffhaltigen Brückenbindungen Bildung von Farbsalzen bemerken, die wie bei Indikatoren in bestimmten p_H-Grenzen zu einem Farbumschlag führt. Außerdem traten bei Versuchen von Hultzsch (*69*) als Nebenprodukte noch tiefgefärbte Verbindungen auf, die sich mit naszierendem Wasserstoff leicht entfärben, durch Luftsauerstoff aber schnell wieder in die gefärbten Verbindungen zurückverwandeln lassen. Vermutlich handelt es sich hierbei um einen Redox-Vorgang folgender Art:

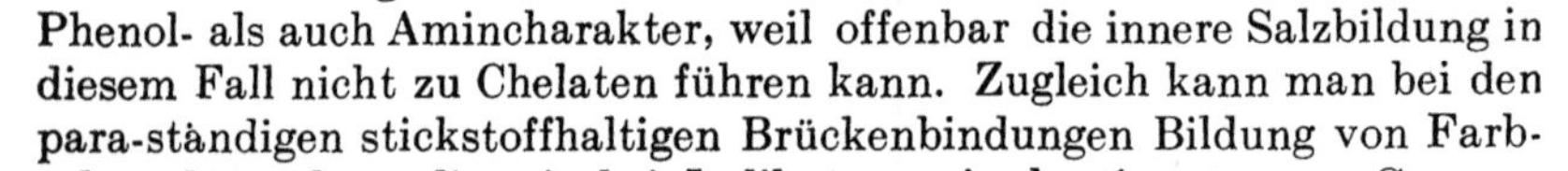

Die Dimethylenaminbrücke weist gegenüber der Dimethylenätherbrücke, von der sie sich formal nur im Austausch des Sauerstoffatoms durch die Iminogruppe unterscheidet, eine wesentliche höhere thermische und chemische Beständigkeit auf. Dennoch können auch die Dioxydibenzylamin-Verbindungen in Chinonmethide übergehen, wenngleich sich die Abspaltung von Ammoniak schwerer vollzieht als der Wasseraustritt aus den Dioxydibenzyläthern. Ähnliche Überlegungen wie für die Dimethylenaminbrücke gelten für die Trimethylenamin-Verknüpfung. Die nachfolgenden Formeln zeigen, wie die Trioxytribenzylamin-Verbindungen gewissermaßen die Zwischenstufe auf dem Wege von den sekundären Basen zu den stickstofffreien Chinonmethiden darstellen:

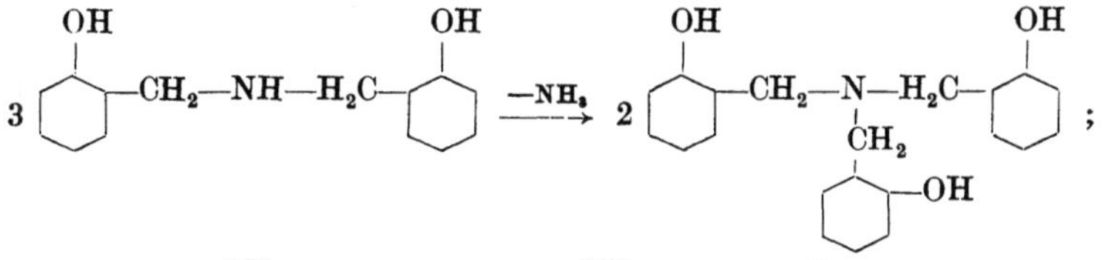

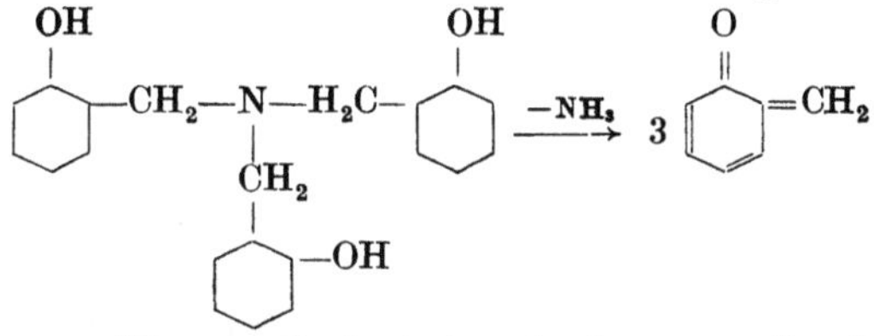

Mit Hilfe von Hexamethylentetramin können also bei über 200° liegenden Temperaturen aus Phenolen unmittelbar Chinonmethide bzw. deren Additions- und Oxydo-Reduktionsprodukte erhalten werden, doch treten hierbei nebenher in hohem Maße auch die stark gefärbten SCHIFFschen Basen als Endprodukte auf.

Während auf die mit starken Säuren in der Wärme eintretende Spaltung der Methylenazomethinbrücke bereits hingewiesen wurde, bliebe noch zu untersuchen, ob und unter welchen Bedingungen sich die gesättigten stickstoffhaltigen Brückenbindungen durch Säuren hydrolysieren lassen. Keinesfalls sind diese Brücken jedoch so leicht zu spalten, wie die sauerstoffhaltige Dimethylenätherbrücke.

Im Gegensatz zu dieser könnte aus stickstoffhaltigen Brückenbindungen bei höheren Temperaturen natürlich auch kein Formaldehyd, sondern höchstens Formaldehydimin abgespalten werden, welches sich sofort auf Kosten anderer Harzbestandteile hydrieren würde. Dagegen kann die bei sehr hoher Temperatur eintretende Spaltung in Chinonmethide und Ammoniak dazu führen, daß erstere bei Gegenwart von Phenolen diese zu Diphenylolmethan-Verbindungen addieren und dadurch eine Bildung von *Methylenbrücken* herbeiführen.

Die *Acylaminomethylgruppe* (—CH_2—HN—CO—R) ist gegen Einwirkung hoher Temperaturen sehr beständig. Sie läßt sich aber, wie schon erwähnt, durch Kochen mit starken Säuren hydrolysieren, wobei außer den entsprechenden Carbonsäuren die Salze von o- bzw. p-Oxybenzylaminbasen erhalten werden.

In den Fällen, in denen die Acylaminomethylgruppe ortho-ständig und R in ihr gleich NH_2, NHR′ oder auch OR′ ist, tritt nach Versuchen von H. NYSTRÖM (*293*) in der Wärme bei der Einwirkung von Kaliumpyrosulfat unter Abspaltung von NH_3, R′NH_2 oder R′OH Ringschlußbildung ein, wobei sich in nachstehender Weise *2-Oxo-dihydro-1,3-benzoxazin*-Derivate bilden:

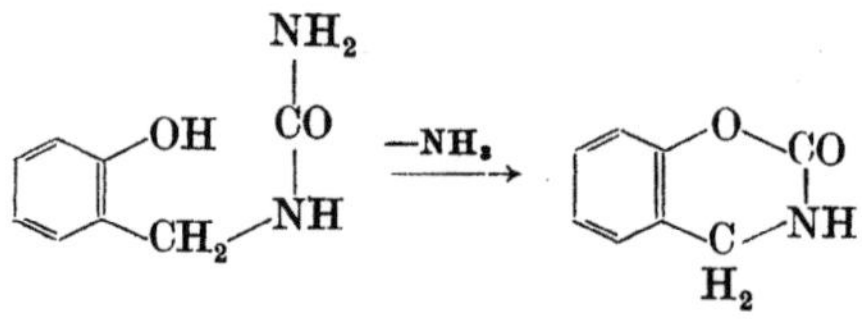

2-Oxo-dihydro-1.3-benzoxazin

Es ist nicht ausgeschlossen, daß solche Reaktionen auch bei der Härtung von Phenol-Harnstoff-Formaldehyd-Mischkondensaten eine Rolle spielen.

Neben der Phenol-Aminbasen-Natur besteht eine besondere Eigenart der mit Ammoniak kondensierten bzw. mit Hexamethylentetramin gehärteten Phenolharze darin, daß diese infolge der Dreibindigkeit des Stickstoffatoms durch die Trimethylenamin-Verknüpfung eine besonders wirksame Vernetzung erfahren. Hierüber wird nachfolgend noch mehr zu sagen sein.

VII. Brückenbindungen, Substituenten und Endgruppen als Bausteine der Phenolharze.

Die Bildung von Phenolharzen kommt durch Verkettung, vielfach auch noch durch Vernetzung von Phenolkernen mittels verschiedener *Brückenbindungen* zustande. Die bisherigen Ausführungen sollten deshalb neben einer Herausstellung der chemischen Eigenart der Phenole selbst vor allem eine gründliche Kenntnis dieser kurz auch als „Brücken" bezeichneten Atomgruppen hinsichtlich der Entstehungsweise, Eigenschaften und Beständigkeit vermitteln. Tatsächlich wird der Charakter der verschiedenen Phenolharze in erster Linie durch diese Brückenbindungen bestimmt, und zwar vor allem durch ihr mengenmäßiges *Verhältnis* zu den Phenolkernen, wenngleich natürlich auch die *Art* der Brücken feinere Unterschiede mit sich bringt.

Indessen machen sich auch die in den Phenolkernen vorhandenen *Substituenten* bei den Phenolharz-Eigenschaften in hohem Maße geltend, wobei außer den Substituenten, die schon in den Ausgangsphenolen vorhanden sind und deshalb bereits den ganzen Reaktionsverlauf beeinflussen, auch solche in Betracht kommen, die erst im Verlaufe des Harzbildungsprozesses entweder beabsichtigt oder unbeabsichtigt in die Kerne eingeführt werden. Diese sich erst nachträglich meist über Formaldehyd ergebenden Substituenten werden hier als *Endgruppen* bezeichnet, weil sie in den meisten Fällen auf einen Abbruch der Polykondensationsvorgänge zurückzuführen sind und letztere damit an den betreffenden Stellen beenden.

Welch überraschend große Zahl von Brückenbindungen und Endgruppen sich bei den bisher besprochenen Harzbildungs-Reaktionen ergeben können, geht aus folgender Zusammenstellung hervor, welche zugleich einen Beitrag zu einer einheitlichen Nomenklatur in der Phenolharzchemie liefern soll. Die Bezeichnungen für die Gruppen, Brückenbindungen und cyclischen Systeme sind in Übereinstimmung mit den im „BEILSTEIN“*(294)* angegebenen Radikalbenennungen, soweit sie dort zu finden sind[1], gewählt worden. Die Brückenbindungen sind hierbei als zweiwertige Radikale aufzufassen, d. h. als Substituenten, welche zugleich zwei Phenolringen angehören. Bei den Ringen wurden die zugehörigen Phenolkerne mit aufgezeichnet.

Zusammenstellung der in der Phenolharzchemie vorkommenden Arten von Brückenbindungen und Endgruppen.

A. Brückenbindungen.

I. Reine Kohlenwasserstoff-Brückenbindungen.

$-CH_2-$	Methylenbrücke
$-CH=$	Methinbrücke
$-CH_2-CH_2-$	Äthylenbrücke
$-CH=CH-$	Vinylenbrücke
$=CH-CH=$	Dimethinbrücke
$-\underset{\displaystyle R}{\underset{\vert}{CH}}-$	Alkylidenbrücke (Alkylmethylenbrücke)
$-\overset{\displaystyle R}{\overset{\vert}{\underset{\displaystyle R}{\underset{\vert}{C}}}}-$	Isoalkylidenbrücke (Dialkylmethylenbrücke)

II. Kohlenstoff-Sauerstoff-Brückenbindungen.

$-CH_2-O-CH_2-$	Dimethylenätherbrücke (Methylenätherbrücke)
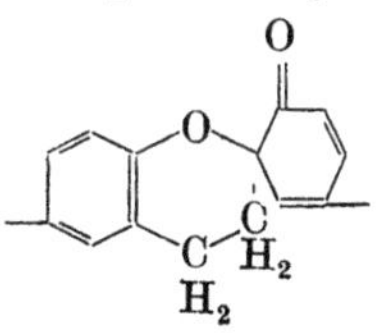	cyclische Chinoläther-Verknüpfung

III. Kohlenstoff-Stickstoff-Brückenbindungen.

$-CH_2-NH-CH_2-$	Dimethylenaminbrücke
$-CH_2-N{<}^{CH_2-}_{CH_2-}$	Trimethylenamin-Verknüpfung
$-CH_2-N=CH-$	Methylenazomethinbrücke
$=CH-N=CH-$	Methinazomethinbrücke
$-CH_2-\underset{\displaystyle R}{\underset{\vert}{N}}-CH_2-$	Dimethylenalkylaminbrücke
$-CH_2-\underset{\displaystyle CO-R}{\underset{\vert}{N}}-CH_2-$	Dimethylenacylaminbrücke

[1] In anderen Fällen ist der Beilstein-Redaktion (F. RICHTER) für entgegenkommende Beratung zu danken.

B. Endgruppen.

I. Phenolsauerstoff-Endgruppen.

$-OH$	Phenolisches Hydroxyl
$=O$	Chinonsauerstoffatom (Oxogruppe)
$-O-R$	Phenoläthergruppe (Alkoxylgruppe)
$-O-CO-R$	Phenolestergruppe

II. Methylen-Gruppen.

$-CH_2OH$	Methylolgruppe (Oxymethylgruppe)
$-CH_2-Hal$	Halogenmethylgruppe
$-CH_2-O-CO-R$	Acyloxymethylgruppe
$-CH_2-O-R$	Alkoxymethylgruppe
$-CHO$	Formylgruppe
$=CH_2$	Methylengruppe
$-CH_3$	(durch Reduktion gebildete) Methylgruppe
$-CH_2-NH_2$	Aminomethylgruppe
$-CH=NH$	Aldehydimingruppe
$-CH=N-CH_3$	Methyliminomethylgruppe
$-CH_2-NHR$	Alkylaminomethylgruppe
$-CH_2-N\langle{}^R_R$	Dialkylaminomethylgruppe
$-CH_2-NH-CO-R$	Acylaminomethylgruppe

III. Ringförmige Endgruppen.

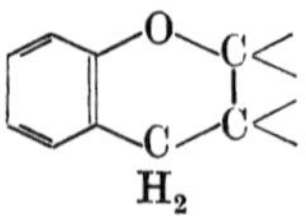

Chroman-derivat

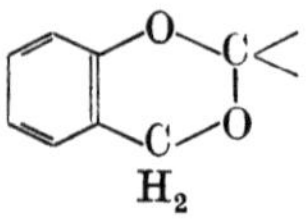

1,3-Benzdioxan-derivat

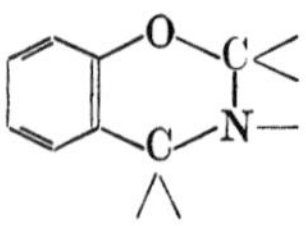

Dihydro-1,3-benzoxazin-derivat

Sobald bei Phenolharzen von Brückenbindungen und Endgruppen die Rede ist, wird im allgemeinen vorausgesetzt, daß sie sich in ortho- oder para-Stellung zur phenolischen Hydroxylgruppe befinden. Diese verleiht auch solchen Substituenten, die üblicherweise als sehr beständig gelten, eine vielfach stark erhöhte Reaktionsfähigkeit, die allerdings durch die Anwesenheit anderer Substituenten wieder vermindert werden kann. Dem Einfluß dieser phenolischen Hydroxylgruppe ist aber auch in der Regel erst die Entstehung der Brückenbindungen und Endgruppen zu verdanken.

Die wichtigste Endgruppe, die — zumindest formell — der Entstehung aller anderen Endgruppen und Brückenbindungen vorausgeht, ist die Methylolgruppe. Infolge ihrer besonders hohen Reaktionsfähigkeit ist sie unverändert nur in Resolen zu finden. Ihre Alkyläther und

-ester sind bereits reaktionsträger; die Alkoxymethylgruppen z. B. können deshalb Bestandteile von härtbaren *und* gehärteten Harzen sein. Das Gleiche gilt für die Dimethylenäther- und die Dimethylenaminbrücke. Alle anderen oben angeführten Endgruppen und Brückenbindungen sind dagegen ziemlich beständig und deshalb als Endstufen anzusehen, wenngleich sich auch bei ihnen noch ein gewisser Einfluß des phenolischen Hydroxyls geltend macht.

Die am meisten in die Augen fallenden Unterschiede zwischen den einzelnen Arten von Phenolharzen bestehen in gegensätzlichen Eigenschaften wie Schmelzbarkeit bzw. Unschmelzbarkeit, Löslichkeit bzw. Unlöslichkeit in organischen Lösungsmitteln, Naturharzen und Ölen, sowie in der Härtbarkeit bzw. Nichthärtbarkeit beim Erhitzen oder bei der Einwirkung von starken Säuren. Gerade die Härtbarkeit beruht auf der Anwesenheit von reaktiven Brückenbindungen und Endgruppen in den Harzen. Löslichkeit und Schmelzbarkeit bzw. Unlöslichkeit und Unschmelzbarkeit werden indessen außer durch die Molekülgröße vor allem durch das Verhältnis des Brückenbindungs- und Substituenten- bzw. Endgruppenanteils zu der Menge der aromatischen Ringe bedingt. Je mehr Brücken je Phenolkern vorhanden sind, um so mehr nehmen Löslichkeit und Schmelzbarkeit ab; je höher indessen der Anteil an Endgruppen und an den im Ausgangsphenol schon vorhandenen aliphatischen Substituenten ist, um so stärker kommen diese Eigenschaften wieder zur Geltung.

Die Brückenbindungen werden bei den Phenolharzen in der Regel ausschließlich oder weitgehend durch die Aldehydkomponente aufgebaut. Je höher also bei Phenol-Formaldehyd-Kondensationen der Formaldehydanteil ist, um so höher wird auch die Wahrscheinlichkeit für die Ausbildung unlöslicher und unschmelzbarer Harze sein. Indessen kommt es nicht nur darauf an, *wieviel* Formaldehyd in ein Harz eingebaut wird, sondern vor allem *in welcher Form* dies geschieht. Denn nur in einem Falle gelingt es, mit *einem* Formaldehydmolekül eine Brückenbindung zwischen zwei Phenolkernen zu errichten, nämlich durch die Methylenbrücke, die allerdings auch das am häufigsten vorkommende Bindungsprinzip darstellt. Für alle anderen Verknüpfungsarten sind *zwei* Formaldehydmoleküle nötig, obwohl auch sie praktisch nichts anderes als die Verkettung zweier Phenolkerne bewirken. Durch die im vorangehenden Kapitel beschriebene Trimethylenamin-Verknüpfung [$—CH_2—N(—CH_2—)_2$] werden durch ein Zentralatom sogar drei Phenolkerne miteinander „verknüpft". Auf diese Weise können infolge der Dreibindigkeit des Stickstoffatoms mit Hilfe von 6 Molekülen Formaldehyd 2 dreiwertige Brückenbindungen gebildet werden, während mit der gleichen Aldehydmenge in Form der Dimethylenäther- oder der Dimethylenaminbrücke 3 zweiwertige Brücken zustande kommen. Ohne Einschaltung von Sauerstoff oder Stickstoff führen dagegen 6 Moleküle Formaldehyd sogar zu 6 zweiwertigen Brückenbindungen.

Der Wirkungsgrad des Formaldehyds ist also in Form von Methylenbrücken am höchsten, dann folgen die Trimethylenamin-Verknüpfungen und schließlich die anderen zweiwertigen Brückenbindungen. Am besten kann dies durch folgende schematische Darstellung veranschaulicht werden.

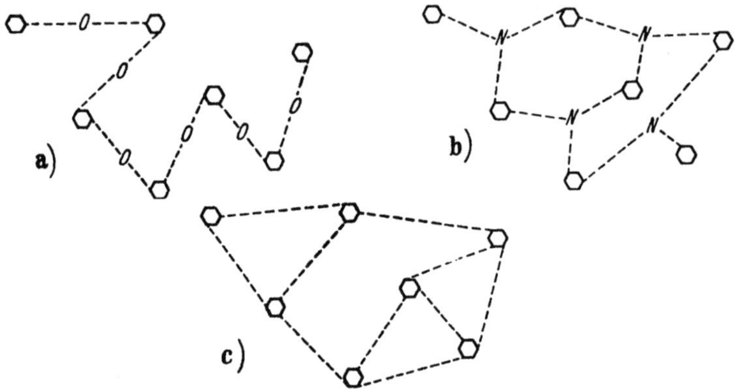

Wirkungsgrad des Formaldehyds in verschiedenen Brückenbindungen.

In diesen Abbildungen sind die Phenolkerne durch kleine Sechsecke, die verbindenden CH_2-Gruppen gestrichelt, ferner bei a) Sauerstoffatome durch O, bei b) Stickstoffatome durch N angedeutet. a) stellt den Wirkungsgrad des Formaldehyds in Form von Dimethylenätherbrücken und — bei Ersatz von O durch NH — von Dimethylenaminbrücken dar. Hier können theoretisch mit Hilfe von 12 Formaldehydmolekülen 7 Phenolkerne durch 6 Brückenbindungen miteinander verbunden werden, wobei — allerdings nur rein formell — lediglich eine Kettenbildung denkbar ist[1]. Mit der gleichen Formaldehydmenge wird aber, wie Abbildung b) zeigt, mit Hilfe von Trimethylenamin-Verknüpfungen schon eine gewisse Vernetzung der gleichen Anzahl von Phenolkernen erreicht, während nach c) sogar schon 10 Formaldehydteilchen zur vollständigen Vernetzung von 7 Phenolringen führen.

Ein Teil des bei der Kondensation eingesetzten Formaldehyds wandelt sich aber, wie schon erwähnt, mit oder ohne Zusatz weiterer Verbindungen in *Endgruppen* um. So kann die Dimethylenätherbrücke nach ihrer bei stärkerem Erhitzen eintretenden Spaltung entweder andere Brückenbindungen und Verknüpfungsarten, oder aber auch Formyl- und Methyl-Endgruppen ergeben. Die durch Alkali-Einwirkung hergestellten Anfangskondensate enthalten als Endgruppen nur Methylolgruppen, welche vor allem die Löslichkeit der Resole in sauerstoffhaltigen Lösungsmitteln mit sich bringen. Bei den Härtungsreaktionen gehen die Methylolgruppen entweder in Brückenbindungen über oder werden als Formaldehyd wieder abgespalten. In besonderen Fällen werden sie durch Kondensationsreaktionen mit Fremdstoffen in andere, meist beständigere Endgruppen umgewandelt. Sie dienen der *Modifikation* der Phenolharze, indem auf diese Weise bestimmte Gruppen in die Harze eingeführt

[1] In Wirklichkeit liegen die sauerstoff- bzw. stickstoffhaltigen Brückenbindungen wegen der Protonbrücken-Bildung ja nicht als Ketten, sondern als Teile von Chelat-Ringen vor.

werden, die ihrerseits den Harzcharakter weitgehend verändern können. Eine besondere Form der Endgruppenbildung, bei der gleichzeitig auch das Phenolsauerstoffatom beteiligt ist, liegt in der Chromanbildung vor.

Übrigens lassen sich modifizierende Gruppen in die Phenolharze auch über die phenolischen Hydroxylgruppen einführen, indem diese in verschiedenartiger Weise verestert oder veräthert werden. Hierdurch wird gleichzeitig das ganze Harzsystem gegen weitere Härtungsreaktionen und auch gegen Luftoxydation weitgehend stabilisiert.

Im allgemeinen ist die Anwesenheit oder Ausbildung eines *beständigen* Substituenten in einem Phenolkern gleichbedeutend mit dem Verzicht auf die Einführung einer Brückenbindung an dieser Stelle, d. h. mit der Unmöglichkeit zur Ausnutzung sämtlicher drei funktionellen Stellen im Phenol. Nur in den Fällen, in denen sich die löslichkeitssteigernden Substituenten in meta-Stellung zur phenolischen Hydroxylgruppe befinden [HÖNEL (*295*)], lassen sich alle drei funktionellen Kern-Wasserstoffatome für die Kondensation heranziehen und trotzdem bessere Löslichkeitsverhältnisse als beim Phenol selbst erzielen. Praktisch blieben diese Fälle jedoch bisher auf die Anwendung von m-Kresol und von 1,3,5-Xylenol beschränkt.

Indessen läßt sich auch die verknüpfende Wirkung der Brückenbindung mit der charakteristischen Wirkung von Substituenten vereinigen. Der einfachste derartige Fall liegt in der Anwendung von Alkyliden- und besonders Isoalkylidenbrücken für den Aufbau von Phenolharzen vor. So gilt das erstmals von DIANIN (*197*) aus Phenol und Aceton aufgebaute Diphenylolpropan natürlich als Zweikernphenol und stellt wie das durch Formaldehyd-Kondensation gebildete Diphenylolmethan gewissermaßen das niedrigste Kondensationsprodukt des trifunktionellen Phenols dar.

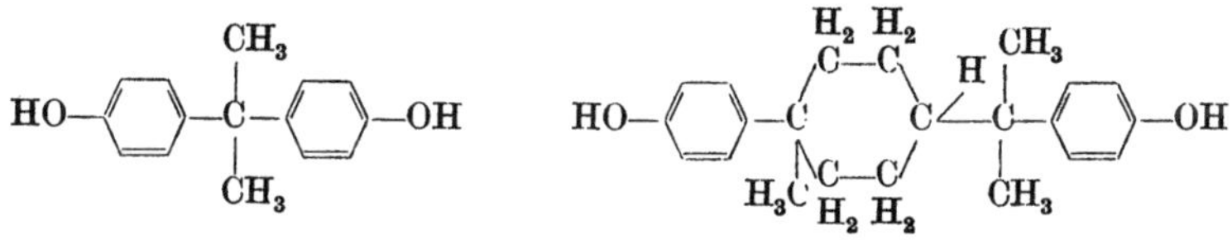

Diphenylolpropan Diphenylolmenthan

Andererseits bewirkt der Ersatz der Wasserstoffatome in der Methylenbrücke durch andere Gruppen in ähnlicher Weise eine Steigerung der Löslichkeit, wie etwa Produkte aus p-Isopropylphenol in organischen Lösungsmitteln löslicher sind als solche aus p-Kresol. In noch viel stärkerem Maße wirkt z. B. das nach A. ZINKE u. E. HÖNEL (*296*) aus Dipentendihydrochlorid und Phenol erhältliche Diphenylolmenthan als ein ausgesprochen stark substituiertes Phenol, auch wenn hier der Substituent zugleich eine Verknüpfung zweier Phenolkerne herbeiführt.

Die Herstellung so zahlreicher Phenolharztypen, wie sie uns tatsächlich in der Industrie, vor allem in der Lackharzindustrie, entgegentreten, stellt sich demnach als eine bewußte, vielfach allerdings auch noch als unbewußte, d. h. rein empirisch gehandhabte Ausnützung der verschiedenartigen Harzbildungsprinzipien und Aufbaumöglichkeiten dar. Diese beruhen vor allem auf dem Wechsel des gegenseitigen zahlenmäßigen Verhältnisses von Phenolkernen, Substituenten, Brückenbindungen und modifizierenden Endgruppen, sowie natürlich auch auf deren Art. Der nächste Abschnitt soll zeigen, in welcher Weise und in welchem Umfang die praktische Anwendung der bisher erörterten theoretischen Grundlagen der Phenolharzchemie die Bildung der verschiedenartigen Phenolharze herbeiführt.

Entstehung und Aufbau von Phenolharzen.

Die Struktur irgendeines technischen Phenolharzes läßt sich auch heute noch immer nicht in allen Einzelheiten durch chemische oder physikalische Methoden festlegen. Zwar konnte man schon seit längerer Zeit bei den verhältnismäßig einfach gebauten, in organischen Lösungsmitteln leicht löslichen und chemisch stabilen Novolaken mit einiger Sicherheit das allgemeine Aufbauprinzip angeben; bei allen anderen Phenolharzprodukten dagegen erwiesen sich Versuche zu einer formelmäßigen Darstellung ihrer Struktur als spekulativ oder mindestens als unzulänglich und verfrüht. Wenn man nun technische Fertigprodukte auch jetzt noch nicht bis zur völligen Strukturaufklärung analysieren kann, so haben sich wenigstens die Kenntnisse von den *Bildungs*reaktionen der Phenolharze in der jüngsten Zeit derart vertieft, daß man sich mit ihrer Hilfe doch ein ziemlich anschauliches und wohl auch zutreffendes Bild von der Art der Harzprodukte machen kann, die unter den jeweiligen Reaktionsbedingungen aus verschiedenen Grundstoffen gebildet werden.

Dieser Abschnitt bringt deshalb einen Überblick, wie die früher besprochenen Reaktionen von Fall zu Fall neben- und nacheinander ablaufen, und welche *Struktur* sich bei ihrem Abbruch in irgendeinem Reaktionsstadium vermutlich ergeben wird. Auf diese indirekte Weise ist ein Einblick in den Aufbau der verschiedenen Phenolharze durchaus möglich, zumal auch deren Eigenschaften und die Ergebnisse der wenigen an ihnen bisher durchführbaren analytischen Untersuchungen mit dem auf Grund der Bildungsweise entworfenen Bild jeweils im besten Einklang stehen.

Damit ist nunmehr zugleich eine Möglichkeit gegeben, die mannigfaltigen Phenolharze nicht nur wie bisher mit den überlieferten Bezeichnungen nach ihren technologischen Eigenschaften, sondern auch nach ihrem chemischen Aufbau zu ordnen. Die nach solchen verschiedenen Gesichtspunkten vorgenommene Klassifizierung der Phenolharze soll an den Anfang dieses Abschnittes gestellt werden, weil sie auch der Besprechung der einzelnen Harzprodukte zugrunde liegt.

A. Einteilung der Phenolharze.

Für die Hauptgruppen der verschiedenen Phenolharze haben sich die schon von Baekeland (*19*) und Lebach (*27*) vorgeschlagenen Bezeichnungen Novolak, Resol, Resitol und Resit allgemein eingeführt.

Diese Klassifizierung genügte so lange allen Ansprüchen, als man über den Bau dieser Harze, insbesondere der gehärteten Produkte, keine eingehenden und sicheren Kenntnisse hatte und dementsprechend zwischen einzelnen Produkten mit einigermaßen gleichen Eigenschaften nicht zu unterscheiden wußte. Als Resit oder „*Bakelit*"[1], wie sich der Laie vielfach ausdrückt, bezeichnete man eben z. B. ganz allgemein alle Phenolharze, die in organischen Lösungsmitteln unlöslich und unquellbar sind, in der Hitze nicht mehr erweichen, sondern nur verkohlen und die vor allem auch eine beträchtliche mechanische und chemische Widerstandsfähigkeit aufweisen. Man war sich dessen aber nicht bewußt, daß es eine ganze Reihe verschiedenartig aufgebauter Resite gibt, obwohl z. B. schon LEBACH (*297*) feststellte, daß sich die mit Säurezusatz gehärteten Harze von dem BAEKELANDschen „*Bakelit*" unterscheiden.

Mit dem Fortschreiten unserer Kenntnisse über den chemischen Aufbau der Harze befriedigte diese nach rein technologischen Gesichtspunkten getroffene Einteilung nicht mehr vollkommen. So wurden allmählich noch zusätzliche Begriffe wie „echte Novolake" und „Pseudonovolake" [SCHEIBER (*298*)], „Vollresite" und „Scheinresite" [BARTHEL (*23*)], „typische Resite" [DREHER (*299*)] u. ä. geprägt, die aber den bestehenden Mangel in der Klassifizierung der Phenolharze auch nicht ganz beheben konnten. Heute nun, wo der Chemismus der Phenolharzbildung weitgehend geklärt ist, kann man die verschiedenen Produkte auch nach ihrem chemischen Aufbau ordnen. Indessen sollen die bewährten, längst eingeführten und allgemein bekannten Begriffe Novolak, Resol, Resitol und Resit keinesfalls fallen gelassen werden, doch sollten sie zweckmäßig ausschließlich auf diejenigen Fälle beschränkt bleiben, bei denen es sich vor allem um eine Kennzeichnung rein äußerer Eigenschaften der Harze handelt. Die Klassifizierung der Phenolharze wird im folgenden also sowohl nach technologischen als auch nach chemischen Gesichtspunkten getroffen, wobei die feineren Unterschiede besonders in der zuletzt genannten Einteilung zum Ausdruck kommen.

a) Einteilung der Phenolharze nach technologischen Eigenschaften.

Unter *Novolaken* versteht man Phenolharze, die sowohl schmelzbar als auch in einer Reihe von organischen, vor allem sauerstoffhaltigen Lösungsmitteln löslich sind und diese Eigenschaften auch bei längerem Erhitzen nicht verlieren. Üblicherweise beschränkt sich der Begriff „Novolak" auf die aus Phenol durch saure Kondensation mit Carbonylverbindungen, vor allem mit Formaldehyd, hergestellten Harze, doch kann man natürlich auch andere auf Phenolgrundlage aufgebaute Harze, welche z. B. die oben genannten Eigenschaften der dauernden Löslichkeit und Schmelzbarkeit aufweisen, als *novolakartig* bezeichnen.

Resole sind Phenolharze, die sich zwar ebenfalls in einer Reihe von organischen Lösungsmitteln lösen, aber im Gegensatz zu den Novolaken durch eine thermische Behandlung, vielfach auch in der Kälte schon nach

[1] „*Bakelite*" ist das geschützte Warenzeichen für Kunstharze der Bakelite-Corporation bzw. in Deutschland der Bakelite-Gesellschaft m. b. H.

Zusatz von starken Säuren härten, d. h. in wesentlich höher schmelzende und viskose, u. U. sogar unschmelzbare und unlösliche Harze übergehen. Die Resole sind *eigenhärtend*, d. h. sie enthalten den für diesen Härtungsvorgang nötigen Formaldehyd bereits in Form von Methylolgruppen oder deren Abkömmlingen chemisch gebunden. Eine Mischung von Phenol oder Novolak mit Hexamethylentetramin, die an sich in der Hitze ebenfalls härtet, wird man aber zweckmäßig nicht als Resol bezeichnen, sondern in der weiter unten getroffenen Einteilung als besondere Gruppe der *härtbaren Harze* führen. Mit dem Wort Resol verbinden wir schließlich auch noch, wie schon der Name (resina lat. = Harz) sagt, den Harzcharakter solcher Produkte, da dieser die technische Verwendung im Vergleich zu den meist kristallisierten Phenolalkoholen erleichtert.

Der Begriff *Resit* schließt alle Phenolharze ein, die infolge ihres hohen Molekulargewichts und ihrer dreidimensionalen Molekülstruktur sehr hart, mechanisch äußerst widerstandsfähig, in organischen Lösungsmitteln unlöslich und unquellbar, vielfach auch gegen Laugen beständig sind und beim Erhitzen selbst bei sehr hohen Temperaturen nicht erweichen oder gar schmelzen, sondern allmählich verkohlen oder vercracken. Es ist hierbei an sich belanglos, welche Phenole der Harzbildung zugrunde gelegen haben und auf welche Weise die Härtung erreicht wurde, weil das Wort „Resit" ausschließlich ein technologischer Begriff sein soll, der im Gegensatz zum bisherigen Brauch mit dem Chemismus der Harzbildung nicht unbedingt verknüpft sein muß.

Es wurde weiter oben schon erwähnt, daß der Resitzustand durch Vernetzung der Phenolkerne mit einer genügend hohen Anzahl von Brükkenbindungen erreicht wird, wobei die Art derselben ziemlich belanglos ist. Hierzu müssen im Durchschnitt *mehr* als eine Brückenbindung auf einen Phenolkern vorhanden sein. Maximal können bei trifunktionellen Phenolen drei halbe, also 1,5 Brücken je Phenolkern eingeführt werden. bei bifunktionellen Phenolen dagegen nur eine Brückenbindung. Es gelingt demnach nicht, aus o- oder p-Kresol *allein* Resite herzustellen, doch genügt die Beimischung einer bestimmten Menge eines trifunktionellen Phenols, wie sie z. B. in dem technischen Kresolgemisch durch den Gehalt an m-Kresol gegeben ist, um bei der Formaldehyd-Kondensation die entsprechende Vernetzung und dadurch Resitbildung zu bewirken.

Der Zustand der Unlöslichkeit und Unschmelzbarkeit wird erfahrungsgemäß leichter und schneller, d. h. schon bei einer geringeren durchschnittlichen Anzahl von Brückenbindungen erreicht als die für Resite besonders kennzeichnende außerordentliche Härte und hervorragende mechanische und chemische Widerstandsfähigkeit, auf welcher ja vor allem der technische Wert derartiger Produkte beruht. Um auch diesen feineren Unterschieden terminologisch Ausdruck zu verleihen, schlug HULTZSCH (*82*) vor, solche Produkte, die nicht *alle* für Resite kennzeichnenden Merkmale aufweisen, als *resitartig* zu bezeichnen. Beispielsweise können die Härtungsprodukte aus den Dialkoholen von o- und p-Kresol sowie von p-Phenylphenol bei hohen Härtungstemperaturen resitartig werden, indem sie praktisch ihre Löslichkeit und Schmelzbarkeit verlieren, obwohl nur bifunktionelle Ausgangsphenole vorgelegen haben. Aber die mechanischen Eigenschaften solcher Härtungsprodukte entsprechen durchaus noch nicht denjenigen, wie sie sich von Resiten aus trifunktionellen Phenolen ergeben. Soweit also unter gewissen Bedingungen auch aus einigen bifunktionellen Phenolen resitartige Produkte hergestellt werden können [vgl. z. B. C. A. REDFARN u. a. (*300*)], so ist dies wie beim p-Phenylphenol entweder auf die Anwesenheit besonders sperriger, unpolarer Substituenten zurückzuführen, oder aber, wie etwa beim o- und p-Kresol, auf eine bei hohen Härtungstemperaturen stattfindende geringe Beteiligung der Methyl-Substituenten als „funktionelle Gruppen" im Sinne der auf S. 74 formulierten Reaktionsweise. Auch die von HOUWINK (*301*) vermutete und von ZINKE (*148*) und v. EULER (*179*) experimentell schon nachgewiesene Möglichkeit zur Bildung *ringförmiger Härtungsprodukte* mag vielleicht zur Entstehung resitartiger Harze aus bifunktionellen Phenolen beitragen.

Zur Kennzeichnung eines zwischen Resol und Resit liegenden Harzzustandes wird der Begriff *Resitol* beibehalten. Er dient als Bezeichnung für solche Harze, die in organischen Lösungsmitteln nicht mehr vollständig löslich sind, sondern höchstens quellen oder sich mit ihnen (z. B. mit Alkoholen, Carbonsäuren oder auch Phenolen) allenfalls noch chemisch umsetzen; die ferner beim Erhitzen keine glatte Schmelze mehr ergeben, sondern nur mehr erweichen, also eine gewisse, allerdings nur vorübergehende Thermoplastizität aufweisen und dabei noch geformt werden können. Der Resitolzustand umfaßt Harze mit einer Molekülstruktur, bei welcher auf einen Phenolkern durchschnittlich etwa eine Brückenbindung entfällt. Üblicherweise, d. h. bei der Härtung von Harzen aus trifunktionellen Phenolen, stellt er eine Zwischenstufe auf dem Wege zur Resitbildung dar. Ein *resitolartiger* Zustand kann weiterhin bei der Formaldehyd-Kondensation von bifunktionellen Phenolen auch zum Endzustand werden, wobei der Unterschied zwischen „Resol" und „resitolartig" darin liegen soll, daß der zuletzt genannte Begriff nur die Eigenschaft der eingeschränkten Löslichkeit und Schmelzbarkeit, nicht aber auch die der Härtbarkeit umfassen soll [HULTZSCH (*82*)].

Natürlich gibt es zwischen all diesen Harzzuständen niemals scharfe Grenzen, sondern im Gegenteil jegliche Übergänge, zumal neben den Brückenbindungen auch noch die Substituenten in hohem Maße ihren Einfluß auf den Harzcharakter geltend machen. Beispielsweise härten die Dialkohole einzelner bifunktioneller Phenole, welche wie das p-Diisobutylphenol in ortho- oder para-Stellung stark löslichkeitserhöhende, zugleich aber auch reaktionshemmende Substituenten enthalten, nicht einmal bis zu einem resitolartigen Zustand, sondern nur zu einem novolakartigen Harz. Erstens erreicht dieses keine besondere Molekülgröße, und zweitens üben solche Substituenten innerhalb des Harzverbandes ja auch wieder eine löslichkeitsfördernde und schmelzpunktserniedrigende Wirkung aus.

Gelegentlich wird auch noch die von BAEKELAND (*4*) ursprünglich gebrauchte Ausdrucksweise eines „A"-, „B"- und „C"-Zustandes der härtbaren Phenolharze gebraucht, die heute aber zumindest in Deutschland allgemein durch die Begriffe Resol, Resitol und Resit abgelöst ist. Dies gilt in gleicher Weise auch für die dann und wann gebrauchten Ausdrücke „Anfangsharze", „Zwischenharze" und „Endharze", die ebenfalls nicht den geringsten Hinweis mehr auf den chemischen Aufbau der Harze enthalten.

b) Einteilung der Phenolharze nach chemischen Gesichtspunkten.

Die überlieferte Einteilung der Phenolharze in Novolake, Resole, Resitole und Resite läßt den Zusammenhang, in dem diese Harze zueinander stehen, nicht sehr deutlich erkennen. Deshalb soll versucht werden, diese Gruppen in ein größeres Schema einzuordnen, wobei der Chemismus der Harzbildung als Richtschnur dienen kann.

Wie bei verschiedenen anderen Polykondensationsharzen unterschied man auch bei den Phenolharzen bisher schon zwischen nichthärtbaren und härtbaren Produkten. Die ersteren sollte man vielleicht genauer als *nichthärtend* bezeichnen, da sie, wie später noch eingehender dargelegt wird, durch den Zusatz von Härtungsmitteln tatsächlich härtbar werden können. Die härtbaren (oder auch härtenden) Produkte wiederum kann man in *eigenhärtende* und *indirekt härtende* Stoffe einteilen [HULTZSCH (*82*)]. Bei den ersteren liegen die Bausteine für die Brückenbindungen, welche die Verkettung und Vernetzung der Moleküle bewirken, bereits chemisch gebunden in Form von härtbaren Gruppen vor. Bei den indirekt härtenden Produkten hingegen ergibt erst die Zumischung eines *Härtungsmittels*, z. B. von Hexamethylentetramin, zu einem an sich nichthärtenden Harz ein Produkt, das beim Erhitzen zu einer weiteren Umsetzung, mithin zur Härtung fähig ist.

Zur Vervollständigung der Klassifizierung aller Phenolharze hat es sich als notwendig erwiesen, den Begriffen der nichthärtenden und härtbaren Produkte noch den der *gehärteten* Phenolharze hinzuzufügen [HULTZSCH (*82*)]. Unter diesen werden alle jene von Haus aus härtbaren Stoffe verstanden, die wegen ihres fortgeschrittenen Härtungs- bzw. Kondensationsgrades die Härtbarkeit bereits weitgehend oder gar völlig eingebüßt haben.

Auf S. 111 sind die verschiedenen Gruppen von Phenolharzen, die zum Teil schon im vorangehenden näher beschrieben wurden, zum Teil auch erst später noch eingehender dargestellt werden, schematisch zusammengefaßt. Die hier getroffene Anordnung läßt vor allem die Zusammenhänge und Übergänge zwischen den einzelnen Gruppen erkennen. Beispielsweise zeigt sich, daß „gehärtete" Produkte durchaus nicht nur Resite sein müssen, sondern daß sie je nach Art der Ausgangsphenole und der eingesetzten Formaldehydmengen resit- oder resitolartig, ja sogar novolakartig sein können. Da der Übergang von den Phenolalkoholen über die Resole zu den gehärteten Harzen allmählich und ohne irgendwelche Grenzen stattfindet, ist eine genaue Scheidung der „härtbaren" Produkte von den „gehärteten" nicht möglich. Man wird indessen zu den ersteren praktisch diejenigen Harze zählen, deren Überführung in die Endform noch aussteht, während den zweiten solche Stoffe zuzurechnen sind, für die ein weiterer Härtungsprozeß nicht mehr

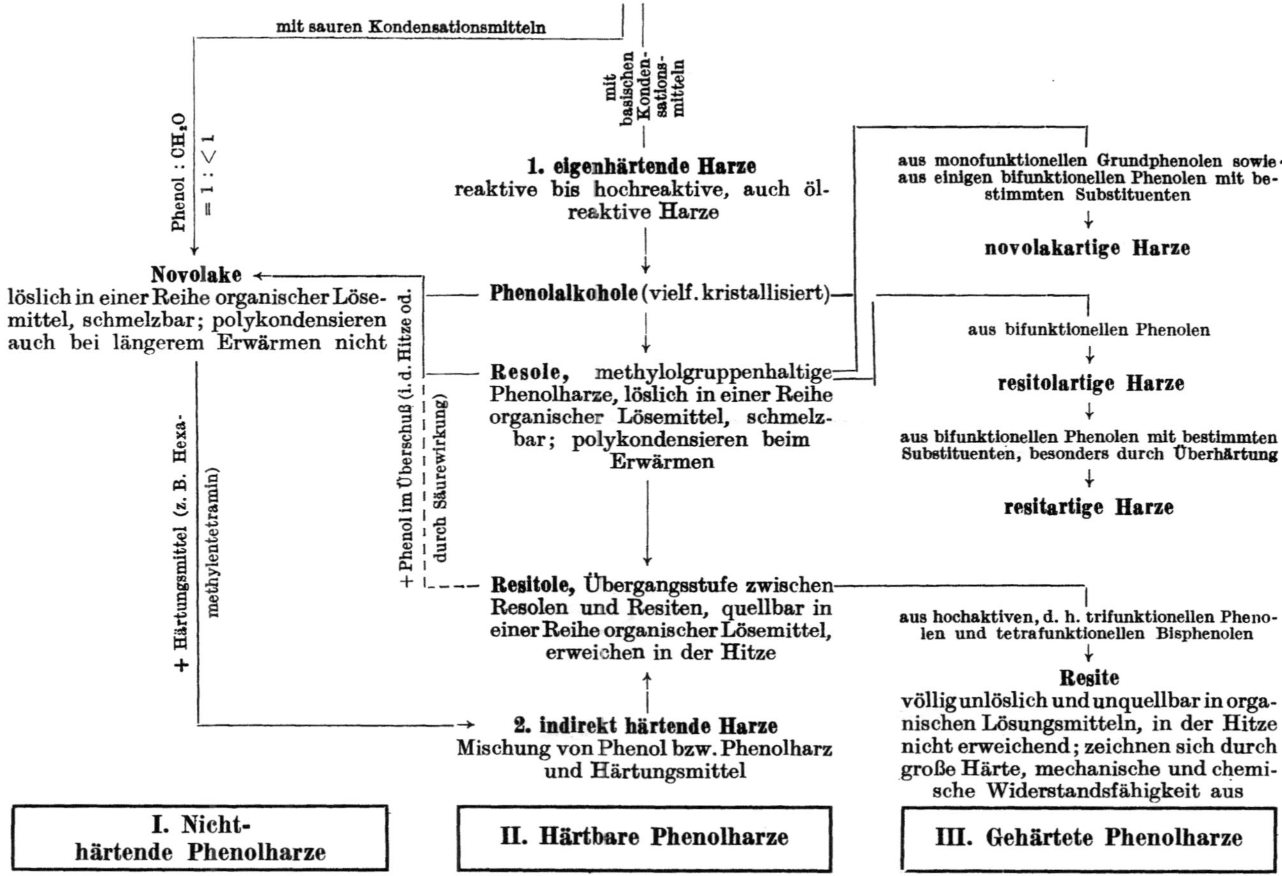

Die verschiedenen Gruppen und Arten von Phenolharzen unter Berücksichtigung physikalischer Merkmale und technologischer Gesichtspunkte.

vorgesehen ist. Der Begriff der Härtung an sich wird weiter unten noch eingehend erörtert werden.

Sowohl die härtbaren als auch die gehärteten Harze umfassen mehrere Untergruppen, deren einwandfreie Benennung jedoch vor allem bei den gehärteten Produkten nicht immer leicht ist. Man könnte sogar mit gutem Recht noch weitere Gruppen oder Unterteilungen einfügen, doch würde hierdurch die Übersichtlichkeit leiden, ohne daß sich doch jemals eine Vollständigkeit der Klassifizierung erreichen ließe. Denn abgesehen von Novolaken und den durch Einwirkung starker Säuren gehärteten Harzen, die praktisch nur Methylenbrücken enthalten, ist es bisher nicht gelungen, irgendeine Verknüpfungsart zum alleinigen Aufbauprinzip eines Phenolharzes zu machen. Vielmehr liegen in den einzelnen Produkten in der Regel mehrere Arten von Brückenbindungen und Endgruppen nebeneinander vor, wobei man deren gegenseitiges Verhältnis z. Z. noch nicht zahlenmäßig belegen, sondern höchstens ganz roh abschätzen kann. Da sich aus diesem Grunde sogar nur in einzelnen Fällen angeben läßt, welche Art von Brücken die jeweils vorherrschende ist, wurden als Grundlagen für die nachstehende Unterteilung im allgemeinen diejenigen Brücken bzw. Endgruppen gewählt, deren Anwesenheit für die betreffenden Produkte *kennzeichnend* ist, selbst wenn sie mengenmäßig manchmal sogar nur in untergeordnetem Maße zugegen sein sollten. In anderen Fällen enthält die Benennung einen Hinweis auf die Herstellungs- bzw. Härtungsart und damit indirekt auch wieder auf die Art des allgemeinen chemischen Aufbaues.

Aus diesen Gründen mag die nachfolgende Einteilung der Phenolharze nach ihrem chemischen Aufbau zunächst als Vorschlag erachtet werden, bei dem Umbenennungen oder sonstige Abänderungen durchaus noch möglich sind. Die bisher getroffene Einteilung sieht folgende Gruppen vor:

A. Nichthärtende Phenolharze (vorzugsweise Novolake).

B. Härtbare Phenolharze:

a) Eigenhärtende Phenolharze,
   1. Einfache Resole,
   2. Hochkondensierte Resole,
   3. Ammoniak-Resole,
   4. Resol-Sondergruppen.

b) Indirekt härtende Phenolharze (Phenole bzw. nichthärtende Phenolharze + Härtungsmittel).

C. Gehärtete Phenolharze:

a) Methylenbrücken-Harze,
b) Methylenätherbrücken-Harze,
c) Methylenaminbrücken-Harze,
d) Überhärtete Phenolharze,
e) Methylenalkyläther-Harze,
f) Öl- und naturharzmodifizierte Phenolharze.

Die nähere Kennzeichnung dieser verschiedenen Gruppen ergibt sich aus den folgenden Ausführungen.

B. Bildung der Phenolharze.

Die hohe technische Bedeutung der Phenolharze begründet sich zum Teil darauf, daß sich ihre Eigenschaften durch die Auswahl von verschiedenen Ausgangsstoffen und deren wechselnden Mengenverhältnissen in einem weiten Bereich variieren und modifizieren lassen. Dazu kommt noch der Umstand, daß man selbst unter Zugrundelegung gleicher Ausgangsstoffe jeweils mehrere Wege zum Aufbau von Phenolharzen einschlagen kann, die auch zu verschiedenartigen Endprodukten führen. Vor allem haben sich die durch die *Härtbarkeit* von geeigneten Zwischenprodukten ergebenden Möglichkeiten als überaus wertvoll und praktisch erwiesen.

Verhältnismäßig wenige Phenolharze werden in einem Arbeitsgang bis zur endgültigen Verwendungsform kondensiert. Praktisch ist dies eigentlich nur bei den mit sauren Kondensationsmitteln hergestellten Novolaken der Fall. Aber selbst diese pflegen für einen großen Teil ihres Anwendungsbereiches nach Zumischen eines Härtungsmittels noch weitergehärtet zu werden (indirekte Härtung). Bei den eigenhärtenden Phenolharzen unterbricht man die Harzherstellung nach der mittels Alkalien vorgenommenen Resol-Kondensation in einem geeigneten Verharzungsstadium und erhält dadurch härtbare Produkte. Erst in einem weiteren Arbeitsgang wird dann von diesen aus meist unter gleichzeitiger Formgebung der Harzbildungsprozeß zu Ende geführt. Dieser zweite Teil der Phenol-Formaldehyd-Kondensation, die sogenannte *Härtung*, kann wiederum unter verschiedenen Bedingungen vorgenommen werden. Man bedient sich dabei der *Hitzehärtung* oder der *Säurehärtung*. Bei der ersteren bewirken die eigenen Protonen der Phenolharz-Bausteine bei entsprechender Aktivierung durch Wärmezufuhr die Weiterkondensation, während bei der Säurehärtung die Wasserstoffionen starker Säuren diese Rolle übernehmen. Mit Hilfe solcher *Härter* gelingt im letztgenannten Fall die Härtung sogar in der Kälte. Das Endergebnis beider Reaktionsarten,d. h. die Struktur und die Molekülgröße der Härtungsprodukte, ist in beiden Fällen allerdings nicht gleich. Außerdem bleibt die Säurehärtung auf die eigenhärtenden Resole beschränkt. Der Reaktionsmechanismus der indirekten Härtung mit *Härtungsmitteln* wie Hexamethylentetramin ist ein ganz anderer als bei der Eigenhärtung. Diese Art der Härtung stellt nämlich im Grunde genommen eine Mischkondensation dar, bei der das Härtungsmittel zum Harzbestandteil wird.

Alle diese Prozesse sind Gegenstand der nachfolgenden Ausführungen. Diese gliedern sich in eine Besprechung der Novolake, der Herstellung eigenhärtender und indirekt härtender Phenolharze sowie schließlich der hiervon ihren Ausgang nehmenden verschiedenen Härtungsprozesse. Schematisch kann man diese wichtigsten Vorgänge der Phenolharz-Bildung folgendermaßen zueinander in Beziehung setzen:

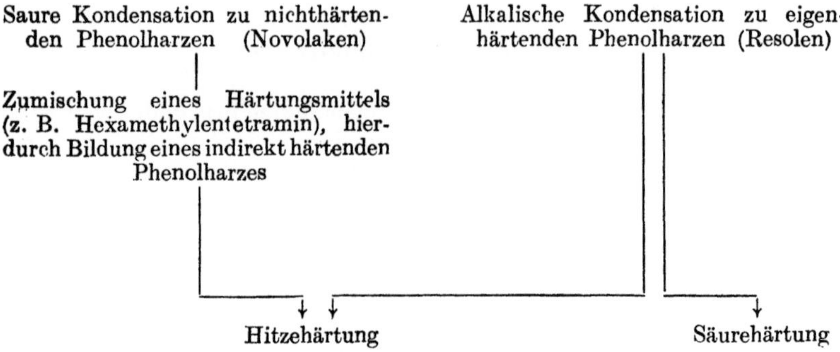

Schema der einzelnen Vorgänge bei der Phenolharz-Bildung.

I. Nichthärtende Phenolharze (Novolake).

Unter „nichthärtenden" Phenolharzen hat man Produkte zu verstehen, die keine *reaktiven* Gruppen oder Brückenbindungen enthalten und infolgedessen beim Erhitzen auf höhere Temperaturen nicht mehr weiter kondensieren. Dies schließt nicht aus, daß solche Harze *nach* Zusatz eines Härtungsmittels, vor allem von Hexamethylentetramin, nicht doch noch zu einem härtbaren Harz werden können, sofern sie noch reaktionsfähige Kern-Wasserstoffatome enthalten.

a) Bildung von Novolaken.

Üblicherweise erfolgt die Novolakbildung durch eine mit sauren Kondensationsmitteln durchgeführte Phenol-Formaldehyd-Kondensation. Der hierfür in Betracht kommende, über Chinonmethid-Zwischenprodukte führende Reaktionsweg ist auf S. 50ff. schon eingehend dargestellt worden. Um jedoch zu Harzen mit typischen Novolak-Eigenschaften zu gelangen, müssen Phenol und Formaldehyd in einem solchen Molverhältnis umgesetzt werden, daß im Durchschnitt *weniger* als eine Brückenbindung je Phenolkern zur Ausbildung kommt. Da hier die Verknüpfung über die aus einem Mol Formaldehyd gebildete Methylenbrücke erfolgt, darf also nur weniger als 1 Mol Formaldehyd jeweils mit einem Mol Phenol reagieren. In der Regel kondensiert man deshalb 1 Mol Phenol mit 0,5—0,8 Mol Formaldehyd und trennt anschließend das nicht umgesetzte Phenol in geeigneter Weise aus dem Endprodukt ab. Je niedriger die Menge des eingesetzten Formaldehyds ist, um so höher ist naturgemäß die Menge des nicht in Reaktion getretenen Phenols, um so mehr sinkt auch der Durchschnittspolymerisationsgrad des Endproduktes. Infolge des niederen, unter 1 liegenden Anteils an Brückenbindungen können Novolake sowohl aus tri- als auch aus bifunktionellen Phenolen hergestellt werden.

Erhöht man den Formaldehydgehalt in der Reaktionsmischung, so verringert sich die Löslichkeit der Endprodukte immer mehr und ihr Schmelzpunkt steigt an. Sofern man von trifunktionellen Phenolen ausgeht, kann man durch Steigerung des Formaldehydanteils auf etwa 1 Mol oder darüber auch bei der mit Säuren bewirkten Kondensation schließlich die Bildung von unlöslichen und unschmelzbaren Harzen erreichen [KLEEBERG (*17*)], indem ein Teil des Formaldehyds eine Vernetzung der Oxyphenyl-Methylen-Ketten durch Methylenbrücken herbeiführt. Solche Harze stellen zwar infolge des Fehlens von härtbaren Gruppen und Brückenbindungen ebenfalls nichthärtende Phenolharze dar, sind aber natürlich keine Novolake mehr, sondern resitol- oder resitartig. Technisch macht man von ihnen indessen keinen Gebrauch.

Die mit sauren Kondensationsmitteln herbeigeführte Novolakbildung verläuft im allgemeinen in einer ziemlich heftigen Reaktion, die man zweckmäßig durch eine geeignete Reaktionsführung abbremst. Neben der Reaktionsfähigkeit des betreffenden Phenols, der Temperatur, der Aldehydmenge und den Konzentrationsverhältnissen ist die Geschwindigkeit der Verharzung vor allem von der Wasserstoffionenkonzentration abhängig. In besonderen Fällen kann man auch im sauren Bereich eine geringfügige Ausbildung von härtbaren Gruppen feststellen, deren Auftreten indessen für Novolake keinesfalls charakteristisch ist, sondern nur eine Art Nebenreaktion darstellt [vgl. S. 26 oben, s. auch WEGLER u. FABER (112a)].

Wenngleich die Bildung von nichthärtenden Harzen im allgemeinen im sauren Reaktionsmedium vorgenommen wird, kann eine mit Alkalien durchgeführte Phenol-Formaldehyd-Kondensation, vor allem bei einem hohen Phenolüberschuß (z. B. 2,5 Mol Phenol auf 1 Mol Formaldehyd) auch zu Novolaken führen [302; vgl. auch E. ZIEGLER (110)], indem auch die in diesem Fall tatsächlich zuerst gebildeten Methylolgruppen und Dimethylenätherbrücken beim längeren Erhitzen über 100° sich allmählich mit dem in reichlicher Menge vorhandenen Phenol unter Methylenbrücken-Bildung umzusetzen vermögen. Das Endprodukt weist dann womöglich nur noch derart wenig reaktive Gruppen und Brücken auf, daß es nach dem Abtrennen des Phenolüberschusses praktisch nicht mehr härtbar ist. Im Gegensatz zu den sauer kondensierten Novolaken werden derartige Harze vermutlich stärker verzweigt sein, da die auch bei einem Phenolüberschuß durchaus mögliche primäre Ausbildung von Phenoldialkohol die Grundlage für solche Verzweigungen darstellt.

Auch mit Ammoniak als Kondensationsmittel können sich bei einem hohen Phenolüberschuß Novolake bilden (*303*). Erfahrungsgemäß wandeln sich nämlich die aus Phenol, Formaldehyd und Ammoniak zuerst gebildeten Oxybenzylaminbasen mit überschüssigem Phenol in stickstofffreie Methylendiphenole um, so daß also auch auf dem Umweg eines Einbaues von Methylenaminbrücken und deren Umwandlung in Methylenbrücken Novolake zustandekommen. Selbst ein geringer Restanteil von Methylenaminbrücken würde solche Produkte noch nicht den härtbaren Harzen zuordnen lassen, da sie keine genügende Härtbarkeit aufweisen.

In glatter Weise lassen sich vorgebildete Phenolalkohole bzw. Resole oder auch Oxybenzylaminbasen durch saure Kondensationsmittel mit überschüssigem Phenol in Novolake umwandeln. Selbst bei Resiten ist durch eine geeignete thermische Behandlung mit Phenol ein Aufschluß

b) Aufbau, Eigenschaften und Verwendung der Novolake.

Die farblosen, rosa, gelblich oder braun gefärbten Novolake stellen in ihrem Aufbau die einfachste Form von Phenolharzen dar. Nach den von verschiedenen Seiten, vor allem von WANSCHEIDT (*34*) durchgeführten Untersuchungen hat man in ihnen ein Gemisch kettenförmiger, unvernetzter „Mesomethylen-Polyphenole" zu erblicken, in dem entweder überhaupt keine oder doch keine nennenswerten Mengen an reaktiven Gruppen oder Brückenbindungen enthalten sind. Die Verknüpfung wird hier einzig durch Methylenbrücken bewirkt, bzw. auch durch Alkylidenbrücken, sofern die Kondensation mit anderen Aldehyden als Formaldehyd, z. B. mit Acetaldehyd, durchgeführt wird. Das allgemeine Aufbauschema der Novolake entspricht folgenden Strukturen, bei denen n eine Zahl von 1 bis etwa 11 sein kann:

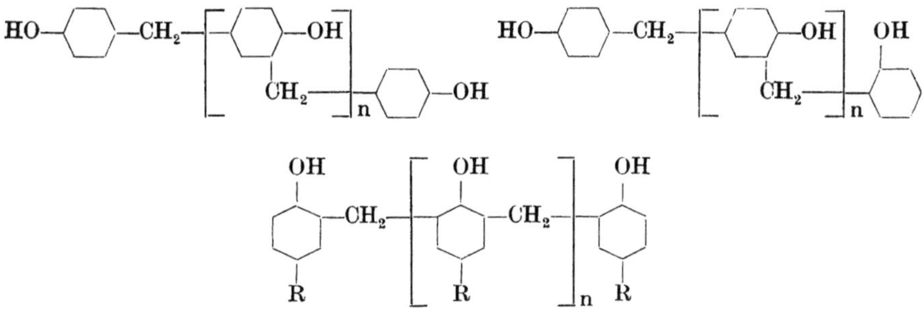

Aufbau der Novolake.

Die Novolake sind polymerhomologe Gemische obiger Verbindungen, in denen meist auch noch geringe Mengen des Ausgangsphenols, sowie von einfachen o-,p'- und p,p'-Dioxydiphenylmethan-Verbindungen, in einzelnen Fällen, wie bei p-substituierten Phenolen und beim 1,3,5-Xylenol, auch von o, o'-Dioxydiphenylmethan-Verbindungen enthalten sind. Als Hauptprodukte dürften die von KOEBNER (*33*) als Modellsubstanzen hergestellten drei-, vier- und fünfkernigen Methylenphenole vorhanden sein, von denen allerdings nur die untersten Stufen aus den Novolaken durch Kristallisation abgetrennt werden können. Indessen lassen sich letztere durch fraktionierte Fällung in harzartige Fraktionen mit steigendem Polymerisationsgrad zerlegen [WANSCHEIDT (*34*), H. F. MÜLLER u. I. MÜLLER (*98, 304*)]. Für diese wurden auf kryoskopischem Wege beispielsweise bei einem im Molverhältnis 1 Phenol : 0,65 Formaldehyd kondensierten Phenol-Novolak des Durchschnittsmolekulargewichts 640 die Einzelmolekulargewichte mit 200 bis 1300 bestimmt. Als hochmolekular können die Novolake demnach eigentlich nicht angesprochen werden.

Novolake lösen sich in verhältnismäßig sauerstoffreichen Lösungsmitteln, also vor allem in Alkoholen, Ketonen und Estern. In Kohlenwasserstoffen und höheren Estern (z. B. auch in fetten Ölen) sind nur die aus Alkylphenolen hergestellten Novolake löslich. Von WANSCHEIDT (*34*) vorgenommene Viskositätsbestimmungen ließen erkennen, daß in den

Lösungsmitteln molekulare, nicht micellare Lösungen vorliegen, und daß auch die bei der sauren Kondensation von trifunktionellen Phenolen gebildeten Novolak-Molekülketten hauptsächlich unverzweigt sind. Ortho- und para-substituierte Phenole können ohnedies nur zu unverzweigten Ketten führen. Dennoch lassen die Novolake nicht die sonst bei Fadenmolekülen zu beobachtenden elastischen Eigenschaften erkennen. Dies ist wohl darauf zurückzuführen, daß die Novolak-Molekülketten abwechselnd aus Methylenbrücken *und* Benzolkernen gebildet werden, während z. B. beim Polystyrol eine glatte Paraffinkette vorliegt, welche die Benzolkerne nur als Substituenten enthält.

Infolge des nicht allzu hohen Durchschnittsmolekulargewichts der Novolake sind diese Harze wegen ihrer phenolischen Hydroxylgruppen in Alkalien löslich. Die Alkalisalze der Einzelbestandteile mit mehr als etwa 5 Phenolkernen lösen sich indessen, wie KOEBNER (*33*) zeigte, nicht mehr in Wasser. Durch Verätherung oder Veresterung können die phenolischen Hydroxylgruppen verschlossen werden, wodurch einerseits die Löslichkeit in zahlreichen organischen Lösungsmitteln, vor allem in Kohlenwasserstoffen, ansteigt, andererseits natürlich die Alkalilöslichkeit verloren geht, sofern man nicht etwa durch eine Verätherung mit Glykol- bzw. Chloressigsäure sogar noch Carboxylgruppen in das Harz einführt [vgl. SCHEIBER (*305*)].

Die Lichtbeständigkeit der Novolake ist im allgemeinen gering wegen des Methylenphenol-Charakters und der dadurch bedingten, zu Chinonoxyphenylmethiden führenden Oxydationsmöglichkeit (vgl. S. 62); doch sind auch hier graduelle, konstitutionsbedingte Unterschiede festzustellen. Die Verätherung oder Veresterung der phenolischen Hydroxylgruppen erhöht natürlich die Beständigkeit gegen Luftoxydation beträchtlich.

Beim Erhitzen auf Temperaturen bis etwa 250° sind die Novolake praktisch beständig. Darüber hinaus tritt allmählich eine gegenseitige Verätherung von benachbarten phenolischen Hydroxylgruppen und damit Xanthenbildung (s. S. 59) auf. Bei 300—400° endlich setzen die früher (S. 59ff.) schon besprochenen Spaltungsreaktionen ein, die für Novolake besonders von MEGSON (*204*) beschrieben wurden.

Die erste technische Verwendung fanden die Novolake bereits im Jahre 1902, als L. BLUMER solche Produkte unter dem Handelsnamen „*Laccain*" als Ersatz für Naturharze, besonders für Schellack, einführte. Auch jetzt noch dienen Novolake vielfach zur Herstellung von Spritlacken. Die technisch bedeutsamste Anwendung von Novolaken besteht heute indessen in ihrer Verarbeitung zu härtbaren Massen, indem man sie mit Hexamethylentetramin und geeigneten Füllstoffen mischt (vgl. S. 126 u. 147).

II. Härtbare Phenolharze.

Es gibt, wie mehrfach schon dargelegt wurde, zweierlei Arten von härtbaren Phenolharzen. Die einen enthalten den für die Ausbildung von weiteren Brückenbindungen notwendigen Formaldehyd in Form von reaktiven Gruppen und Brücken bereits chemisch gebunden; solche Produkte wurden als „eigenhärtende" Phenolharze bezeichnet, wie sie durch die Resole verkörpert werden. Bei den anderen, den „indirekt härtenden“ Phenolharzen, ist einem an sich nicht selbsthärtenden Phenolharz ein „Härtungsmittel“ beigemengt, das dann beim gemeinsamen Erhitzen mit den noch vorhandenen reaktionsfähigen Kern-Wasserstoffatomen der phenolischen Substanzen derart in Reaktion tritt, daß sich ebenfalls neue Brückenbindungen ergeben. Als Härtungsmittel kommen vor allem Formaldehyd und dessen Abkömmlinge in Frage. Beispielsweise kann man Novolake durch Einwirkung von Paraformaldehyd oder Polyoxymethylen in der Hitze härten. Bei Novolaken aus Resorcin gelingt diese Härtung sogar schon in der Kälte. Ein weitaus wirksameres Härtungsmittel ist indessen Hexamethylentetramin, welches deshalb fast ausschließlich verwendet wird. Natürlich könnten auch härtbare Polymethylol-Verbindungen anderer Verbindungsarten, z. B. Dimethylolharnstoff oder Substanzen wie Anhydro-Formaldehydanilin, „*XF-Harze*“ (*84*) und andere als Härtungsmittel Verwendung finden. Indessen kommt man hier bereits zu ausgesprochenen Mischkondensationsprodukten. Ganz abgesehen davon ist der Härtungseffekt solcher Harze oder Verbindungen gegenüber dem des Hexamethylentetramins ungleich geringer. Dagegen kommt dem Furfurol noch eine gewisse Rolle als Härtungsmittel zu, da dieses nicht nur als Aldehyd brückenbildend wirkt, sondern wie andere α, β-ungesättigte Aldehyde, etwa der Crotonaldehyd oder das Acrolein [ADLER u. TINGSTAM (*306*)], zusätzliche Verharzungsreaktionen mit sich bringt.

a) Bildung und Aufbau der eigenhärtenden Phenolharze (Resole).

Wenngleich das allgemeine Aufbauprinzip der Resole schon von Beginn ihrer Herstellung und technischen Anwendung an auf Grund der bereits durch LEDERER (*13*) und MANASSE (*14*) aufgefundenen Bildung härtbarer Phenolalkohole aus Phenol und Formaldehyd bekannt war, so herrschte bisher doch noch eine gewisse Unsicherheit hinsichtlich der genaueren Zusammensetzung dieser Harze. So waren in der Literatur Angaben zu finden, denen zufolge Resole schon auf Grund ihres Molekulargewichts mindestens 5—7 Phenolkerne enthalten und gewissermaßen Novolake mit zusätzlichen Methylolgruppen darstellen sollten [WANSCHEIDT (*111*), HOUWINK (*307*), SCHEIBER (*308*)]. Andere Forscher fanden, daß die alkalische Formaldehyd-Kondensation von bi- und trifunktionellen Phenolen außer zu den bekannten Phenolmono- und dialkoholen vor allem auch zu Methylolverbindungen der Methylendiphenole führt [SEEBACH (*87*), HANUS (*140*), K. H. MEYER (*131*)], wohingegen die Entstehung der Methylolverbindungen von Methylenphenolen mit mehr als 2 Phenolkernen bei der Resolbildung nicht bestätigt werden konnte.

Offenbar sind *beide* Ansichten richtig, und zwar insofern, als es Resole verschiedener Bauart gibt, die man dementsprechend künftig auch auseinanderhalten sollte. Dazu kommt, daß jetzt bereits das Vorliegen von Dimethylenätherbrücken auch in gewissen Resolen mit Sicherheit festgestellt wurde [HULTZSCH (*145*), LILLEY (*168*)]. Sofern sich also tatsächlich Resole mit mehr als zwei Phenolkernen ergeben, können diese nicht nur durch Verkettung mit Methylenbrücken, sondern auch mittels Dimethylenätherbrücken aufgebaut sein, von denen die ersteren aber als beständig, die zweiten als mehr oder weniger reaktiv zu gelten haben. Schließlich hat sich noch herausgestellt, in welcher Weise die mit Ammoniak oder organischen Basen als Kondensationsmittel herbeigeführte Resolbildung zu stickstoffhaltigen Produkten führt [Hultzsch *(69)*]. Deshalb ist es durchaus verständlich, warum die Frage nach dem Feinbau der Resole früher nicht ganz klar beantwortet werdan konnte.

Das Wesen der Resolbildung besteht, wenn man von den Ammoniak-Resolen absieht, zunächst in der durch Alkali-Einwirkung herbeigeführten Anlagerung von Formaldehyd an Phenol zu Phenolalkoholen, sowie in deren Weiterreaktion, praktisch also schon in der Härtung bis zu einem Stadium, welches für die endgültige Anwendung des Resols am vorteilhaftesten ist. Beide Reaktionsphasen lassen sich durch die Wahl von Ansatzverhältnis, Kondensationsmittel, Konzentration, Temperatur und Reaktionsdauer nach den verschiedensten Richtungen hin variieren, so daß der Gehalt an Methylolgruppen, Methylenbrücken und Dimethylenätherbrücken in den einzelnen Resolen ganz verschieden ist. Dazu kommt dann noch die Anwesenheit von stickstoffhaltigen Brückenbindungen und Endgruppen bei den mit Ammoniak oder Aminen kondensierten Produkten. Die Schwierigkeiten, alle diese Verknüpfungsarten und Gruppen durch analytische Methoden quantitativ nebeneinander zu bestimmen, sind trotz der guten Löslichkeit der Resole in zahlreichen organischen Lösungsmitteln infolge der durch die Härtbarkeit bedingten Empfindlichkeit dieser Harze überraschend hoch. Immerhin sind neuerdings gewisse Ansätze zu einer Resol-Analyse bereits zu erkennen. Beispielsweise zeigte die von Lilley vorgenommene Bestimmung von Methylolgruppen *(309)* und Dimethylenätherbrücken *(168)* in mehreren Resolen, daß diese Gruppen bzw. Brückenbindungen in Ammoniak-Resolen nur in geringer Menge vorhanden sind, ein Befund, der jetzt durchaus verständlich wird. Solche Analysen liegen indessen noch nicht in größerer Zahl vor, so daß im Augenblick von dieser Seite her noch keine genaue Kennzeichnung solcher Harze möglich ist. Eine Unterteilung der Resole nimmt man daher am besten nur auf Grund ihres allgemeinen Charakters und ihrer Bildungsweise vor.

Wenn man nämlich die Phenol-Formaldehyd-Kondensation unter der Einwirkung starker Alkalien bei Temperaturen von etwa 15° bis höchstens 70° vornimmt, so erhält man bei genügend hohem Formaldehydzusatz verhältnismäßig niedermolekulare Harze mit einem hohen Methylolgruppengehalt. Der Formaldehyd ist, wie die Erfahrung lehrt, in diesem Fall weitgehend in Form von Methylolgruppen und nicht von Methylenbrücken in das Harz eingebaut. Bei sehr vorsichtiger Arbeitsweise und in stark alkalischer Lösung bleibt ja, wie im Kapitel über die Phenolalkohole (S. 20ff.) schon näher ausgeführt wurde, die Reaktion in vielen Fällen ohnedies auf der Stufe von Phenolalkoholen stehen. Phenole mit reaktionsfähigen p-Kern-Wasserstoffatomen neigen indessen selbst unter solchen Bedingungen zur Weiterkondensation durch Ausbildung von

Methylenbrücken. Begünstigt wird diese durch höhere Reaktionstemperaturen, durch Senkung des Alkaligehalts und durch Erniedrigung des Formaldehydanteils. Je weniger nämlich die reaktionsfähigen Kern-Wasserstoffatome durch Formaldehyd-Anlagerung ausgeschaltet werden, in um so stärkerem Maße stehen sie für eine Kernverknüpfung durch Ausbildung von Methylenbrücken zur Verfügung.

Demnach ist vor allem bei trifunktionellen Phenolen, aber auch etwa bei o-Kresol, die Neigung zur Zweikernphenol-Bildung ganz erheblich; die Kondensation bleibt auch zunächst auf dieser Stufe stehen. Unter milden Reaktionsbedingungen ergeben sich also Gemische von Ein- und Zweikernphenol-alkoholen mit einer verschiedenen Anzahl von Methylolgruppen. Es ist dabei noch nicht geklärt, aber auch unerheblich, ob die Entstehung von Zweikernphenol-alkoholen aus einem primär gebildeten Methylendiphenol durch Formaldehyd-Anlagerung oder durch gegenseitige, allenfalls sogar unter Formaldehyd-Abspaltung verlaufende Kondensation von Phenolalkoholen erfolgt. Vermutlich ist letzteres der Fall. So ist die Bildung von Dioxydiphenylmethan-tetraalkoholen, welche bei der vorsichtig geleiteten Phenolalkohol-Bildung aus trifunktionellen Phenolen und überschüssigem Formaldehyd in stark alkalischer Lösung vielfach als Endprodukt auftreten, wahrscheinlich der auf S. 32 bereits formulierten Kondensation zweier Moleküle Phenoltrialkohol zuzuschreiben.

Gerade die Temperatursteigerung über Zimmertemperatur, die Anwendung von wesentlich geringeren als molaren Alkalimengen und die Senkung des Formaldehydanteils unter diejenige Menge, die theoretisch in Form von Methylolgruppen angelagert werden könnte, sind diejenigen Faktoren, welche die Bildung von harzigen Resolen begünstigen und die von kristallisierten Phenolalkoholen zurückdrängen oder sogar verhindern. Letztere würden bei der späteren Härtung übrigens ohnedies einen Teil des ursprünglich gebundenen Formaldehyds als solchen wieder abspalten. Um diese Menge von vornherein zu verringern, verzichtet man bei den technischen Resolen vielfach auf einen allzu hohen Methylolgehalt und beschränkt ihn auf das jeweils nötige Maß. Dies ist aber von dem jeweiligen Verwendungszweck der Resole abhängig.

1. Einfache Resole.

Vorsichtig kondensierte oder *einfache Resole*, wie sie hier genannt werden, setzen sich also aus verschiedenen ein- und zweikernigen Phenolalkoholen, vielfach auch noch aus Resten von unverändertem Phenol und Formaldehyd zusammen. Sie enthalten den Formaldehyd hauptsächlich gebunden als Methylolgruppen oder zum geringeren Teil als Methylenbrücken, sowie allenfalls noch in freier Form. Sofern aber gelegentlich der Aufarbeitung solcher Harze die Temperatur von 70—80° überschritten wird, tritt nach eigenen Beobachtungen (*145*) selbst in Gegenwart von Wasser oder sogar in wäßriger Lösung verhältnismäßig schnell gegenseitige Verätherung von Methylolgruppen zu Dimethylenätherbrücken ein, wodurch sich eine erhebliche Viskositätssteigerung bei dem Harz ergibt. Solche Produkte sind zwar in gewissem Sinn schon vorgehärtet, enthalten vielleicht auch, wie sich durch Bestimmung der Hydroxylzahl und der Methylolwerte feststellen läßt, keinen größeren Anteil an Methylolgruppen mehr. Trotzdem sind sie *reaktiv*, weil sie reaktionsfähige *Brückenbindungen* enthalten. Die Dimethylenätherbrücke kann zwar bei der weiteren Härtung des Harzes u. U. als solche bestehen bleiben, sie vermag sich aber auch bei Anwesenheit reaktionsfähiger Kern-Wasserstoffatome und bei Temperaturen von über 100° in *zwei* Methylenbrücken umzuwandeln, d. h. also ihren Wirkungsgrad zu verdoppeln. Auch mit reaktionsfähigen Fremdstoffen läßt sich die Dimethylenätherbrücke über 100° wie die Methylolgruppe selbst umsetzen.

Einfache Resole pflegen vor allem für solche Härtungsvorgänge eingesetzt zu werden, bei denen gleichzeitig eine Modifikation der Harze oder eine sonstige Reaktion mit Fremdstoffen stattfinden soll. Von solchen Harzen wird eine gesteigerte Reaktivität gefordert, die auf einem erhöhten Gehalt an reaktionsfähigen Gruppen und Brückenbindungen beruht. Dementsprechend werden die einfachen Resole meist mit einem verhältnismäßig hohen Formaldehydanteil, z. B. mit 1,5—2,0 Mol oder darüber je Mol Phenol hergestellt. Der Alkalizusatz kann etwa zwischen $^1/_{40}$ Mol (p_H = ca. 7) und einem ganzen Mol (p_H = ca. 12) liegen. Die Kondensationstemperatur schwankt bei den verschiedenen Verfahren, wie schon erwähnt, zwischen Zimmertemperatur und etwa 70°. Die Reaktionsdauer richtet sich natürlich neben der Reaktionsfähigkeit des betreffenden Phenols vor allem nach der sich durch die vorerwähnten Reaktionsbedingungen ergebenden Anlagerungsgeschwindigkeit des Formaldehyds.

2. *Hochkondensierte Resole.*

Bei zahlreichen Anwendungsformen von Resolen wird indessen keinerlei Modifikation oder sonstige Umsetzung von Methylolgruppen mit irgendwelchen Fremdstoffen beabsichtigt, vielmehr sollen die Resole bei der Härtung möglichst schnell und nur unter geringer Abspaltung von flüchtigen Bestandteilen (Wasser, Formaldehyd) in ihre Endform übergehen. Für solche Zwecke wählt man Harze, die schon ziemlich weit kondensiert und deshalb höhermolekular sind, und die infolgedessen mit Hilfe von verhältnismäßig wenig härtbaren Gruppen und Brücken zur Resitform härten können. Solche Harze, bei denen der Anteil an Methylenbrücken im Vergleich zu dem Gehalt an härtbaren Gruppen und Brückenbindungen hoch ist, sollen hier als ***hochkondensierte Resole*** bezeichnet werden. Ihr Aufbau nähert sich in gewisser Beziehung den Novolaken, von denen sie sich jedoch durch einen mehr oder minder hohen Gehalt an Methylolgruppen und Dimethylenätherbrücken unterscheiden. Die Bildung solcher Resole erfordert dementsprechend derbere Bedingungen als diejenige von einfachen Resolen, vor allem höhere Reaktionstemperaturen. Hochkondensierte Resole pflegen deshalb zwischen 70° und 100° hergestellt zu werden, wobei der Alkalizusatz, wie BAEKELAND (*310*) schon erkannte, zweckmäßig $^1/_5$ der molaren Phenolmenge nicht überschreiten soll. Unter solchen Reaktionsbedingungen geht die Kondensation zwischen Phenol und Formaldehyd wesentlich über die Bildung von Ein- und Zweikernphenol-alkoholen hinaus, da die primär entstehenden Methylolgruppen in dem alkalischen Medium z. T. wieder unter Methylenbrücken-Bildung weiterreagieren.

Zweckmäßig führt man die Herstellung hochkondensierter Resole mit weniger Formaldehyd durch als diejenige von einfachen Resolen. Erstens erfordert die Bildung von Resiten in Fällen, in denen wie hier die Harzbildung vor allem durch Methylenbrücken zustande kommt, an sich nur einen Formaldehydaufwand von wenig mehr als 1 Mol Formaldehyd auf 1 Mol Phenol; zweitens soll das Harz ja nicht zu reaktiv werden, sondern gerade nur so viele härtbare Gruppen und Brückenbindungen enthalten, als zu seiner Überführung in den Resitzustand erforderlich sind. Zur Herstellung hochkondensierter Resole geht man deshalb von einer etwa zwischen 1,0 und 1,5 Mol liegenden Formaldehydmenge aus. Natürlich kann man auch so verfahren, daß man zuerst mit einem Unterschuß an Formaldehyd in siedender saurer oder alkalischer Lösung einen Novolak bzw. ein novolakartiges Harz herstellt und dieses anschließend durch Zusatz von weiterem Formaldehyd in alkalischem Medium zu einem hochkondensierten Resol verarbeitet.

3. *Ammoniak-Resole.*

Eine sehr gebräuchliche Arbeitsweise zur Herstellung von Resolen besteht in der durch Ammoniak herbeigeführten Phenol-Formaldehyd-Kondensation. Bisher glaubte man vielfach noch, daß diese hierbei in gleichartiger Weise wie bei der Verwendung von Alkalien oder Erdalkalien über eine primäre Phenolalkohol-Bildung zustande käme. Durch die Untersuchungen von HULTZSCH (*69*) weiß man aber jetzt, daß Ammoniak kein Kondensationsmittel schlechthin und erst recht kein „Katalysator" ist, sondern daß es als Reaktionskomponente selbst am Phenolharz-Aufbau beteiligt ist; deshalb sind auch die unter seiner Beteiligung entstandenen Resole stickstoffhaltig.

Die Härtbarkeit stickstoffhaltiger Phenolharze beruht zum Teil auf der Umwandelbarkeit der Methylenaminbrücken. Sowohl der Übergang von Dimethylenaminbrücken in Trimethylenamin-Verknüpfungen, der sich beim Erhitzen der stickstoffhaltigen Phenolharze allmählich vollzieht, als auch die zu Methylendiphenolen führende Reaktion der Oxybenzylaminbasen mit Phenolharz-Anteilen, die noch freie Kern-Wasserstoffatome enthalten, entsprechen einer Erhöhung des Wirkungsgrades des Formaldehyds als Brückenbildner (vgl. S. 103f.) und stellen deshalb Härtungsreaktionen dar.

Indessen pflegen die zur Resolbildung verwendeten Ammoniakmengen nicht derart hoch zu sein, daß mit ihrer Hilfe eine völlige Umsetzung des Phenols und Formaldehyds zu Oxybenzylaminbasen erreicht würde. Dafür wären nämlich theoretisch ein drittel bis ein halbes Mol Ammoniak auf ein Mol Formaldehyd nötig, je nachdem man Trimethylenamin-Verknüpfungen oder Dimethylenaminbrücken in Rechnung setzt. Tatsächlich wird praktisch aber nur ein Bruchteil hiervon verwendet. Meist nimmt man weniger als 5%, manchmal sogar unter 1% des Phenolgewichts an konzentrierter (ca. 25%iger) Ammoniaklösung. Aber auch in diesem Falle beteiligt sich der Hauptanteil des Phenols und Formaldehyds allmählich an der Resolbildung, wobei diese Komponenten jedoch nur nach Maßgabe des sich ergebenden p_H bzw. durch die Kondensationswirkung der schwachen Oxybenzylaminbasen miteinander reagieren und in üblicher Weise Methylolgruppen und gegebenenfalls Dimethylenätherbrücken sowie Methylenbrücken bilden. Dabei wird der stickstofffreie Resolanteil wohl in den meisten Fällen einem hochkondensierten Resol entsprechen. Denn erstens ist das p_H bei der Ammoniak-Kondensation verhältnismäßig niedrig, und zweitens müssen die Reaktionsbedingungen im Hinblick auf das schwache Kondensationsmittel ziemlich derb, d. h. die Reaktionstemperatur hoch und die Reaktionszeit nicht zu kurz sein. Durch alle diese Maßnahmen wird die Methylenbrücken-Bildung gegenüber der Entstehung bzw. Erhaltung von Methylolgruppen beträchtlich gefördert.

Durch die sofortige Umsetzung des zur Resolherstellung verwendeten Ammoniaks mit Formaldehyd zu Hexamethylentetramin wird die alkalische Wirkung des Ammoniaks weitgehend ausgeschaltet. Andererseits wird dadurch auch ein Teil des schwach sauer wirkenden Formaldehyds neutralisiert. Infolge des Überschusses an Formaldehyd und des ebenfalls schwach sauer wirkenden Phenols liegt das p_H der Reaktionsmischung deshalb meist im schwach sauren Bereich, d. h. etwa zwischen 5 und 7. Mit fortschreitender Kondensation steigt es etwas an, offenbar durch den Verbrauch von Formaldehyd.

Der Vorteil der *Ammoniak-Resole*, wie diese Art von stickstoffhaltigen Resolen genannt werden soll, liegt vor allem darin, daß bei ihrer Aufarbeitung keine Neutralisation bzw. Abtrennung des Kondensationsmittels nötig ist. Dies bedeutet eine wesentliche Arbeitsvereinfachung gegenüber den mit Alkalien kondensierten Harzen, bei denen das Harz nach der Neutralisation z. T. sogar noch ausgewaschen werden muß, wenn ein aschefreies Produkt erhalten werden soll. Außerdem pflegen die Ammoniak-Resole feste Harze darzustellen, die sich natürlich leichter handhaben lassen als die zähflüssigen und klebrigen Produkte, wie sie vielfach in den hochkondensierten und fast regelmäßig in den einfachen Resolen vorliegen.

Zu den Ammoniak-Resolen kann man auch noch stickstoffhaltige Resole rechnen, wie sie bei der Anwendung von primären und sekundären organischen Basen als Kondensationsmittel erhalten werden. Auch bei ihnen handelt es sich praktisch um hochkondensierte Resole, bei denen das Kondensationsmittel chemisch dem Harz einverleibt wird, ohne darin irgendwie zu stören. Tertiäre Basen werden dagegen nicht ohne weiteres an das Phenolharz chemisch gebunden. Sie spielen also wie die starken Alkalien tatsächlich nur die Rolle eines „Hilfsstoffes“ bei der Kondensation.

4. *Resol-Sondergruppen.*

Bei den bisher besprochenen Resolarten gibt es einige Sondergruppen, von denen die wichtigsten hier in einem gemeinsamen Rahmen Erwähnung finden sollen.

Eine Untergruppe der einfachen Resole sind die sogenannten *Alkylphenolharze.* Bei ihnen handelt es sich um Resole aus Phenolen, die im Kern einen Alkyl-, Aryl- oder Aralkylrest von mehr als 3 Kohlenstoffatomen aufweisen. Diese Substituenten verleihen den daraus hergestellten Harzprodukten, über die TURKINGTON und ALLEN (*311*) eine Übersicht gegeben haben, eine meist ausgezeichnete Löslichkeit in fast allen organischen Lösungsmitteln, besonders aber auch die Verträglichkeit mit neutralen fetten Ölen und Harzen. Deshalb können sich Resole aus solchen Alkylphenolen sehr gut mit ungesättigten Ölen und Harzen im Sinne der Chromanbildung (vgl. S. 161 ff.) umsetzen, wovon später noch die Rede sein wird.

Technisch gebräuchlich ist praktisch nur die Verwendung von Harzen aus Alkylphenolen, welche die Substituenten in ortho- bzw. para-Stellung zur phenolischen Hydroxylgruppe enthalten, also bifunktionell sind, und die einen hohen Gehalt an härtbaren Gruppen und Brückenbindungen aufweisen. Deshalb nimmt man nach HÖNEL (*312*) zu ihrer Herstellung viel Formaldehyd (etwa 2 Mol) und kondensiert mit molaren oder annähernd molaren Alkalimengen bei Zimmertemperatur oder mäßiger Wärme. Bei der Aufarbeitung können solche Harze bis zu springharten Harzen vorgehärtet werden, ohne hierbei viel von ihrer Reaktivität zu verlieren. Die ursprünglich angelagerten Methylolgruppen wandeln sich nämlich infolge des Fehlens reaktionsfähiger Kern-Wasserstoffatome vornehmlich in die ebenfalls noch reaktiven Dimethylenätherbrücken um [HÖNEL (*52*)], wobei sich bei den mit großen Substituenten belasteten Alkylphenolen erfahrungsgemäß die Formaldehyd-Abspaltung ziemlich unterdrücken läßt [vgl. auch die Untersuchungen von CHARLTON u. PERRINS (*312a*)].

Die Löslichkeit und Verträglichkeit von Resolen mit Kohlenwasserstoffen, fetten Ölen und Neutralharzen, die besonders für die Industrie der Lackharze von größter Bedeutung ist, läßt sich indessen auch bei einfachen Resolen trifunktioneller Phenole nachträglich erzielen, indem man einen Teil ihrer Methylolgruppen in Substituenten mit mehreren Kohlenstoffatomen umwandelt. Eine solche Modifikation kann z. B. nach einem von GRETH (*175*) entwickelten Verfahren durch Verätherung von Methylolgruppen mit entsprechenden Alkoholen oder auch durch Veresterung mit Carbonsäuren erfolgen; beide Vorgänge erfolgen in vielen Fällen schon sehr leicht beim gemeinsamen Erhitzen. Vor allem Alkoxymethylgruppen enthaltende Resole haben in den kohlenwasserstofflöslichen *plastifizierten härtbaren Phenolharzen* eine erhebliche technische Wichtigkeit erlangt. Im Gegensatz zu den Alkylphenolharzen handelt es sich bei ihnen jedoch um Resole aus *tri*funktionellen Phenolen mit einem entsprechend höheren Wirkungsgrad. Sie können demgemäß auch bis zur Resitstufe härten; denn die durch die Modifikation gebildeten Alkoxymethyl- und Acyloxymethylgruppen sind im Vergleich zur Methylolgruppe zwar reaktionsträger, aber immerhin noch reaktiv. Sie vermitteln zuerst die Verträglichkeit mit einem Fremdstoff, um sich später bei der Härtung vielfach mit ihm umzusetzen (vgl. S. 44).

Eine weitere Untergruppe von Resolen ergibt sich durch die teilweise oder vollständige Verätherung der *phenolischen* Hydroxylgruppen nach erfolgter Resolbildung. Hierdurch wird zwar einerseits die Löslichkeit in Kohlenwasserstoffen, fetten Ölen und Neutralharzen, ferner die Alkalifestigkeit und die Lichtbeständigkeit solcher Harze wesentlich erhöht, andererseits ihre Härtbarkeit stark herabgesetzt. Die auf einer gegenseitigen Verätherung der Methylolgruppen beruhende Härtung kann in diesem Fall nicht mehr über Chinonmethid-Zwischenprodukte verlaufen und erfordert daher außer einer hohen Härtungstemperatur noch die Anwesenheit eines sauer wirkenden Katalysators. Im Gegensatz zu den methylolverätherten Resolen ist die technische Anwendung solcher phenolverätherter Resole sehr beschränkt. Sie spielt ebenfalls nur in der Lackharzindustrie eine gewisse Rolle.

b) Indirekt härtende Phenolharze (Novolak-Hexamethylentetramin-Produkte u. a.).

Zur Herstellung von gehärteten Phenolharzen ist es nicht unbedingt nötig, von eigenhärtenden Produkten auszugehen. Man kann eine Härtung auch dadurch herbeiführen, daß man eine weitere, Formaldehyd in reaktionsfähiger Form enthaltende Verbindung mit Phenolharzen bzw. Phenol-Grundstoffen zur Umsetzung bringt. Hierdurch tritt allerdings eine Mischkondensation ein, durch welche aber ebenfalls wieder eine Vernetzung der Phenolkerne durch Bindeglieder erzielt wird. Vorbedingung hierzu ist jedoch, daß der Phenolharz-Anteil noch über genügend reaktionsfähige Wasserstoffatome in den Kernen verfügt und die phenolischen Hydroxylgruppen frei vorhanden sind. Für die andere Reaktionskomponente, das Härtungsmittel, ist eine entsprechend hohe Reaktionsfreudigkeit erforderlich. Am schönsten ist diese Voraussetzung beim Hexamethylentetramin gegeben, welches gewissermaßen nur aus direkt einbaufähigen Brückenbindungen besteht, die lediglich locker durch ein zentrales NH_3-Molekül zusammengehalten werden. Seine Umsetzung mit Phenolharzen verändert deshalb den typischen Phenolharz-Charakter am wenigsten, so daß man sich bei der indirekten Härtung von Phenolharzen in erster Linie dieses Härtungsmittels bedient.

Man ist insofern durchaus berechtigt, ein Gemisch aus niedermolekularen bzw. unvernetzten Phenolharz-Anteilen und Hexamethylentetramin als „härtbares Harz" anzusprechen, als diese Base mit phenolischen Verbindungen außerordentlich beständige Molekülverbindungen bildet, die wenn sie auch keine Hauptvalenzbindungen enthalten, durch Wasserstoffbrücken doch bereits eine gewisse Einheit zwischen dem Phenolharz-Anteil und dem Härtungsmittel herbeiführen. Die Tatsache des Bestehens der Phenol-Hexamethylentetramin-Additionsverbindungen (vgl. S. 95), die wie das Hexamethylentetramin-triphenol z. T. sehr gut kristallisieren, ist natürlich von jeher mit der später noch zu besprechenden *Hexa-Härtung* in Verbindung gebracht worden. Sie ist indessen höchstens als eine Vorstufe zu der eigentlichen Härtungsreaktion zu werten, die deren Eintritt vermutlich erleichtern wird. Übrigens gehen auch andere Amine mit Phenolen z. T. sehr stabile Molekülverbindungen ein.

Infolge des verhältnismäßig hohen Preises von Hexamethylentetramin im Vergleich zu Formaldehyd beschränkt man seine Anwendung meist auf das technisch notwendigste Maß, d. h. man kondensiert den Phenolharzanteil weitgehend mit Formaldehyd vor und führt erst die letzte, zum Resit führende Härtungsstufe mit Hexamethylentetramin durch. Als Phenolharz-Komponenten werden üblicherweise Novolake verwendet, die natürlich noch genügend reaktionsfähige Kern-Wasserstoffatome enthalten und deshalb zumindest teilweise aus trifunktionellen Phenolen aufgebaut sein müssen. Aus solchen Harzen entstehen durch Beimischung von etwa 10—15% Hexamethylentetramin Massen, die bis zur Resitstufe härten können. Sie werden fast ausschließlich zur Herstellung von Preßmassen verwendet (vgl. S. 146ff.).

III. Die Härtung von Phenolharzen.

Eine der technologisch wichtigsten und zugleich interessantesten Eigenschaften der Phenolharze ist zweifellos ihre Härtbarkeit. Sie gestattet die stufenweise Durchführung der Harzbildung, so daß die besonders wichtige Endphase des Verharzungsprozesses, der Übergang in das Resitstadium, gleichzeitig mit einer plastischen Verformung vorgenommen werden kann. Man bezeichnet deshalb derartige Produkte auch als *Phenoplaste*. In dieser Beziehung besteht ein grundsätzlicher Unterschied zwischen derartigen Stoffen und den Polymerisationsprodukten, bei denen die Molekülvergrößerung in der Regel in einem Zug von Anfang bis zum Ende abläuft.

Die Härtbarkeit ist indessen nicht auf die Phenolharze beschränkt; man findet sie auch noch bei einer Reihe anderer Kunstharze, vor allem den *Aminoplasten*. Ihre Ursache ist, wie im vorangehenden näher dargelegt wurde, wohl darin zu sehen, daß bei den Formaldehyd-Kondensationsprodukten gewisser sauerstoff- oder stickstoffhaltiger Verbindungen die während der Harzbildung auftretenden reaktionsfähigen Gruppen und Brückenbindungen durch intramolekulare *Protonbrücken* eine reversible *Stabilisierung* erfahren können. Bei den Phenol-Formaldehyd-Harzen erfolgt diese Stabilisierung vornehmlich bei den in der ortho-Stellung zur phenolischen Hydroxylgruppe sich ergebenden sauerstoff- und stickstoffhaltigen Gruppen und Brücken, also bei der Methylolgruppe und ihren Derivaten, ferner der Dimethylenätherbrücke und gegebenenfalls der Dimethylenaminbrücke sowie der Trimethylenamin-Verknüpfung. Durch eine progressive Steigerung der Härtungstemperatur oder durch den Zusatz starker Säure läßt sich diese Art der Stabilisierung wieder rückgängig machen, wodurch der Ablauf der Kondensationsvorgänge seine Fortsetzung findet, d. h. die *Härtung* eintritt bzw. weiterschreitet. Bei der Phenolharz-Härtung vereinigen sich nun mit Ausnahme der Phenolalkohol-Bildung mehr oder weniger alle bisher besprochenen Einzelreaktionen.

Im folgenden wird versucht, den gleichzeitigen und aufeinanderfolgenden Ablauf der Härtungsreaktionen als Ganzes darzustellen, da das Charakteristische der Phenolharz-Härtung auf diese Weise wohl am deutlichsten zutage tritt, selbst wenn die sich jeweils ergebenden Härtungsprodukte recht mannigfaltig erscheinen mögen. Deren Vielfalt ist nämlich letzten Endes nur auf graduelle Unterschiede der Ausgangsstoffe und der Reaktionsführung zurückzuführen. Um diese Momente möglichst klar herausarbeiten zu können, ist es nötig, hier einige im Zusammenhang mit den härtbaren Phenolharzen häufiger gebrauchte Begriffe zu erörtern.

a) Grundbegriffe der Härtung.

Unter einer *Härtung* von Harzen versteht man im ursprünglichen und allgemeinen Sinn zunächst eine durch irgendwelche chemischen oder physikalischen Vorgänge bewirkte Änderung ihrer physikalischen Eigenschaften, und zwar den Übergang in eine höher schmelzende und damit gleichzeitig viskosere Form, womit in der Regel auch eine Verminderung der Löslichkeit in organischen Lösungsmitteln oder sonstigen Medien verbunden ist. Die durch „Tempern" z. B. bei Polymerisaten bewirkte Härtung sowie die bei sauren Naturharzen durch Luftoxydation oder durch Zuschmelzen von Kalk oder Zinkoxyd herbeigeführte Schmelzpunktserhöhung und Verdickung sind Beispiele dafür. Bei einer Reihe von Polykondensationsharzen jedoch, vor allem den Pheno- und Aminoplasten, pflegt man in den Begriff des Härtens nicht nur die äußerlich wahrnehmbaren Veränderungen, sondern im allgemeinen auch deren Ursache mit einzuschließen, nämlich den Ablauf von Kondensationsvorgängen, wie sie bei eigenhärtenden Harzen durch die Einwirkung von Wärme oder Katalysatoren und bei indirekt härtenden Produkten durch Härtungsmittel in der Wärme ausgelöst werden. Der Härtung von Polykondensationsharzen stehen eine Reihe von Prozessen nahe, die zu einem ähnlichen Effekt führen, sich jedoch auf dem Wege einer Polyaddition vollziehen, indem sie bei gewissen ungesättigten oder sonst irgendwie reaktionsbereiten Stoffen eine Vernetzung bewirken. Hierzu gehören z. B. Vulkanisationsprozesse und das Polyadditionsverfahren mit Diisocyanaten[1].

Vielfach wird mit dem Ausdruck „Härtung" sogar der Begriff des Unlöslich- und Unschmelzbarwerdens verknüpft, weil eben die technischen Phenolharze wie auch die Aminoplaste diese Eigenschaft in so auffallendem Maße zeigen. Bei dem heutigen Stand der Phenolharzchemie erscheint indessen diese weitgehende Auslegung des Begriffes der „Härtung" nicht gerechtfertigt, da es ja auch technisch gebräuchliche härtbare Harze gibt, die nicht bis zum Resitzustand härten können. Tatsächlich sind alle Phenol-Formaldehyd-Produkte härtbar, die infolge von chemisch eingebauten reaktiven Atomgruppen oder auch eines zugemischten Härtungsmittels lediglich durch Erhitzen weiterkondensieren und dabei härter und viskoser werden, ganz unabhängig davon, bei welcher Temperatur und mit welcher Geschwindigkeit dies der Fall ist und welcher Harzzustand dabei schließlich erreicht wird. Härtbar

---

[1] Ausführlich bei O. Bayer (*313*); vgl. auch Lieser und Macura (*314*) sowie Scheiber (*314*).

sind also alle Phenolalkohole, und zwar die aus mono- wie aus polyfunktionellen Phenolen, sowie die daraus aufgebauten Resole. Härtbar sind weiterhin auch die durch Veräthern oder Verestern der Methylolgruppen abgewandelten Resole sowie schließlich die Resitole, kurz alle Produkte, die bei vorzeitigem Abbruch der Kondensationsprozesse erhalten werden.

Der Harzzustand, bis zu welchem Phenolalkohole oder die daraus aufgebauten Phenolharze im günstigsten Fall härten können, ergibt sich abgesehen von der zur Kondensation verwendeten Formaldehydmenge in erster Linie daraus, ob das zugrundeliegende Phenol mono-, bi- oder tri- bzw. tetra-funktionell ist (vgl. S. 18f). Allerdings spielt auch die Art der in diesen Phenolen allenfalls enthaltenen Substituenten eine wichtige Rolle, indem sie zu erheblichen graduellen Schwankungen im Charakter der gebildeten Endprodukte Anlaß geben können (vgl. S. 109). Grundsätzlich kann man jedoch sagen, daß die Phenolalkohole aus monofunktionellen Phenolen stets nur bis zu einem novolakartigen Zustand härten können, da ihre Härtungsprodukte löslich und schmelzbar sind und bleiben. Resole aus bifunktionellen Phenolen vermögen ferner in einen resitol- oder resit*artigen* Zustand überzugehen, und nur härtbare Harze aus trifunktionellen Phenolen oder aus tetrafunktionellen ein- oder zweikernigen Bisphenolen sind einer wirklichen Resitbildung fähig (vgl. Schema auf S. 111).

Phenole, die wegen ihrer drei oder vier Reaktionsstellen im Kern in Verbindung mit der dazu nötigen Menge Formaldehyd Resite ergeben können, bezeichnet man als *hochaktiv.* Auch die aus solchen Grundphenolen aufgebauten Harze sind natürlich hochaktiv, z. B. die entsprechenden Novolake, da diese mit Hexamethylentetramin bis zur Resitstufe gehärtet werden können. Nicht zu verwechseln mit dem Begriff „hochaktiv" ist der Ausdruck *hochreaktiv.* Unter der Reaktivität versteht man nämlich den Grad der Reaktionsfähigkeit und Labilität, den die einzelnen härtbaren Gruppen und Brückenbindungen aufweisen. Dieser hängt wieder von der konstitutionell bedingten Kondensationsneigung des Grundphenols (vgl. S. 17) und der Stärke der Stabilisierung ab, welche die einzelnen härtbaren Molekülteile durch intramolekulare Protonbrücken erfahren. Gleichermaßen kann man auch die Reaktivität der Harze selbst charakterisieren, die sich aus der Reaktionsneigung *und* aus der Menge der eingebauten labilen Gruppen ergibt. So pflegt man zwischen nichtreaktiven, schwachreaktiven und hochreaktiven Phenolharzen zu unterscheiden, wobei man unter den letzteren solche Harze zu verstehen hat, die aus reaktionsfreudigen Phenolen unter schonenden Bedingungen mit verhältnismäßig viel Formaldehyd zu Resolen kondensiert wurden, und die deshalb mehr härtbare Gruppen aufweisen als formaldehydärmere oder teilweise schon gehärtete Produkte. Mit dem Wort *Ölreaktivität* schließlich verbindet man, wie später noch ausgeführt wird, einen besonderen anwendungstechnischen Begriff, nämlich die Eigenschaft von härtbaren Phenolharzen, mit ungesättigten Stoffen, z. B. fetten Ölen, bei hohen Härtungstemperaturen Mischkondensationsprodukte ergeben zu können. Während die Reaktivität also ein Maß für die Reaktionsfähigkeit der durch den *Formaldehyd* eingebrachten Atomgruppen darstellt, die diese im Verein mit den Grundphenolen erlangen, bezieht sich der Ausdruck „hochaktiv" nur auf letztere allein.

In diesem Zusammenhang sei auch auf die englische Nomenklatur verwiesen. Dort unterscheidet man zwischen „thermoplasts" und „thermosetting resins", wobei die erste Gruppe die nichthärtenden, in der Hitze erweichenden oder schmelzenden Produkte umfaßt, während man unter den „thermosetting resins" alle diejenigen Harze versteht, die bis zu einem unlöslichen und unschmelzbaren Zustand härten können.

Ein im Zusammenhang mit Phenolharzen häufig zu Unrecht gebrauchter Begriff liegt in dem Wort *Aushärtung*. Dieses soll eigentlich zum Ausdruck bringen, daß bei einem härtbaren Harz der Ablauf *aller* Härtungsreaktionen erreicht ist. Tatsächlich finden diese aber, wie noch eingehender gezeigt werden wird, bei der Hitzehärtung von Resolen gar kein richtiges Ende. Sie gehen vielmehr allmählich in Umwandlungsreaktionen und schließlich sogar in einen thermischen Abbau der Harze über, ohne daß sich in dieser Reaktionsfolge irgendwo eine einigermaßen scharfe Grenze festlegen ließe. Nur bei säuregehärteten Phenolharzen kann man insofern tatsächlich von einer „Aushärtung" sprechen, als die lediglich mittels Methylenbrücken aufgebauten Produkte keine Umwandlungsreaktionen mehr erleiden und praktisch deshalb eine Endform darstellen.

Es gibt aber im Verlauf der Hitzehärtung einen Härtungszustand, in dem alle Methylolgruppen bzw. das gesamte Hexamethylentetramin in Brückenbindungen umgewandelt sind und ein Maximum in bezug auf die erzielbare Molekülgröße und Vernetzung erreicht ist. Diesen Zustand kann man nach HULTZSCH (*82*) als *Vollhärtung* bezeichnen. Für viele Zwecke wird dies der optimale Grad der Härtung sein, doch kann in anderen Fällen auch ein mehr oder weniger weiter Übergang in das Stadium der Umwandlungsreaktionen erwünscht sein, wodurch sich auch wieder besondere Effekte ergeben können. Zur Kennzeichnung solcher Harze, die also *über* die Vollhärtung hinaus gehärtet sind, wurde jetzt der Ausdruck *Überhärtung* geprägt, womit aber natürlich kein Werturteil für derartige Produkte verbunden sein soll.

Durch die Einbeziehung all dieser Begriffe und die damit getroffenen Unterteilungen soll eine einprägsame Vorstellung von den verschiedenen Härtungsmöglichkeiten vermittelt werden. Diese selbst sowie die Art der dabei gebildeten Produkte sind in dem Schema auf S. 130 zusammengefaßt und werden nun anschließend eingehend erörtert.

b) Die Hitzehärtung von Resolen.

Die einzelnen Reaktionen, welche der lediglich durch Wärmeeinwirkung hervorgerufenen Polykondensation von härtbaren Phenolharzen, der sog. Hitzehärtung, zu Grunde liegen, wurden bereits eingehend beschrieben. Nunmehr soll gezeigt werden, wie diese Vorgänge bei eigenhärtenden Produkten nebeneinander und nacheinander ablaufen, bis sie schließlich in die Abbaureaktionen hinüberleiten.

Härtung von Phenol-Formaldehydharzen

Sammelbegriff für Kondensationsreaktionen, die von härtbaren Phenolharzen ihren Ausgang nehmen und bei denen Phenolkerne miteinander verknüpft bzw. vernetzt werden

↓ ↓

Eigenhärtung
Bei Phenolsubstanzen mit chemisch eingebauten härtbaren Gruppen, vornehmlich Methylolgruppen, durch Einwirkung von Wärme oder Kondensationsmitteln

Indirekte Härtung
Zwischen Phenolen bzw. Novolaken und Härtungsmitteln (z. B. Hexamethylentetramin) in der Hitze. Das Härtungsmittel liefert die zur Vernetzung dienenden Brückenbindungen

↓ ↓

Säurehärtung
Durch Einwirkung starker Säuren (Härter) auf eigenhärtende Harze, gegebenenfalls auch bei Zimmertemperatur. Der Härter wirkt nur als Kondensationsmittel

↓

Aushärtung
Endstadium nach Übergang aller härtbaren Gruppen in praktisch stabile Methylenbrücken. Kennzeichen: verhältnismäßig einfacher Aufbau der Endprodukte

Hitzehärtung
Durch Erhitzen von eigenhärtenden oder indirekt härtenden Harzen unter Durchschreiten mehrerer ineinander übergehender Phasen

↓

a) *Vollhärtung*
Vollzieht sich im Temperaturbereich bis etwa 180° durch Übergang aller härtbaren Gruppen bzw. des Härtungsmittels in Brückenbindungen, die z. T. noch thermolabil sind

↓

b) *Überhärtung*
Bei Temperaturen von etwa 180—200° und darüber durch Umwandlungsreaktionen der thermolabilen Brückenbindungen. Allmählicher Übergang in die Vercrackung. Kennzeichen: vielseitige Aufbaumöglichkeiten der Endprodukte

Schema der verschiedenen Arten der Phenolharz-Härtung und der Härtungszustände.

Äußerlich sind diese Vorgänge außer in einer Verfestigung der ganzen Harzmasse durch das Entweichen von Wasser und Formaldehyd, sowie in höheren Temperaturgebieten, etwa von 170—200⁰ an, durch eine sich immer mehr vertiefende Braunfärbung der Härtungsprodukte erkennbar. Die Mengen des abgespaltenen Wassers und Formaldehyds sind von Fall zu Fall verschieden. Sie sind nicht nur von der chemischen Zusammensetzung der Resole und von der Härtungstemperatur, sondern sogar, auch von der Art des Erhitzens abhängig. Die gegenseitige Überschneidung verschiedener Vorgänge erschwert natürlich eine einheitliche Beschreibung der Hitzehärtung, zumal die einzelnen Reaktionen je nach der konstitutionellen Eigenart der Phenol-Grundstoffe starken Schwankungen unterworfen sein können.

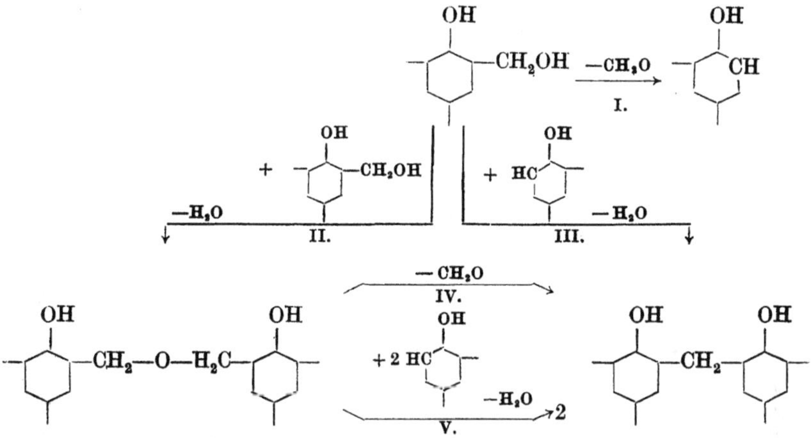

Schematische Darstellung der Vorgänge in der ersten Phase der Hitzehärtung von Resolen.

Die Härtungsvorgänge nehmen bei den eigenhärtenden Harzen ihren Ausgang von den Phenolalkoholen. Diese spalten beim Erhitzen nach Aufhebung der durch Protonbrücken bewirkten Stabilisierung entweder wieder Formaldehyd ab und gehen dabei in methylolärmere, gegebenenfalls sogar methylolfreie Phenole über (I), oder sie kondensieren mit Phenolen, die noch freie Kern-Wasserstoffatome besitzen, zu Diphenylolmethan-Verbindungen (III) bzw. mit weiteren Phenolalkoholen zu Dioxydibenzyläthern (II). Letztere können als solche zum Teil bestehen bleiben oder bei weiterer Temperaturerhöhung ebenfalls Formaldehyd abspalten (vgl. S. 42f.), um sich dabei wiederum in Diphenylolmethan-Verbindungen umzuwandeln (IV). Diese entstehen aber auch wie aus den Phenolalkoholen selbst durch Kondensation der Äther mit Phenolen (V). Durch diese fünf Vorgänge wird im wesentlichen die *erste Phase* des Härtungsprozesses verkörpert, welche den eigentlichen Molekülaufbau herbeiführt.

Das Gesamtergebnis dieser Vorgänge besteht also in der Ausbildung von Dimethylenäther- und Methylenbrücken und der dadurch bewirkten Molekülvergrößerung und -vernetzung sowie in der Abspaltung von Wasser und Formaldehyd als flüchtige Produkte. Das gegenseitige Verhältnis sowohl zwischen den beiden flüchtigen Abspaltungsprodukten als auch zwischen den ausgebildeten Brückenbindungen verschiebt sich mit der jeweiligen Bevorzugung oder Benachteiligung der einzelnen Reaktionen I—V. So bringt z. B. ein hoher Gehalt an Methylolgruppen in sehr reaktionsfähigen Phenolen eine verstärkte Abspaltung von Formaldehyd nach I mit sich. Ein großes Angebot von freien oder durch Reaktion I freiwerdenden ortho- und para-Kern-Wasserstoffatomen führt zu einer Bevorzugung der Reaktionen III und V. Hoher Methylolgehalt und eine verhältnismäßig geringe Anzahl freier Reaktionsstellen in den Phenolkernen ergibt besonders bei reaktionsträgereren Phenolen vor allem Ätherbildung nach II. Auch die Stabilität der Ätherbrücken und im Zusammenhang damit der Eintritt der Reaktionen IV und V hängt von den konstitutionellen Verhältnissen ab (vgl. S. 46ff.), abgesehen davon, daß gerade diese Reaktionen erst bei genügend hoher Härtungstemperatur und entsprechend langer Härtungsdauer stattfinden.

Das obige Schema könnte den Eindruck erwecken, als ob die Mehrzahl der Reaktionen auf jeden Fall zur Bildung von Methylenbrücken hindrängt und die Dimethylenätherbrücken dabei nur eine Übergangsform darstellen würden. Tatsächlich ist dies aber nicht der Fall. Lediglich die *Möglichkeiten* zur Methylenbrücken-Bildung sind zahlreicher und verschiedenartiger, aber sonst besteht bei Abwesenheit von Kondensationsmitteln, also im neutralen Bereich, eine offensichtlich ausgeprägte Neigung zur Ausbildung von Dimethylenätherbrücken. Zahlenmäßig ließen sich allerdings bisher solche Angaben mangels entsprechender analytischer Bestimmungsmethoden noch nicht belegen.

Die erste Phase der Härtungsreaktionen kann man als beendet ansehen, sobald die Methylolgruppen weitgehend oder völlig verschwunden sind, d. h. das Stadium der Vollhärtung erreicht ist. In der Regel ist dies bei 150—180° in kurzer Zeit, jedenfalls in weniger als einer Stunde, oft sogar schon in wenigen Minuten der Fall. Dabei ist neben der Höhe der Härtungstemperatur und der Länge der Härtungszeit der konstitutionell bedingte Grad der Härtbarkeit des betreffenden Harzes ein maßgebender Faktor. Leichthärtende Harze können auch schon unter 100° im Verlauf von Stunden bis wenigen Tagen ohne weiteres bis zur Resitform härten. Viele Resole sind sogar nicht einmal bei Zimmertemperatur lagerfähig, sondern härten auch unter diesen Umständen im Laufe von Monaten und Jahren allmählich bis zur Resitform. Weniger reaktive Harze erfordern derbere Bedingungen, z. B. Temperaturen von etwa 140—180° bei einer Härtungsdauer von 1—2 Stunden.

An diese Phase der Härtung schließen sich bei noch höheren Temperaturen, aber ohne eine scharfe Grenze, weitere Reaktionen an, die im wesentlichen von den Dioxydibenzyläthern ihren Ausgang nehmen. Diese stellen ja keine völlig beständigen Härtungsprodukte dar, sondern spalten sich bei entsprechend hoher Temperatur wieder in Chinonmethid-Zwischenprodukte und Phenolalkohole, welche aber ihrerseits in diesem Temperaturbereich Oxydo-Reduktionsprozessen verfallen und deshalb die dafür kennzeichnenden Gruppen und Brückenbindungen liefern. Einige von diesen sind in den Härtungsprodukten nachweisbar, beispielsweise cyclische Chinoläther, auf die man nach HULTZSCH (*159*) durch ein Absinken der Hydroxylzahlwerte der bei hohen Härtungstemperaturen gehärteten Harze schließen kann. Weiterhin sind darin Formyl-Endgruppen (—CHO) verhältnismäßig einfach zu bestimmen [HULTZSCH (*243*)]. Zweifellos werden in dieser Härtungsphase aber auch Äthylenbrücken (—CH_2—CH_2—) und neue Methyl-Endgruppen (—CH_3) gebildet, die man auf chemischem Wege indessen wohl kaum in den gehärteten Harzen nachweisen kann. Ferner erscheint das Auftreten von Vinylenbrücken (—CH=CH—) und Dimethinbrücken (=CH—CH=) durchaus möglich. Rein äußerlich kündigt sich die zweite Härtungsphase jedenfalls durch eine kräftige Braunfärbung der Harze an. Wasser und Formaldehyd pflegen in diesem Härtungsstadium nur mehr in sehr geringer Menge oder sogar überhaupt nicht mehr zu entweichen.

Für die Härtung technischer Resole stehen wahrscheinlich, wie dies schon näher begründet wurde, nur o-Methylolgruppen bereit. Demgemäß könnten alle die oben genannten Molekülverknüpfungen und Gruppen auch nur in der ortho-Stellung auftreten. Für diese Annahme fehlen allerdings noch sichere Beweise, die aber vorläufig wohl nur schwer zu erbringen sein werden. Eine weitere, ebenfalls nur auf Grund bestimmter Beobachtungen und theoretischer Überlegungen fußende Annahme (vgl. S. 86) läßt es als unwahrscheinlich erscheinen, daß in der zweiten Phase der Härtung bei technischen Produkten neben cyclischen Chinoläthern (also dimeren o-Chinonmethiden) auch noch trimere o-Chinonmethide gebildet werden.

Die zweite, vor allem von Oxydo-Reduktionsvorgängen gekennzeichnete Phase von Härtungsreaktionen setzt allmählich zwischen 170° und 190° ein. In der Hauptsache spielt sie sich erst über 200° ab. Streng genommen handelt es sich hierbei nun gar nicht mehr um Härtungsreaktionen, da durch sie keine eindeutige Molekülvergrößerung oder -vernetzung mehr bewirkt werden kann. Aus oder anstatt der zweibindigen Dimethylenätherbrücke ergeben sich nämlich wohl andere, aber auch nur wieder zweibindige Verknüpfungsarten. Zwar könnte die oxydative Verbindung von Methyl-Endgruppen (s. S. 74 u. 84) noch eine zusätzliche Molekülvergrößerung bewirken, die aber durch die bei der Dimethylenäther-Spaltung sich ergebende Formyl- und Methyl-Endgruppen-Bildung bei weitem übertroffen wird. Tatsächlich weisen die von ZINKE und Mitarbeitern (*167*) und von HULTZSCH (*159*) durchgeführten Molekulargewichts-Bestimmungen an überhärteten, aber noch löslichen Harzen auf einen mehr oder weniger starken Wiederabfall der Molekulargewichte nach Überschreiten der Vollhärtung, d. h. also etwa über 180—200°, hin. Aus diesem Grunde wurden die Vorgänge dieser zweiten Phase der Phenolharz-Härtung von HULTZSCH (*82*) als *Umwandlungsreaktionen* besonders gekennzeichnet.

Man könnte annehmen, daß mit der Beseitigung aller labilen Molekülteile etwa bei 240° nun auch das zweite Härtungsstadium beendet sei. Aber selbst in diesem Härtungszustand sind Phenolharze offensichtlich nicht völlig „ausgehärtet", da bei immer noch weiter steigender Temperatur augenscheinlich auch noch durch die Spaltung von Methylen-

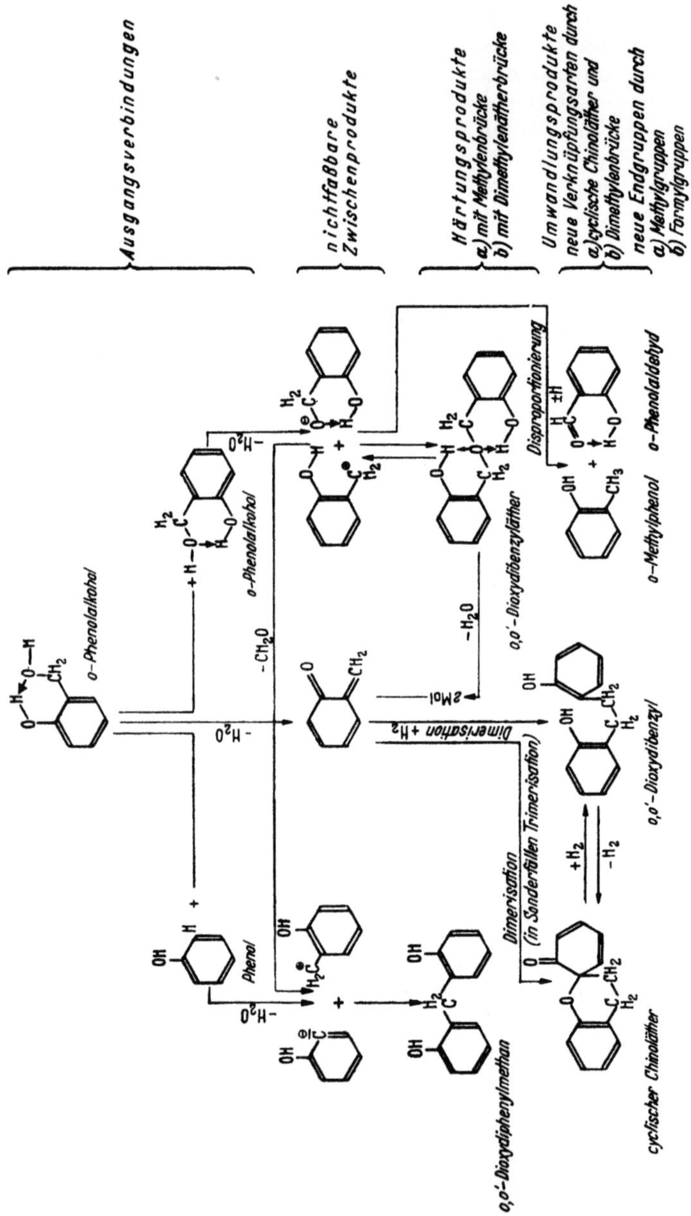

Schema der Härtungs- und Umwandlungsreaktionen von Phenolalkoholen.

brücken Phenole und Chinonmethide gebildet werden, wodurch natürlich ebenfalls Umwandlungsreaktionen eintreten. Dazu kommt bei derartig hohen Temperaturen als neue Kondensationsreaktion noch die intramolekulare Wasserabspaltung zwischen benachbarten phenolischen Hydroxylgruppen, die zur Bildung von Xanthen-Verbindungen führt.

Alle diese Vorgänge leiten indessen schon allmählich zu einer *Vercrackung* der Harzprodukte (s. S. 59ff.) über, wie sie sich auch in der bei hohen Härtungstemperaturen wieder verringerten Molekülgröße bereits andeutet.

Praktisch besteht demnach nur die erste Phase aller Phenolharz-Härtungsreaktionen aus den molekülvergrößernden Polykondensations-Vorgängen der Bildung von Methylen- und Dimethylenätherbrücken. An diese schließen sich die Umwandlungsreaktionen an, bei welcher die Molekülgröße etwa gleich bleibt, oder aber auch, wie sich den oben erwähnten Molekulargewichts-Bestimmungen entnehmen läßt, absinken und anschließend sogar nochmals ansteigen kann, bis schließlich bei noch höheren Temperaturen in der Vercrackung ein starker Abbau *aller* Brückenbindungen des Harzes, auch der Methylenbrücke, einsetzt.

Das Zusammenspiel aller dieser Aufbau- und Umwandlungsvorgänge bei der Hitzehärtung von Phenolalkoholen bzw. Resolen kommt auf S. 134 noch einmal zum Ausdruck. In dieser Darstellung sind nicht nur die angenommenen intramolekularen Protonbrücken eingezeichnet, sondern es wird auch der ionische Reaktionsablauf versinnbildlicht, wie er durch die Beteiligung der Protonen von Phenolen bzw. Phenolalkoholen zustandekommt. Dabei wird besonders deutlich, wie die Bildung des Oxybenzyl-Carbenium-Kations sowohl aus dem Phenolalkohol unmittelbar als auch aus dem bereits stabilisierten Dioxydibenzyläther durch Rückspaltung erfolgt. Die Umwandlungsprodukte müssen also nicht unbedingt erst aus dem vorgebildeten Dioxydibenzyläther entstehen, sondern können bei rascher Temperatursteigerung und vor allem bei träger reagierenden Phenolalkoholen auch unmittelbar von diesen ausgehend gebildet werden. Ähnlich tritt die Formaldehyd-Abspaltung sowohl aus dem Phenolalkohol als auch aus dem entsprechenden Dioxydibenzyläther über die gleichen nicht faßbaren Zwischenprodukte ein. Schließlich wird noch der für das spätere Härtungsstadium wahrscheinlich nichtionische Reaktionsmechanismus mit einbezogen, der über das Chinonmethid selbst verläuft und z. B. zu dimeren Chinonmethiden führt.

Sinngemäß verläuft natürlich die Reaktion bei Phenol-polyalkoholen an sämtlichen Methylolgruppen, nur daß in diesem Fall die mehrfach schon erwähnten graduellen Unterschiede in Rechnung zu setzen sind.

Die molekülaufbauenden Reaktionen der ersten Härtungsphase treten auch in Gegenwart von Wasser ein und können somit bereits an der Resolbildung teilhaben, wie dies vor allem bei der Herstellung von hochaktiven Resolen der Fall ist. Weiterhin finden *alle* diese Vorgänge, also auch die Umwandlungsreaktionen, nicht nur in flüssiger Phase, d. h. in der Harzschmelze statt, sondern vollziehen sich, wie v. EULER und Mitarbeiter (*135*, *174*) sehr schön zeigen konnten, in gleicher Weise auch in festen schmelzbaren oder unschmelzbaren Harzen, ohne daß es dabei zu Formveränderungen zu kommen braucht. Lediglich das Entweichen von flüchtigen Bestandteilen kann natürlich eine Sprengung von Harzblöcken oder eine Oberflächenstörung bei dünnen Harzschichten und Filmen bewirken.

Die Reaktionen der zweiten Härtungsphase ergeben sich übrigens auch in all denjenigen Fällen, in denen andere härtbare Gruppen und

Brückenbindungen als Methylolgruppen und Dimethylenätherbrücken bis in das Temperaturbereich um 180° oder darüber beständig sind und dann erst in Chinonmethide übergehen, also auch bei Alkoxymethyl- und Acyloxymethylgruppen, 1,3-Benzdioxanen sowie Methylenaminbrücken (*145*). Sie bleiben dagegen aus, wenn die Härtung schon von Anfang an ausschließlich auf die Bildung von Methylenbrücken gerichtet ist, z. B. bei der nachfolgend beschriebenen Säurehärtung.

c) Die Säurehärtung von Resolen.

Einige Härtungsreaktionen der Phenolalkohole und ihrer Abkömmlinge, z. B. der Dioxydibenzyläther, werden, worauf mehrfach schon hingewiesen wurde, sowohl durch Temperatursteigerung als auch durch p_H-Erniedrigung bewirkt. Beide Maßnahmen lösen offenbar die gleichen Grundreaktionen aus. Man kann sich das wohl so erklären, daß sich beim Erhitzen der Harze aus dessen Bestandteilen immer mehr Protonen ablösen, die dann in gleicher Weise wie die H-Ionen der Säuren die Kondensation herbeiführen. Letztere erfolgt, wie bereits beschrieben, durch Dehydratisierung der Phenolalkohole zu Chinonmethid-Zwischenprodukten bzw. Oxybenzyl-Carbenium-Kationen, die durch Addition weiterer Bestandteile zur Brückenbildung führen. Gleichzeitig wird hierbei zum Teil aus den Phenolalkoholen wieder Formaldehyd abgespalten, wobei in den Phenolkernen besonders reaktionsfähige Stellen, d. h. wahrscheinlich Oxyphenyl-Anionen hinterbleiben (vgl. S. 34). Unterstützt man nun die harzeigenen Protonen durch Zugabe von H-Ionen starker Säuren, so ist es möglich, die Kondensation schon ohne zusätzliches Erwärmen herbeizuführen. Tatsächlich lassen sich Resole aus hochaktiven Phenolen durch Zugabe geringer Säuremengen unter Wasser- und Formaldehyd-Abspaltung schnell bis zum unschmelzbaren Zustand härten. Von dieser *Säurehärtung* machte bereits LEBACH (*27*) Gebrauch. Sie kann, wie gesagt, bereits in der Kälte durchgeführt werden und verläuft sogar exotherm. Dennoch führt Wärme, ob sie nun aus der Reaktion selbst stammt oder von außen kommt, noch zu einer Beschleunigung und Intensivierung der Härtung.

Die wissenschaftlichen Arbeiten zur Aufklärung der Härtungsreaktionen von Phenolharzen hatten ursprünglich nur die Hitzehärtung zum Gegenstand ihrer Untersuchungen. Später konnten durch HULTZSCH (*71*) aber auch die Grundvorgänge der Säurehärtung näher geklärt werden. Versuche mit Modellverbindungen führten nämlich zu der Erkenntnis, daß bei der Säurehärtung *ausschließlich Methylenbrücken* entstehen, ganz im Gegensatz zu der Hitzehärtung von Phenolharzen, bei der sich mindestens Methylenbrücken *und* Dimethylenätherbrücken, in höheren Temperaturbereichen aber auch noch weitere Brückenbindungen und Verknüpfungsarten bilden.

Dieses Ergebnis war zuerst überraschend, erklärt sich aber jetzt vollkommen aus dem Chemismus der Phenolharz-Reaktionen. Es ist längst bekannt, daß Säuren die Kondensation von Phenol und Formaldehyd zu Methylendiphenolen bzw. Novolaken bewirken. Auch Phenolalkohole ergeben mit Phenolen die Methylenbrücken bei Gegenwart von Säuren wesentlich leichter und schneller als ohne diese. Dagegen begünstigen Säuren gewöhnlich die Bildung von Dimethylenätherbrücken nicht; diese werden durch starke Säuren sogar hydrolysiert. Die Beobachtung von G. ZIGEUNER u. E. ZIEGLER (*156*), daß gewisse Phenolalkohole beim Erhitzen in benzolischer Lösung unter Zusatz von Aceton und verdünnter Salzsäure Dioxydibenzyläther zu bilden vermögen, läßt sich wohl nicht auf die Säure-Kalthärtung übertragen, da bei dieser ganz andere Verhältnisse herrschen und vor allem die Dissoziation nicht durch Gegenwart von Lösungsmitteln zurückgedrängt wird.

Die Hauptreaktion bei der Säurehärtung ist die Addition zwischen einem kationoiden reaktionsfähigen Chinonmethid-Zwischenprodukt und einer Phenolsubstanz, welche mindestens *ein* reaktionsfähiges Wasserstoffatom aufweist. Dieser Vorgang ist offensichtlich stark exotherm. Aus dem Schema S. 51 kann man ersehen, wie das Oxybenzyl-Carbenium-Kation (IVa) sich sowohl aus dem durch Säuren aktivierten Formaldehyd (Ia) und Phenol (II) unmittelbar, als auch aus dem Phenolalkohol (III) durch Säurezugabe (IIIa) und unter intramolekularer Wasserabspaltung bildet. Beide Vorgänge verbrauchen offenbar Wärme.

Durch *kalorimetrische Untersuchungen* konnte der Ablauf der verschiedenen zu Dioxydiphenylmethan-Verbindungen führenden Grundvorgänge

a)	2 Mol Phenolalkohol ⟶	Dioxydiphenylmethan	$+ H_2O + CH_2O$;
b)	2 Mol Phenol $+ CH_2O$ ⟶	„	$+ H_2O$;
c)	Phenolalkohol + Phenol ⟶	„	$+ H_2O$;
d)	Dioxydibenzyläther ⟶	„	$+ CH_2O$;
e)	Dioxydibenzyläther + 2 Mol Phenol ⟶	2 Mol „	$+ H_2O$

von HULTZSCH (*71*) näher charakterisiert worden. Die Versuche wurden mit 1,3,4-Xylenol, dessen Methylolverbindung und Dioxydibenzyläther, ferner mit Paraformaldehyd sowie mit p-Toluolsulfonsäure als Säurehärter ausgeführt. Die Höhe der positiven Wärmetönung der verschiedenen Reaktionen in Abhängigkeit von dem zeitlichen Verlauf kommt in dem Diagramm auf der folgenden Seite zum Ausdruck.

Es ist dort ersichtlich, daß der Vorgang mit der geringsten Wärmetönung Reaktion *a* ist. Hier sind zunächst keine freien, reaktionsfähigen Kern-Wasserstoffatome vorhanden, weshalb erst aus der Hälfte des Phenolalkohol-Anteils die Methylolgruppen wieder abgespalten und damit die nötigen Reaktionsstellen im Phenol-Kern zurückgebildet werden müssen. Hierfür wird offensichtlich Wärme und Zeit benötigt, wie dies in dem Unterschied gegenüber der Kurve *c* zum Ausdruck kommt, die eine wesentlich rascher verlaufende und mehr Wärme liefernde Reaktion wiedergibt. Denn es wurde ja umgekehrt bei der Anlagerung von Formaldehyd an Phenol im alkalischen Medium auch Wärme frei. Am schnellsten und mit der größten Wärmetönung verläuft Vorgang *c*, bei dem offenbar die günstigsten Voraussetzungen für die Kondensation gegeben sind. Reaktion *b* z. B. benötigt eine wesentlich längere Zeit, da hier im Gegensatz zu *c* der Formaldehyd noch in freier Form vorliegt und erst an das erste Phenolmolekül herangebracht werden muß. Allerdings ist die Wärmedifferenz zwischen den Vorgängen *b* und *c* nicht sehr groß; sie wird vielleicht überhaupt nur durch einen bei *b* wegen der langen Reaktionsdauer unter den Versuchsbedingungen nicht ganz zu vermeidenden Wärmeverlust vorgetäuscht. Zeitlich liegt *a* zwischen *b* und *c*.

Die Kurve der Reaktion zwischen Xylenol und dessen Dioxydibenzyläther (*e*) verläuft etwas anders, wahrscheinlich weil durch die in diesem Fall nicht zu vermeidende Lösungs- und Krystallisationswärme der Reaktionskomponenten eine gewisse Verzerrung eintritt. Trotzdem ist zu erkennen, daß die Reaktion *e* eine Mittelstellung zwischen *a* und *c* einnimmt, wenngleich sich der zeitliche Ablauf länger hinauszieht. Am trägsten verläuft die Methylenbrücken-Bildung aus dem Dioxydibenzyl-

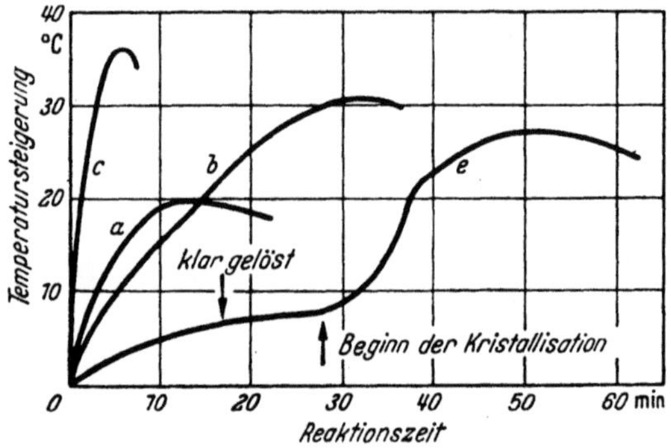

Wärmetönung und Reaktionszeit verschiedener Methylenbrückenbildungs-Reaktionen.

äther allein, d.h. ohne Beteiligung von freien Kern-Wasserstoffatomen (*d*). In diesem Fall muß nämlich noch vor dem durch den Vorgang *a* bereits gekennzeichneten Teil der Reaktion erst die Spaltung des Äthers in Phenol und Phenolalkohol stattfinden. Die Reaktion *d* konnte in diesem Fall deshalb unter den Versuchsbedingungen bei Zimmertemperatur überhaupt nicht ausgelöst werden.

Jedenfalls zeigen diese Versuche, daß die Reaktionen der Methylenbrücken-Bildung bei der Säurehärtung um so langsamer und weniger exotherm verlaufen, je mehr Methylolgruppen und je weniger Reaktionsstellen in den Phenolkernen des Ausgangsprodukts vorliegen. Dimethylenätherbrücken, die u. U. in Resolen ebenfalls vorhanden sein können, lassen sich wohl unter Formaldehyd-Abspaltung in Methylenbrücken überführen. Diese Reaktion geht jedoch so träge vor sich, daß mit einem Restgehalt von Dimethylenätherbrücken im gehärteten Harz zu rechnen ist, und zwar vor allem dann, wenn beim Zumischen des Säurekatalysators sowie bei der Härtung selbst eine nennenswerte Erwärmung des Harzes vermieden wird. Findet die Säurehärtung dagegen unter gleichzeitiger Erwärmung statt, so verwandeln sich vorhandene Dimethylenätherbrücken praktisch restlos in Methylenbrücken. Das gleiche trifft auch für die Alkoxymethyl- und Acyloxymethylgruppen zu.

Bei der Säurehärtung von Resolen handelt es sich im Grunde genommen um einen ganz ähnlichen Vorgang wie bei der Novolakbildung.

Im Vergleich zu dieser ist allerdings die in Reaktion tretende Formaldehydmenge wesentlich höher und zudem im Harz bereits chemisch eingebaut. Der zuletzt genannte Umstand bringt einen viel ruhigeren Verlauf des Harzbildungsprozesses mit sich, als es beispielsweise bei der an sich durchaus möglichen, mittels Säurezugabe ausgelösten unmittelbaren Kondensation von Phenol und Paraformaldehyd der Fall ist. So übt auch der chemische Aufbau des Resols einen maßgeblichen Einfluß auf die Wärmetönung und die Geschwindigkeit des Säurehärtungsprozesses aus. Hochkondensierte Resole z. B. härten verständlicherweise schneller als einfache Resole. Dimethylenätherbrücken und Alkoxymethyl- oder Acyloxymethylgruppen verzögern die Härtung, ebenso eine etwa erst notwendige Formaldehyd-Anlagerung oder -Abspaltung.

Die Resitbildung aus einem hochaktiven Phenol erfordert bei einem ausschließlich durch Methylenbrücken erfolgenden Aufbau nur etwas mehr als ein Mol Formaldehyd auf ein Mol Phenol; ja es können in diesem Fall überhaupt höchstens 1,5 Mol Formaldehyd eingebaut werden. Der in Form von Methylolgruppen oder deren Abkömmlingen bereits angelagerte, aber überzählige Formaldehyd-Anteil muß also in jedem Fall während der Säurehärtung abgespalten werden. Dieser Formaldehyd entweicht aber nicht restlos, sondern wird wohl über intermolekulare Wasserstoffbrücken zum Teil als Hydrat vom Phenolharz zurückgehalten. Beim Zerkleinern und Zerreiben von kaltgehärteten Phenolharzen tritt deshalb immer wieder Geruch nach Formaldehyd auf. Die gleichzeitig damit im Endprodukt verbleibenden Wasseranteile geben sich, wenn eine gewisse Menge überschritten wird, durch eine Trübung des gehärteten Harzes zu erkennen. Auch in dieser Beziehung unterscheiden sich also die in der Kälte gehärteten Phenolharze von den hitzegehärteten, bei denen je nach der Härtungstemperatur Wasser und Formaldehyd in weit höherem Maße[1] oder sogar vollständig ausgetrieben werden.

Ein weiterer Unterschied zwischen den in der Kälte säuregehärteten und den hitzegehärteten Phenolharzen besteht darin, daß erstere nicht die völlige Unlöslichkeit und Nichtquellbarkeit aufweisen, wie man es von Resiten fordert. Es lassen sich nämlich vielfach sogar noch geringe Anteile aus den gehärteten Harzen mit organischen Lösungsmitteln extrahieren [H. F. Müller u. I. Müller (*98*)]. Vermutlich ist diese Eigenschaft kalt gehärteter Phenolharze auf einen zu niedrigen Kondensations- bzw. Vernetzungsgrad zurückzuführen.

Für die Säurekalthärtung kommen in erster Linie starke Säuren als *Härter*, d. h. als Kondensationsmittel in Betracht, z. B. Mineralsäuren, vor allem Salzsäure und Phosphorsäure, ferner starke organische Säuren wie Ameisensäure, Chloressigsäure, Oxalsäure, Sulfonsäuren u. a.[2] Besonders die p-Toluolsulfonsäure hat sich für die Kalthärtung sehr gut bewährt. Die Säure wird in Mengen von etwa 1—5% des Harztrockengewichts dem Phenolharz zugemischt, wodurch dieses mehr oder weniger

[1] v. Euler (139) beobachtete, daß selbst bei 140° noch Formaldehyd in erheblicher Menge von der Harzschmelze zurückgehalten wurde, während bei 180° der gesamte Formaldehyd entwich.

[2] Vgl. die Untersuchungen von A. Kraus (315).

schnell, im Bruchteil einer Stunde bis zu mehreren Tagen, erhärtet. Die Gegenwart von Lösungsmitteln, vor allem von Alkoholen, kann erfahrungsgemäß die Härtung stark verzögern, ja sogar verhindern.

Die mit Säuren gehärteten Harze sind vielfach intensiv gefärbt, vor allem purpurrot bis violett. Als Ursache dafür darf man wohl eine Farbsalzbildung von p-Chinon-oxyphenyl-methiden annehmen (vgl. S. 62 u. 67), zumal die Farbe und ihre Intensität mit der Art der verwendeten Säure schwankt. Mit Salzsäure kalt gehärteter p-Kresoldialkohol z. B. bleibt nach Versuchen von H. F. MÜLLER u. I. MÜLLER (*98*) fast farblos, ergibt aber in der Hitze eine Grünfärbung. Abgesehen von diesen salzartig gebundenen, wahrscheinlich jedoch geringen Säuremengen, werden die als „Härter“ verwendeten Substanzen nicht zum Bestandteil des gehärteten Harzes, im Gegensatz zu den „Härtungsmitteln“ bei der anschließend besprochenen indirekten Härtung.

Außer Resolen gelangen vielfach auch härtbare Formaldehyd-Mischkondensate aus Phenolen und Harnstoff zur Säure-Kalthärtung. Dagegen eignen sich Phenolharze, die mit Ammoniak kondensiert wurden, weniger dafür, da sie keine oder nur wenig Methylolgruppen aufweisen und die Methylenaminbrücken gegen Säuren sehr beständig sind und außerdem zu Salzbildung Anlaß geben.

d) Die indirekte Härtung von Phenolharzen (Härtung mit Hexamethylentetramin).

Außer der bisher beschriebenen Hitze- und Säurehärtung eigenhärtender Phenolharze, d. h. von Stoffen, in denen die vernetzenden Reaktionsgruppen bereits durch Hauptvalenzen gebunden vorliegen, gibt es noch die mehrfach bereits genannte *indirekte Härtung* von Phenolen bzw. nichthärtenden Phenolharzen, die sich durch Erhitzen derselben mit *nichtgebundenem* Formaldehyd oder mit reaktionsfähigen, etwa Methylolgruppen enthaltenden *Fremdstoffen* vollzieht. Letztere müssen hierbei natürlich polyfunktionell wirken.

Die indirekte Härtung mit *Formaldehyd*, zu der man meist Paraformaldehyd verwendet, erfolgt im allgemeinen nur in der Hitze, wobei dann die Protonen der Phenole bzw. Phenolharze die Kondensation herbeiführen. Besonders leicht tritt deshalb die indirekte Härtung mit Formaldehyd bei Resorcinharzen ein [vgl. RHODES (*316*)], da diese einen stark sauren Charakter aufweisen.

Sobald durch eine derartige Umsetzung mit ungebundenem Formaldehyd oder anderen reaktionsfähigen Stoffen der durchschnittliche Anteil an Brückenbindungen zwischen den Phenolkernen entsprechend gesteigert wird, gelingt es in der Regel auch auf diese Weise eine Resitbildung herbeizuführen. Derartige Härtungsprodukte mit Fremdstoffen können auch noch andere Brückenglieder als die bisher beschriebenen enthalten und demnach Mischkondensate darstellen. Dabei vermag der eingebaute Fremdstoffanteil das Phenolharz weitgehend zu modifizieren und bei entsprechender Größe und Eigenart sogar das Zustandekommen von Resiten zu verhindern.

Voraussetzung für eine derartige Härtung ist in jedem Fall, daß der nichtphenolische Reaktionspartner, das sog. *Härtungsmittel*, eine genügend hohe Reaktivität aufweist. Säuren bzw. Wasserstoffionen begünstigen den Eintritt der Mischkondensation in manchen Fällen. Deshalb wirken in der Hitze bereits die Protonen von phenolischen Verbindungen reaktionsfördernd, wenn auch deren Einfluß allein nicht immer ausreichend ist und deshalb zweckmäßig durch weitere Katalysatoren unterstützt wird. Dies gilt vor allem für schwachreaktive Fremdstoffe, z. B. die von WEGLER (*84*) u.a. aus aromatischen Kohlenwasserstoffen aufgebauten „Xylol-Formaldehyd-Harze".

Wesentlich leichter gehen derartige Mischkondensationen natürlich vonstatten, wenn das Härtungsmittel bereits in dehydratisierter Form vorliegt, weil dann der Vorgang der Wasserabspaltung wegfällt und der Härtungsprozeß womöglich sogar auf eine Hetero-Polyaddition hinauskommt. Die von O. BAYER (*313*) und Mitarbeitern auch auf Phenole bzw. Phenolharze übertragene Umsetzung mit Diisocyanaten ist praktisch schon ein derartiger Fall. Weitere reaktionsfähige Fremdstoffe dieser Art liegen in den Methylenverbindungen der Amine vor. Diese pflegen sich in geeigneter Weise durch Di- und Trimerisation zu stabilisieren, depolymerisieren aber in der Wärme wieder und können deshalb wie z. B. das Anhydro-Formaldehydanilin als Härtungsmittel dienen.

Als geeignetste und reaktionsfähigste Substanz dieser Art hat sich aber das *Hexamethylentetramin* erwiesen, durch welches überdies als modifizierender Harzbestandteil praktisch lediglich ein Stickstoffatom eingebracht wird. Tatsächlich spielt dieses Härtungsmittel bei der indirekten Härtung von Phenolharzen die Hauptrolle. Der Chemismus der Reaktion zwischen Phenolen und Hexamethylentetramin wurde auf S. 93ff. bereits eingehend dargelegt.

Die durch die Einwirkung von Hexamethylentetramin auf Phenole bewirkte Härtung erfolgt nur in der Wärme, dagegen nicht durch Säureeinwirkung. Die Reaktionstemperaturen können dabei schon zwischen 60° und 150° liegen; besonders aber von 150° an setzt die Härtung sehr schnell, beinahe schlagartig ein. Sie vollzieht sich nach den früheren Ausführungen durch eine unter Ammoniak-Austritt verlaufende Verkettung und Vernetzung der Phenolringe vor allem durch Dimethylenaminbrücken und Trimethylenamin-Verknüpfungen. Außerdem werden bei einer entsprechend hohen Zahl von reaktionsfähigen Wasserstoffatomen in den Phenolkernen auch Methylenbrücken gebildet. Als Nebenprodukte treten schließlich die kräftig gelb gefärbten SCHIFFschen Basen auf, welche den mit Hexamethylentetramin gehärteten Phenolharzprodukten eine charakteristische Gelbfärbung verleihen. Bei sehr hohen Temperaturen spalten auch die stickstoffhaltigen Brückenbindungen nochmals Ammoniak ab. Die dabei gebildeten Chinonmethide reagieren in diesem Temperaturbereich dann in gleicher Weise, wie es bei der zweiten Phase der Hitzehärtung beschrieben wurde.

Sind in dem zu härtenden Phenolharz keine Methylolgruppen oder Dimethylenätherbrücken mehr enthalten, so kann bei der Härtung mit Hexamethylentetramin natürlich keine Abspaltung von Wasser oder

Formaldehyd erfolgen. Dagegen ergeben sich hier als flüchtige Produkte Ammoniak und in geringerem Maße wohl auch Methylaminbasen, ersteres gemäß den auf S. 94 schon aufgestellten Reaktionsgleichungen, letztere wahrscheinlich durch Hydrierung von Azomethin-Verbindungen.

Technisch bietet die Härtung mit Hexamethylentetramin eine Reihe von Vorteilen gegenüber der Hitze- und Säurehärtung von Resolen. Gerade die kurze Härtungszeit hat sie vor allem für die Herstellung von geformten Teilen und Gegenständen durch Heißpressen geeignet gemacht. Dazu kommt, daß man die der Härtung meist zugrundeliegenden Novolake schon bei der Herstellung leicht von einkernigen Phenolen befreien kann, so daß auch die Endprodukte keine niederkondensierten Bestandteile mehr enthalten und dadurch in ihrem Gebrauchswert nicht gemindert werden.

C. Verarbeitung und Aufbau von Phenolharzen.

In den vorangehenden Kapiteln wurde immer wieder darauf hingewiesen, daß durch bestimmte Maßnahmen, vor allem durch die Wahl der Art und der Menge der Ausgangsstoffe, des Kondensationsmittels und der Reaktionsführung zahlreiche Abarten von Phenolharzen entstehen können, die in ihren Eigenschaften voneinander abweichen und deshalb auch den verschiedensten Zwecken dienen können. Zwar ist die Verarbeitung von Phenolharzen im Gegensatz zu deren Herstellung oftmals nicht mehr Sache des Chemikers. Aber es erfolgen doch auch in diesem Stadium insbesondere durch Härtungsvorgänge noch bedeutsame chemische Veränderungen, die letzten Endes ebenso wichtig wie die Phenolharz-Herstellung selbst sind. Sie erfahren hier im Zusammenhang mit dem Phenolharz-Aufbau eine kurze Besprechung, da ja vor allem auch die Struktur der verschiedenen Phenolharz-Produkte in ihrem Endzustand von Interesse ist. So wenig an sich bei der Behandlung der Chemie der Phenolharze die technologische Seite der Herstellung und Verarbeitung solcher Stoffe[1] besonders herausgestellt zu werden braucht, so abwegig würde es sein, auf die üblichen Arbeitsmethoden hier überhaupt nicht eingehen zu wollen. Daher werden nunmehr neben allgemeinen und ergänzenden Angaben über den Aufbau von Phenolharzen vor allem auch noch Hinweise auf die Struktur der wichtigsten Phenolharz-Arten in ihrer Verarbeitungs- und Anwendungsform gebracht.

I. Allgemeines über den Aufbau von Phenolharzen.

Als nichthärtende Phenolharze sind die Novolake bereits S. 114ff. eingehend besprochen worden, wobei schon dort neben der Kennzeichnung des allgemeinen chemischen Aufbaues auch auf die beiden wichtigsten Anwendungsarten hingewiesen wurde. Die meisten technisch zur Verwendung kommenden Phenolharz-Produkte sind indessen härtbarer Natur. Infolge des Härtungsprozesses durchlaufen diese eine ganze Reihe

[1] Eingehende Darstellungen bei J. Scheiber: Chemie und Technologie der künstlichen Harze, Stuttgart 1943, sowie R. Houwink: Chemie und Technologie der Kunststoffe, 2. Aufl., Leipzig 1942.

von ineinander übergehenden Zuständen, wobei sie anfänglich, d. h. als Phenolalkohole, Resole und Resitole noch härtbar sind, während sie später, z. B. als Resite, beim Erhitzen auf hohe Temperaturen praktisch nur mehr Umwandlungsreaktionen erleiden. Von größter Bedeutung für den Harzaufbau ist demnach der *Härtungszustand*, den das betreffende Harz im Zeitpunkt des Reaktionsabbruches erreicht hat.

Die Härtbarkeit hängt im wesentlichen davon ab, ob und in welchem Maße beim Reaktionsabbruch noch labile Gruppen im Harz vorhanden sind. In anderen Fällen ist der in einem gewissen Stadium erreichte Grad der Löslichkeit bzw. Unlöslichkeit des Harzes in bestimmten organischen Lösungsmitteln von Bedeutung. Wieder bei anderen Produkten wird neben einem weit vorgeschrittenen Kondensationszustand etwa gerade noch eine gewisse Thermoplastizität gefordert, die für die spätere, unter Druck und Hitze stattfindende Formgebung nötig ist. Manche Harze pflegen soweit gehärtet zu werden, daß sie zwar schon eine sehr beträchtliche Härte, indessen doch noch nicht diejenige Sprödigkeit aufweisen, die sich bei einer noch weitergehenden Härtung einstellen würde.

Diese Prozesse werden indessen praktisch lediglich durch die empirische Erfahrung geleitet. Einige einfache physikalische Prüfungen, wie die Kontrolle des Schmelzpunktes, der Dichte, der Viskosität, des Brechungsindex [BETTELHEIM u. NIHLBERG (*317*)] und der Löslichkeit, ferner die Ermittlung des sich unter bestimmten Bedingungen ergebenden Härtungsrückstandes oder gar die Beobachtung von äußeren Merkmalen sind die einzigen Hilfsmittel, deren sich die Hersteller und Verarbeiter von Phenolharzen zu deren Charakterisierung üblicherweise bedienen. Ob sich nunmehr, nach der Erweiterung unserer Kenntnisse vom Bau der Phenolharze, auch *chemische* Methoden in stärkerem Maße einschalten lassen, bleibt abzuwarten.

Oft genug wird die Frage nach dem *Molekulargewicht* der verschiedenen Phenolharzprodukte gestellt. Dieses kann aber lediglich bei Harzen der unteren Härtungszustände ermittelt werden, in denen noch eine genügende Löslichkeit vorhanden ist. So zeigte die von H. F. MÜLLER u. I. MÜLLER (*98*, *304*) vorgenommene Zerlegung von Resolen durch fraktionierte Fällung in Anteile verschiedenen Molekulargewichts, daß die Phenolharz-Komplexe schon bei Molekulargewichten von ca. 1000 bis 1200, bei einigen Phenolen sogar schon von 500 bis 1000 unlöslich werden. Dies ist insofern gar nicht so sehr überraschend, als die von ZINKE (*148*, *320*) und v. EULER (*174*) aufgefundenen cyclischen Härtungsprodukte von größenordnungsmäßig etwa gleichen Molekulargewichten auch schon ähnliche Eigenschaften aufweisen. Dabei ist ganz offensichtlich, daß in den einzelnen Harzen jeweils solche Anteile höheren Molekulargewichts durch niedermolekulare Bestandteile in Lösung gehalten werden. Bei Harzen aus einigen bifunktionellen Phenolen mit stark löslichkeitsfördernden Substituenten lassen sich Molekulargewichte sogar in allen Härtungszuständen bestimmen, doch zeigt gerade der Vergleich von Werten solcher Harze [vgl. HULTZSCH (*159*), ZINKE, ZIEGLER u. a. (*167*)], daß die Substituenten in diesen Fällen nicht nur die

Löslichkeit der betreffenden Harze erhöhen, sondern offensichtlich auch nach Maßgabe ihrer Art und Größe den Kondensationsablauf selbst hemmen und deshalb zur Bildung von Produkten erheblich geringeren Molekulargewichts führen. Verschiedene Phenolharze an der unteren Grenze des Resitolzustandes ergaben bei kryoskopischen Molekulargewichtsbestimmungen noch Werte bis zu 5000 [HULTZSCH (*159*)]. Für Resite muß ein Mehrfaches davon angenommen werden, wenngleich der Resitcharakter ja vielleicht noch nicht einmal so sehr durch die Größe der Moleküle, als vielmehr gerade durch die Molekülform und den Vernetzungsgrad bestimmt wird.

Bei den Resiten hat man nämlich im Gegensatz zu den langgestreckten Molekülen der auf dem Wege der Polymerisation erzeugten Makromoleküle mit einer *dreidimensionalen Struktur* zu rechnen, von der HOUWINK (*42*) auf Grund physikalischer Eigenschaften der Harze bestimmte Vorstellungen entwickelt hat. Diesen zufolge bildet sich aus härtbaren Produkten trifunktioneller Phenole während der Härtung ein *Isogel* aus, d. h. ein schwammartiges Gerüst von Makromolekülen, in dessen capillaren Zwischenräumen Anteile niedrigeren Molekulargewichts eingelagert sind („Harzbrei"). STÄGER u. SIEGFRIED (*318*) entwarfen ein etwas anderes Bild, nach dem dreidimensional vernetzte *Sphärokolloide* in niedermolekularen ein- und zweidimensionalen Kondensationsprodukten eingebettet seien. Eine gleichartige Ansicht vertritt auch KOZLOW (*319*). In jedem Fall ist neben den Hauptvalenzbindungen auch inter- und intramolekular wirkenden Sekundärkräften, wie wir sie z. B. schon in den Protonbrücken kennengelernt haben, beim Aufbau der Phenolharze zweifellos eine höchst wichtige Rolle zuzusprechen.

Bei den Formaldehydharzen aus *bi*funktionellen Phenolen ist sowohl bei sauer kondensierten Produkten als auch bei gehärteten Dialkoholen theoretisch nur ein *kettenförmiger* Aufbau denkbar. Dieser ist durch Versuche von KOEBNER (*33*) sowie von A. ZINKE, E. ZIEGLER u. Mitarb. (*129, 167*) tatsächlich in beiden Fällen nachgewiesen. Allerdings tritt in der zweiten Phase der Härtungsreaktionen eine Änderung des allgemeinen Aufbaues ein, die auf Grund der Modellversuche auch zu erwarten ist. Diese Änderung wird durch die an solchen gehärteten Dialkoholen angestellten Viskositätsmessungen (*129, 167*) bestätigt. HOUWINK (*301*) nimmt an, daß die kettenförmigen Moleküle beispielsweise der o- und p-Kresolharze später in Ringe übergehen oder knäuelartig aufgewickelt werden. Wenngleich in der Tat auch schon aus den Dialkoholen p-substituierter Phenole die Bildung *cyclischer Härtungsprodukte* von ZINKE u. Mitarb. (*148, 320*) wie auch v. EULER (*174*) festgestellt werden konnte, so darf man diese vielleicht doch nur als Nebenprodukte ansehen. Vermutlich liegen indessen auch die bei der vorsichtigen Härtung von Dialkoholen bifunktioneller Phenole entstehenden Molekülketten, bei denen sich Phenolkerne, Methylenbrücken und Dimethylenätherbrücken abwechseln, nicht in gestreckter oder gar orientierter Form vor; sie dürften vielmehr infolge der Einflüsse von Bindungen sekundärer Art, z. B. von Protonbrücken oder VAN DER WAALSschen Kräften, *verknäuelt* sein.

Die dreidimensionale Struktur läßt die außerordentliche Härte von gewissen Phenolharzen ohne weiteres verständlich erscheinen, vor allem, wenn man bedenkt, daß schon die Grundbausteine aus *Benzolringen* bestehen. Auf der anderen Seite ist es natürlich, wenn solche Gebilde auch außerordentliche Spannungen aufweisen, die man bei der technischen Verwendung der Harze in verschiedenster Weise zu vermindern trachtet. Die Vermutung liegt nahe, daß die Art der Brückenbindungen, welche am Harzaufbau beteiligt sind, auf die eintretenden Spannungszustände nicht ohne Einfluß sein wird. So könnte man sich vorstellen, daß zwei- und dreigliedrige Brückenbindungen eine größere „innere Beweglichkeit" aufweisen und daher eine höhere Elastizität der Produkte mit sich bringen, als es bei der kurzen Methylenbrücke der Fall ist. Zweifellos wird aber mindestens die Beweglichkeit mehrgliedriger sauerstoff- oder stickstoffhaltiger Brückenbindungen durch die Bildung von Chelaten wieder ausgeschaltet. Tatsächlich konnten bisher keine besonders auffälligen Unterschiede in der Elastizität von Produkten mit verschiedenen Brückenbindungen beobachtet werden. Bei der reichen empirischen Erfahrung, die auf dem Phenolharzgebiet vorliegt, wären solche Effekte bestimmt auch ohne nähere Kenntnisse des chemischen Aufbaues der Harze bemerkt worden.

II. Anwendung, Verarbeitung und Aufbau technisch wichtiger Phenolharze.

Die Phenolharze werden vor allem in dreierlei Form technisch verarbeitet, erstens als Gießharze, die aus werbetechnischen Gründen auch als Edelkunstharze bezeichnet werden, zweitens als Preßharze bzw. in Mischung mit Füllstoffen als Preßmassen und drittens als Phenol-Lackharze. Außerdem finden sie in zahlreichen Abarten Verwendung für die verschiedensten Zwecke, deren wichtigste hier in einer 4. Gruppe zusammengefaßt werden sollen.

a) Gießharze.

Bei der Herstellung von Gießharzen[1] wird im allgemeinen folgendermaßen verfahren. Flüssige Resole (meist aus Phenol selbst) werden in neutralem oder ganz schwach angesäuertem oder alkalischem Zustand in offene Formen gegossen und darin sehr vorsichtig, d. h. bei möglichst niedriger Temperatur (etwa 80°) und während langer Zeit, meist mehrere Tage hindurch, bis zu einem Härtungszustand gebracht, der etwa dem Übergang von der Resitol- zur Resitstufe entspricht. Infolge der langsamen Härtung finden die flüchtigen Produkte Wasser und Formaldehyd Gelegenheit, aus dem Harz zu entweichen. Dennoch verbleibt darin ein gewisser Teil in lockerer Bindung, der sich erst im Laufe der Zeit abscheidet, wodurch es bei größeren Stücken zur Bildung von Rissen kommen kann. Durch Zusätze von Weichmachern, die infolge ihres chemischen

[1] Eingehendere Darstellungen siehe z. B. STÄGER (*321*), DREHER (*322*) und CARSWELL (*323*). Vgl. auch die Untersuchungen FINEMANS u. PUDDINGTONS (*324*) über die Härtung von Gießharzen.

Charakters zu den Phenolharzen lyophil sind, sucht man die Rissebildung zu vermeiden. Hierfür kommen z. B. Glycerin oder bestimmte hochsiedende Ester in Betracht.

Die Phenolharze dieser Art fallen in Blöcken, Platten, Stäben oder profilierten Gießlingen an und eignen sich vor allem als Ersatz für Bernstein, Horn, Schildpatt, Elfenbein usw., da sie einer anschließenden spanabhebenden Bearbeitung zugänglich sind. Sie dienen dementsprechend als Werkstoff zur Herstellung von Galanteriewaren, Griffen, Beschlägen, Schmuckstücken, Billardkugeln und für viele andere Zwecke. Im Laufe der Zeit ist es gelungen, die Edelkunstharze hinsichtlich ihrer Farbe, Transparenz oder bestimmter Trübungseffekte in beliebiger Weise abzuwandeln und sie vor allem auch lichtbeständig, geruch- und geschmackfrei herzustellen.

Der chemische Aufbau solcher Harze ist durch ihren Gehalt an Methylenbrücken und Dimethylenätherbrücken gekennzeichnet. Die letzteren sind die Ursache dafür, daß die Gießharze beim Erhitzen auf höhere Temperaturen noch weiter härten oder Umwandlungsreaktionen erfahren. Offenbar ist es vorteilhaft, durch Verarbeitung formaldehydreicher Resole Harze mit viel Dimethylenätherbrücken aufzubauen, weil diese im Gegensatz zu den Methylenbrücken nicht oxydabel sind und daher die Lichtechtheit erhöhen. Allerdings bringt die Verarbeitung von sehr formaldehydreichen Resolen auch die Gefahr einer stärkeren Formaldehyd-Abspaltung und im Zusammenhang damit einer erhöhten Rissebildung mit sich. Natürlich kann die Anwesenheit von sauer wirkenden Stoffen bei der Härtung eine Verstärkung der Methylenbrücken-Bildung bewirken.

b) Phenol-Preßharze und Phenolharz-Preßmassen.

Für eine Massenproduktion von geformten Gegenständen sind die oben beschriebenen Gießharze trotz guter Eigenschaften schon wegen der langen Härtungsdauer weniger geeignet. Bei einer Verkürzung des Härtungsprozesses durch Erhöhung der Reaktionstemperatur tritt aber infolge der beschleunigten Abspaltung von flüchtigen Bestandteilen aus der in der Wärme noch weichen Harzmasse Blasenbildung ein. Schon Baekeland (*4*) hatte die Idee, diese lästige Erscheinung durch Einwirkung von äußerem Druck zu unterbinden und härtete deshalb die Massen innerhalb von 2—3 Stunden bei 140—170° und einem Druck von 10 kg/cm² in beheizten Druckkesseln, sogenannten *Bakelisatoren.* Später hat diese Arbeitsweise, die an sich nur eine Weiterentwicklung der Gießharz-Herstellung ist, ihre Vervollkommnung in der Härtung von Phenolharzen in *heizbaren Preßformen* gefunden. Die Harze werden hierzu soweit vorkondensiert, daß sie in der Endphase möglichst schnell zur Resitform härten; andererseits müssen sie zunächst in der Hitze aber auch noch so fließfähig sein, daß sie beim Einbringen in die heiße Form diese unter dem zur Anwendung kommenden Druck restlos ausfüllen. Man unterscheidet Phenol-*Preßharze*[1] und Phenolharz-*Preßmassen*[2].

[1] Näheres z. B. bei Greth (*325*).

[2] Eingehendere Darstellungen z. B. bei Mehdorn (*326*) u. Carswell (*323*).

Erstere stellen reine härtbare Phenolharze dar, die nur mit färbenden, sowie preßtechnisch notwendigen, mengenmäßig aber unbedeutenden Zusätzen bestimmter Stoffe zu glasklaren oder transparenten Formkörpern verpreßt werden. Sie ergeben also Produkte, die äußerlich mit den Edelkunstharzen eine gewisse Ähnlichkeit aufweisen, im Gegensatz zu diesen aber sofort ihre endgültige Form erhalten und einen fortgeschrittenen Härtungszustand erreicht haben. Sie zeichnen sich deshalb durch eine hohe Wasser- und Chemikalienfestigkeit aus, lassen sich aber nicht mehr durch spanabhebende Werkzeuge bearbeiten.

In weitaus größerem Maßstab macht man technisch von den Phenolharz-Preßmassen Gebrauch. Unter Preßmassen versteht man ganz allgemein Mischungen aus faserförmigen, pulvrigen oder körnigen Materialien und irgendwelchen Bindemitteln, die in Preßformen bei höheren Temperaturen, in selteneren Fällen auch in der Kälte zu *Preßstoffen* oder *Preßkörpern* verformt werden. In den meisten Fällen werden Kunstharze als Bindemittel verwendet, und zwar vor allem härtbare Polykondensationsprodukte, in geringerem Maße auch thermoplastische Polymerisate. Bei den Phenolharz-Preßmassen gelangen als Bindemittel härtbare Phenolharze zur Anwendung. Preßmassen auf Phenolharz-Grundlage stehen hinsichtlich der mengenmäßigen Erzeugung an der Spitze sämtlicher Phenolharz-Produkte.

Als Bindemittel werden sowohl Resole als auch Novolak-Hexamethylentetramin-Produkte eingesetzt. Vor allem die letzteren haben sich wegen ihrer schnellen Härtung für die meisten Zwecke besonders bewährt (Schnellpreßmassen), doch hat sich die Verarbeitung von hochkondensierten Resolen mit wenig Hexamethylentetramin-Zusatz als ebenfalls vorteilhaft erwiesen. Immerhin ist es gelungen, auch stickstofffreie härtbare Phenolharze von hoher Härtungsgeschwindigkeit zu entwickeln. Dies ist um so wichtiger, als man für verschiedene Zwecke die stickstoffhaltigen Phenolharze infolge der korrodierenden Wirkung, die sie auf verschiedene Metalle ausüben können, als weniger geeignet erachtet als stickstofffreie Phenolharze. Vermutlich sind die beobachteten Korrosionserscheinungen den beim Härtungsvorgang abgespaltenen und in geringen Mengen im Harz verbliebenen Basen zuzuschreiben. Auch die im Vergleich zu den stickstofffreien Harzen etwas ungünstigeren elektrischen Eigenschaften rühren wahrscheinlich davon her.

Die bei Phenol-Preßharzen und Phenolharz-Preßmassen zur Anwendung gelangenden härtbaren Phenolharze werden in der Regel aus Reinphenol oder aus Kresolgemischen aufgebaut. Bei den letzteren ist die Zusammensetzung, vor allem der Gehalt an dem hochaktiven m-Kresol, von Bedeutung, weil durch ihn praktisch der Härtungscharakter, insbesondere die Härtungsgeschwindigkeit bestimmt wird. Durch geeignete Auswahl können auch einzelne Eigenschaften der Preßkörper, etwa die elektrischen, besonders entwickelt werden[1]. Als Beispiel sei hier das Resorcin angeführt, das als hochaktive Phenolkomponente außer den

[1] Über die Beeinflussung der elektrischen Eigenschaften von Phenolharzen durch Substituenten in der para-Stellung der Ausgangsphenole und durch Alkylidenbrücken wurden von DEBING (*326a*) Untersuchungen durchgeführt.

genannten Monophenolen ebenfalls in Betracht kommt. Auf der Aldehydseite wird neben Formaldehyd vor allem in Amerika für schwarz gefärbte Produkte in gewissem Umfang auch *Furfurol*[1] eingesetzt, welches nicht nur als Härtungsmittel wirkt, sondern in sich auch noch die Eigenschaften eines Lösungsmittels, eines Plastifizierungsmittels und wegen seiner Schwarzfärbung bei der Verharzung die eines Farbstoffes vereinigt.

Als Füllstoffe oder besser gesagt als *Harzträger* dienen bei den Preßmassen eine Reihe anorganischer oder organischer Stoffe, vor allem Asbest, Gesteinsmehl, Holzmehl, Zellstoff und Textilgewebe in verschiedenen Formen. Ihr mengenmäßiges Verhältnis zum Harzanteil schwankt etwa von 2:3 bis 3:2 (harzreiche und harzarme Massen). Die Harzträger bewirken nicht nur eine beträchtliche Materialersparnis, sondern verleihen vor allem dem Preßstoff die erhöhte mechanische Festigkeit und die nötige Elastizität. Das Kunstharz ist seinerseits für eine Reihe von wichtigen physikalischen und chemischen Eigenschaften verantwortlich. Soweit es sich beim Harzträger um organische Faserstoffe handelt, werden diese von dem Harz innig durchtränkt und hierdurch gegen die Einwirkung von Hitze, Feuchtigkeit, Chemikalien usw. weitgehend geschützt. Die Werkstoffeigenschaften, welche die einzelnen sich aus verschiedenen Bindemitteln und Füllstoffen ergebenden Preßmassen bzw. Preßstoffe aufweisen müssen, sind genormt. Die Preßstofftypen werden auch amtlich überwacht; indessen spielte bisher für eine solche Klassifizierung die Herstellungsart und der chemische Aufbau der Phenolharze keine Rolle.

Zur Herstellung der Phenolharz-Preßmassen werden die Harze mit den Füllstoffen und sonstigen notwendigen Zusätzen in starken Knet- und Mischmaschinen oder auf Walzen innig gemischt. Bei dieser Gelegenheit wird der Phenolharzanteil meist durch gleichzeitiges Erwärmen auf etwa 80—100° ungefähr bis zur Resitolform weiterkondensiert, um den späteren Härtungsvorgang in der Form so weit als möglich abzukürzen. Das Erreichen des gewünschten Kondensationsgrades gibt sich infolge der wachsenden Zähigkeit des Materials an der Höhe des Energieverbrauchs der Kneter oder Mischwalzen zu erkennen. Werden Resole als Bindemittelgrundlage verwendet, so ist bei längerer Lagerung solcher Massen mit einer gewissen Weiterhärtung zu rechnen.

Neben der Herstellung derartiger *regelloser* Preßmassen kennt man auch noch Verfahren, wonach Zellstoffplatten oder Textilbahnen mit einer Lösung des Harzes getränkt und die imprägnierten Lagen in Preßformen nach dem Trocknen und vorherigen Abpassen auf die Preßstückgröße zu *geschichteten* Preßstoffen verarbeitet werden. Ferner werden sowohl Phenol-Preßharze wie Phenolharz-Preßmassen vielfach auch auf dem Wege des Preßspritzverfahrens und des Strangpreßverfahrens verformt.

Der eigentliche Härtungsvorgang in der Presse erfordert bei einigen hundert kg/cm² Druck in der auf 150—180° geheizten Form eine

[1] Versuche zur Aufklärung von Phenol-Furfurolharzen wurden von Y. Hachihama, M. Imoto u. a. (*326 b*) unternommen.

Härtungsdauer von einer halben bis etwa drei Minuten. Die Härtezeit hängt natürlich in hohem Maße von der Art der Preßmasse, insbesondere der Reaktivität der Phenolharz-Komponente ab. Der bei Preßstoffen erzielte Härtungszustand des Phenolharzanteils entspricht bei ausreichender Härtezeit der Resitstufe, wenn man von hochaktiven Harzen ausgeht. Dabei liegen Methylenbrücken auf jeden Fall vor, daneben, je nach Art des härtbaren Harzes, Dimethylenätherbrücken oder stickstoffhaltige Brückenbindungen oder auch beide zusammen. Umwandlungsformen werden sich unter den üblichen Bedingungen kaum ergeben, doch können sie bei entsprechend längerer, vor allem auch bei nachträglicher Hitzeeinwirkung auf den Formling zustandekommen.

Die heutige ausgedehnte Verwendung von Phenolharz-Preßstoffen ist infolge der wertvollen und bis zu einem gewissen Grade auch variationsfähigen Werkstoffeigenschaften solcher Erzeugnisse derart vielseitig, daß ihre Einbeziehung in das vorliegende Buch viel zu weit führen würde. Doch soll wenigstens die geringe Leitfähigkeit solcher Massen für den elektrischen Strom hervorgehoben werden, die zu ihrer ausgedehnten Verwendung in der elektrischen Isoliertechnik geführt hat.

c) Phenol-Lackharze.

Ebenso wie die Phenolharze innerhalb der Industrie der plastischen Massen eine führende Rolle einnehmen, so haben sie auch unter den künstlichen Lackharzen[1] eine überragende Bedeutung erlangt. Ihre Härte und ihre Widerstandsfähigkeit gegen Chemikalien, Temperatur- und Witterungseinflüsse lassen sie für den Oberflächenschutz als ganz besonders geeignet erscheinen, selbst wenn diesen wertvollen Eigenschaften ursprünglich auch eine Reihe von Nachteilen wie Sprödigkeit, schlechte Haftung der Filme auf dem Untergrund, vielfach mangelnde Farblosigkeit und Lichtbeständigkeit, sowie eine anstrichtechnisch nicht immer leichte Verarbeitbarkeit gegenüberstanden. Indessen hat sich die Technik im Laufe eines halben Jahrhunderts ständig bemüht, diese Mängel zu überwinden, und sie hat tatsächlich hierbei überraschende Erfolge erzielt, ohne aber im einzelnen die chemischen Reaktionen zu kennen, deren sie sich hierbei bedient hat [vgl. Greth (*328*)]. Die meisten und wichtigsten derselben haben vielmehr erst in neuerer Zeit ihre Aufklärung gefunden. In ihrer Vielfalt machten sie damit — chemisch gesehen — das Phenol-Lackharzgebiet zu dem interessantesten Zweig der Phenolharze überhaupt. So ist es kein Wunder, wenn von seiten der Lackharzindustrie nicht nur die technische Entwicklung der Phenolharze beträchtlich gefördert wurde, sondern daß von dort auch die Erforschung ihres chemischen Aufbaus die wichtigsten Impulse erfahren hat.

Die einfachste und älteste Verwendung von Phenolharzen für Lacküberzüge finden wir im Einsatz von *Novolaken* für Spritlacke. Durch Verdunsten des Lösungsmittels ergeben Lösungen dieser Harze Filme mit hohem Glanz, großer Härte und Polierfähigkeit, die gegen Wasser,

[1] Eingehendere Darstellungen bei Greth (*327*), ferner bei Wagner u. Sarx (*327a*). Eine neuere Zusammenstellung der einzelnen Markentypen hat Kappelmeier (*327b*) gegeben.

Säuren und schwache Alkalien, nicht aber gegen starke Laugen beständig sind. Indessen erreicht die Elastizität solcher Überzüge nicht die des natürlichen Schellacks. Unerwünschte Eigenschaften wie starke Lichtempfindlichkeit und störender Eigengeruch lassen sich heute weitgehend ausschalten. Auch Novolake, deren phenolische Hydroxylgruppen teilweise oder völlig veräthert oder verestert sind, werden zuweilen als Lackprodukte verwendet.

Aber auch auf dem Lackharzgebiet sind die härtbaren Phenolharze weitaus wichtiger als die nichthärtenden. Im Gegensatz zu den Phenolharz-Preßmassen, bei denen als härtbare Harze sowohl Resole als auch Novolak-Hexamethylentetramin-Mischungen Verwendung finden, bedient man sich auf dem Lackharzgebiet praktisch nur der *Resole.* Maßgebend hierfür mag u. a. die störende Gelbfärbung der mit Hexamethylentetramin gehärteten Harze sein. Unter den Resolen wiederum, zu deren Herstellung man meist von Reinphenol, Kresol- und Xylenol-Gemischen ausgeht, kommen alle nur denkbaren Arten zur Anwendung.

Für Lackzwecke werden Resol-Lösungen in dünner Schicht auf die Gegenstände aufgebracht und nach dem Verdunsten des Lösungsmittels in Trockenöfen oder durch Anwendung von Wärme oder z. B. auch von Infrarot-Strahlung[1] bei Temperaturen von etwa 120—200°, manchmal auch noch darüber „eingebrannt". Sie ergeben hierbei außerordentlich harte und widerstandsfähige Filme, die gegen fast alle Lösungsmittel und Chemikalien restlos beständig sind. Je nach der Art des Resols und der Einbrenntemperatur sind die Filme fast farblos oder mehr oder weniger braun gefärbt. Bei hohen Temperaturen, d. h. etwa über 180°, macht sich die Dunkelbraunfärbung der in diesem Temperaturbereich entstehenden Umwandlungsformen stark bemerkbar. Über 200° gehärtete Filme sind deshalb vielfach fast schokoladebraun. Gerade bei den härtbaren Phenol-Lackharzen kann man durch den Wechsel der Einbrenntemperaturen die Zusammenhänge zwischen den sich bei verschiedenen Temperaturen ergebenden Härtungszuständen und den Phenolharz-Eigenschaften besonders schön erkennen.

Spritlösliche Resole werden vor allem für die Metall-Lackierung auf starren Unterlagen eingesetzt. Der Sprödigkeit der Filme und ihrer vielfach geringen Haftfestigkeit kann man bis zu einem gewissen Grade durch Zusätze von spritlöslichen Weichmachern begegnen. Als solche werden z. B. weiche Kunstharze herangezogen, die durch Veresterung von Polycarbonsäuren und Polyalkoholen aufgebaut werden. Infolge eines bestimmten Anteils an unveresterten Hydroxylgruppen sind diese Harze mit den spritlöslichen Resolen verträglich, und es ist nicht ausgeschlossen, daß während des Härtungsvorganges auch eine gegenseitige Verätherung von Methylolgruppen und Hydroxylgruppen des Weichmacherharzes und damit eine chemische Bindung zwischen den beiden Kunstharzarten eintritt [GRETH (*328*)].

Eine technisch sehr bedeutsam gewordene Fortentwicklung der Metall-Lackierung auf der Basis härtbarer Phenolharze liegt in den *kohlenwasserstofflöslichen Resolen* [GRETH (*53*, *327*, *328*)] vor. Durch

[1] Vgl. M. DÉRIBÉRÉ (*328a*).

Verätherung eines Teiles der Resol-Methylolgruppen mit Monoalkoholen (vgl. S. 36 ff.) können die ursprünglich spritlöslichen Resole in benzol- und selbst benzinkohlenwasserstofflösliche härtbare Phenolharze umgewandelt werden. Indem die hierbei gebildeten Alkoxymethylgruppen zwar weniger empfindlich, grundsätzlich jedoch auch noch härtbar sind, bleibt die hohe Reaktivität von Resolen aus trifunktionellen Phenolen weitgehend erhalten, wenngleich der Härtungscharakter solcher Harze eine Änderung erfährt.

Die Verätherungsreaktion tritt zwar schon beim gemeinsamen Erhitzen des ursprünglichen Resols mit dem betreffenden Alkohol ein, doch erfordert eine lacktechnisch zweckmäßige Abwandlung der ursprünglichen Resole große Erfahrung, da der Härtungscharakter und die Verträglichkeit mit weichmachenden Stoffen gut abgestimmt sein müssen. Bei diesem Prozeß wird gleichzeitig die Kondensation des Harzes weitergetrieben und ein großer Teil der nicht mit dem Fremdalkohol veräther-ten Methylolgruppen untereinander zu Dimethylenätherbrücken veräthert. Beim Einbrennen solcher Lackharze, d. h. also in der Endstufe der Härtung, brauchen deshalb nicht mehr so viele flüchtige Bestandteile zu entweichen, wodurch eine völlig glatte und porenfreie Filmoberfläche erhalten bleibt. Allerdings wird auch aus den Alkoxymethylgruppen bei höherer Temperatur der Fremdalkohol wieder abgespalten (S. 44), doch erfolgt dieser Prozeß allmählich und zudem erst aus dem bereits erhärteten Harz, so daß hierdurch in der Regel keine Oberflächenstörungen mehr auftreten.

Unter den üblichen Härtungsbedingungen, bei denen sich der Übergang solcher kohlenwasserstofflöslicher Resole in die Resitform vollzieht, bleibt je nach der Art des Resols, der Höhe der Härtungstemperatur (etwa 150—200°) und der Länge der Härtungszeit (etwa $^1/_2$—1 Std.) ein mehr oder weniger hoher Anteil der Alkoxymethylgruppen im Harz erhalten [Hultzsch (*145*)]. Diese Endgruppen verleihen dem Film ohnedies schon eine gewisse Elastizität, die natürlich auch von der Länge der Kohlenstoffkette des eingebauten Fremdalkohols abhängt. Auch die Haftung des Films auf dem Untergrund wird dadurch erhöht, ohne daß dem Resitcharakter des eingebrannten Phenolharzes hierdurch in nennenswerter Weise Abbruch getan würde.

Vor allem wird durch die Umwandlung der Spritlöslichkeit des Resols in eine Kohlenwasserstofflöslichkeit aber auch die Verträglichkeit mit Weichmachern der verschiedensten Art ganz erheblich gesteigert, so daß bei derartigen Resolen der Einbau beinahe beliebigen plastifizierender Stoffe möglich ist. Deshalb können in diesem Fall nicht nur Polycarbonsäure-Polyalkohol-Weichharze, sondern auch die für eine Plastizitätserhöhung besonders geeigneten Stoffe mit langgestreckten Molekülketten, wie Polyvinyl- und Polyacrylverbindungen, sowie vor allem auch die fetten Öle und fettsäurehaltigen Alkydharze herangezogen werden [Greth (*328*)]. Sobald diese Stoffe noch gewisse funktionelle Gruppen oder auch Doppelbindungen aufweisen, kann es beim Härtungsvorgang zu chemischen Bindungen zwischen Phenolharz und Weichmacher kommen, wodurch natürlich die Stabilität der Filme solcher *plastifizierter kohlenwasserstofflöslicher Phenolharze*, wie sie als „*Durophene*“ im Handel sind, bedeutend erhöht wird.

Diese Weichmacher werden vielfach schon während der Verätherung des Resols mit dem Fremdalkohol zugesetzt und können deshalb gegebenenfalls schon in dieser Harzbildungsphase mit dem Phenolharz in Reaktion treten. Hierdurch kommt eine noch weitergehende Bindung zwischen Phenolharz und Weichmacher zustande, als es beim nachträglichen Zusatz zu dem abgewandelten Resol der Fall wäre. Die Chromanbildungs-Reaktion allerdings, die zwischen Resolen und ungesättigten Weichmachern, etwa fetten Ölen, zustandekommen kann (vgl. S. 78), erfordert eine höhere Reaktionstemperatur und findet deshalb erst während des Einbrennens der Filme statt [HULTZSCH (*145*)].

Bei der Plastifizierung von spritlöslichen Resolen mit Weichmacherharzen verringert sich im allgemeinen die Verträglichkeit nach Erreichen der Vollhärtung. Hierdurch sinkt die plastifizierende Wirkung ab, sofern nicht ganz erhebliche Mengen an Weichmacherharz dem Phenolharz beigemischt sind. Je größer aber der Anteil an Weichmacherharz im Film ist, um so mehr treten die wertvollen Beständigkeitseigenschaften des gehärteten Phenolharzes in den Hintergrund. Demgegenüber sind die mit höheren Monoalkoholen verätherten Resole erheblich im Vorteil: erstens üben schon die Alkoxymethylgruppen eine plastifizierende Wirkung aus, so daß der Weichmacheranteil in diesem Fall stark eingeschränkt werden kann. Zweitens bleibt die Verträglichkeit zwischen Weichmacher und Phenolharz bis in die höchsten Härtungsstufen bestehen, wodurch einerseits auch der Plastifizierungseffekt aufrecht erhalten und andererseits der Eintritt gegenseitiger Reaktionen, z. B. im Sinne der Chromanbildung, erleichtert wird.

Anstelle der Verätherung mit Alkoholen können auch andere *Modifikationen* der Phenolharze durch Abwandlung der Methylolgruppen vorgenommen werden, z. B. deren Veresterung (*329*) oder ihre Umsetzung mit Aminen und Amiden (*330*) und schließlich auch die Benzdioxanbildung (*331*) (S. 79). Eine praktische Anwendung konnten derartige Reaktionen indessen auf dem Lackharzgebiet bisher noch nicht finden.

Von größter Wichtigkeit sind jedoch Prozesse, in denen Phenolharze durch Erhitzen mit Naturharzen modifiziert und anschließend zu Öllacken verarbeitet oder unmittelbar durch „Verkochen“ mit ungesättigten Ölen zu Öllacken umgesetzt werden. Bei diesen Verfahren führt indessen der Einbau der modifizierenden Komponenten zu einer so beträchtlichen Abweichung von den üblichen Phenolharzstrukturen, daß die Besprechung dieser Vorgänge und Produkte in einem eigenen Kapitel vorgenommen werden soll, zumal auch die hier in Betracht kommenden chemischen Reaktionen eine besondere Darstellung verdienen. Der Vollständigkeit halber muß aber schon an dieser Stelle auf die große Bedeutung hingewiesen werden, welche den *naturharzmodifizierten Phenolharzen*, sowie den *Alkylphenolharzen* auf dem Lackharzgebiet zukommt.

Neben der Hitzehärtung von Phenolharzen greift man vor allem in neuerer Zeit auch in der Lackindustrie in steigendem Maße auf die

Säurekalthärtung von Resolen[1] zurück, um die harten und widerstandsfähigen Phenolharzüberzüge auch auf Gegenstände größerer Ausdehnung oder solche aus hitzeempfindlichem Material aufbringen zu können. Durch Auswahl geeigneter Resole und wirksamer Säurekatalysatoren [KRAUS (*315*)], die beide kurz vor dem Gebrauch zusammengegeben werden, gelangt man zu Lackprodukten, die genügend rasch härten und helle, lichtbeständige Filme von großer Oberflächenhärte ergeben können. Solche Lacke eignen sich besonders für die Holzlackierung, zumal sich in diesem Fall nicht wie bei metallischen Unterlagen eine störende Einwirkung des Säurekatalysators auf den Untergrund bemerkbar macht.

Der durch die Säurehärtung erreichte Endzustand von Phenolharz-Lackfilmen entspricht nicht dem durch Hitzeeinwirkung gebildeten Resit. So herrschen z. B. in den säuregehärteten Filmen Methylenbrücken vor; Dimethylenätherbrücken oder Alkoxymethylgruppen sind nurmehr insoweit vorhanden, als sie schon im ursprünglichen Resol vorgebildet waren und unter den milden Bedingungen der Säurekalthärtung nicht mehr restlos gespalten und dabei in Methylenbrücken umgewandelt werden. Die dünne Filmschicht läßt eine nennenswerte, die Härtungsvorgänge fördernde Eigenerwärmung, wie sie durch die exotherme Reaktion in größeren Resolmassen eintritt, nicht aufkommen. Der Kondensationsgrad von säuregehärteten Phenolharzfilmen ist offensichtlich niedriger als der von hitzegehärteten. Infolgedessen ist z. B. die Wasserbeständigkeit und Wasserdampfdurchlässigkeit bei den ersteren nicht so ausgeprägt wie bei den letzteren. Zum Teil lassen sich sogar aus säuregehärteten Phenolharzfilmen mit organischen Lösungsmitteln noch niedermolekulare Bestandteile herauslösen.

Auch in die für eine Säurehärtung vorgesehenen Phenolharze können plastifizierende Alkoxymethylgruppen eingebaut sein, wie auch bei ihnen durch Zugabe von Weichmacherharzen eine Erhöhung der Elastizität erreicht wird. Im Gegensatz zur Hitzehärtung ist bei der Säurehärtung wohl kaum mit einer chemischen Bindung zwischen Phenolharz und Weichmacherzusatz zu rechnen.

Zusammenfassend soll hier noch einmal darauf hingewiesen werden, daß die große Fülle der Reaktionen, die bei der Besprechung der Phenolharzchemie zutage getreten ist, ihre Nutzanwendung am schönsten auf dem Gebiet der Lackharze gefunden hat. Gerade hier wirken sich die Feinheiten des Aufbaues, welche uns die völlige Beherrschung der Herstellungs-, Modifikations- und Härtungsmethoden bei den Phenolharzen erzielen läßt, am augenfälligsten aus.

d) Phenol-Leimharze und sonstige Phenolharz-Anwendungen.

Außer in den drei bisher behandelten Hauptanwendungsformen als Gießharze, als Bindemittel für Preßmassen, sowie als Lackharze, treten uns härtbare Phenolharze auch bei zahlreichen anderen Verfahren oder Produkten entgegen. In der Regel werden hierbei bestimmte Stoffe

[1] Zur praktischen Anwendung vgl. GRETH (*332*), FONROBERT (*333*) sowie H. F. MÜLLER u. I. MÜLLER (*334*).

durch eine Imprägnierung mit Phenolharz veredelt. Es können aber auch unmittelbar neuartige Werkstoffe durch die Verwendung von Phenolharzen als Bindemittel geschaffen werden, wie dies ja auch bei der Herstellung von Phenolharz-Preßstoffen der Fall ist. Die wichtigsten dieser Verfahren sollen hier kurz zusammengestellt werden.

Eine größere Gruppe von Erzeugnissen faßt man unter dem Begriff *geschichtete Produkte* zusammen. Hier handelt es sich um Werkstoffe, die durch eine Verleimung mehrerer oder zahlreicher Lagen von Papier, Textilien oder Furnierholz mittels härtbarer Phenolharze gebildet werden[1]. Je nach Arbeitsweise, insbesondere entsprechend dem zur Anwendung kommenden Druck, tritt hierbei eine mehr oder minder hohe Verdichtung des Gefüges ein. Neuerdings ist man dazu übergegangen, derartige Schichtpreßstoffe in einem *Hochfrequenz*feld durch die infolge der dielektrischen Verluste auftretende Hitze zu härten, weil hierbei die Erwärmung des Werkstückes von innen nach außen erfolgt und deshalb die bei der Härtung sich bildenden flüchtigen Stoffe leichter entweichen können[2].

Im einzelnen kennt man z. B. *Hartpapier* und *Hartgewebe*, bei denen Papier- oder Textilgewebebahnen mit Lösungen härtbarer Phenolharze getränkt und nach dem Trocknen unter Druck und Hitze gewissermaßen schichtweise verschweißt werden. Die Härtungsdauer beträgt je nach der Dicke des Formstücks eine halbe bis mehrere Stunden bei 160°. Der angewandte Druck liegt in der Größenordnung von etwa 100 kg/cm² oder auch niedriger. Auf diese Weise werden bevorzugt Platten, Rohre und Stäbe angefertigt. Hartpapier stellt ein wertvolles Isoliermaterial für die Elektroindustrie dar. In der Regel wird es aus Kresolharzen hergestellt, weil dieses bessere dielektrische Werte ergibt als Harze aus Reinphenol. Hartgewebe dienen u. a. vor allem als Baustoffe für Maschinenteile, z. B. zur Herstellung von geräuschlos laufenden Zahnrädern.

Durch Verleimung mehrerer Lagen von Furnierholz mit härtbarem Phenolharz entsteht das *Schichtholz*. Arbeitet man hierbei nur mit dem üblichen Verleimungsdruck, so erhält man nichtverdichtetes Schichtholz, welches als Leichtbaustoff Verwendung findet. Eine bekannte Arbeitsweise besteht darin, daß man die Verleimung mittels doppelseitig mit Phenolharz versehenen Folien (*„Tegoleimfilm"*) vornimmt. Man kann ferner in diese noch eine Drahtgewebeeinlage einbringen, die durch elektrische Beheizung die für die Härtung nötige Hitze von innen zuführt (*„Tegowiroleim"*). Dadurch ergibt sich die Möglichkeit, auch dickere Holzteile in bequemer Weise mit Phenolharzen verleimen zu können. Nimmt man die Schichtholzherstellung unter hohem Druck vor, so tritt eine starke Verdichtung des Materials ein. Es entsteht so ein Werkstoff mit einer Wichte von etwa 1,4 und sehr hohen Festigkeitseigenschaften (*„Lignofol"*), der als Ersatz für ausländische Harthölzer Verwendung findet, und aus dem man ähnlich wie aus Hartgewebe auch Maschinenteile, z. B. Zahnräder fertigt.

---

[1] Eine Übersicht findet sich bei SAECHTLING u. MIELKE (*335*).

[2] Näheres bei STÄGER u. HELD (*336*) sowie RÖMER (*337*).

In neuerer Zeit wird in immer steigendem Maße auch die Säure-Kalthärtung zur *Holz-*, ja selbst zur *Metallverleimung* herangezogen [vgl. H. F. MÜLLER u. I. MÜLLER (*334*)], die wie die Phenolharz-Verleimung durch Hitze nicht nur den Vorteil einer hohen Haftfestigkeit, sondern auch den der Wasser-, Koch- und Fäulnisbeständigkeit bietet. Bei derartigen Kalt-Leimharzen spielt natürlich der Umstand eine Rolle, daß die Harze nach Zusatz der Härtersäure bereits im Mischgefäß zu erhärten beginnen und deshalb bald, d. h. in wenigen Stunden verarbeitet werden müssen. Durch einen geeigneten Harzaufbau und durch Zusatz von Lösungsmitteln sucht man die Gebrauchsdauer fertiger Leim-Mischungen zu erhöhen, ohne dabei die Abbindegeschwindigkeit zu sehr zu verringern. Auch das p_H der fertigen Leime muß entsprechend eingestellt werden [LITTLE u. PEPPER (*338*)].

Eine besonders günstige, allerdings verhältnismäßig noch kostspielige Art der Phenolharz-Kaltverleimung ist die mit *Resorcinharzen* [RHODES (*316*), GLAUERT (*339*), HANCOCK (*340*)]. Resorcin ist wegen seiner beiden zueinander meta-ständigen phenolischen Hydroxylgruppen ganz besonders reaktionsfähig (vgl. S. 17). Das Reaktionsvermögen dieses für sich allein schon sehr sauer wirkenden Phenols ist sogar so stark, daß beispielsweise daraus hergestellte Novolake nach Zusatz von Paraformaldehyd auch ohne einen Säurehärter bei Zimmertemperatur bis zur Resitstufe härten können. Dadurch läßt sich jegliche schädliche Einwirkung der sonst zur Kalthärtung nötigen starken Säuren auf den Untergrund vermeiden.

Insgesamt läßt sich feststellen, daß die Phenolharz-Leime zusammen mit anderen Kunstharz-(Harnstoff- und Melaminharz-)Leimen wegen ihrer gleichmäßigen Verarbeitungseigenschaften und ihrer hohen Beständigkeit gegen Feuchtigkeits-, Witterungs- und Fäulniseinflüsse geradezu einen Umschwung in der Technik der Holzverarbeitung herbeigeführt und diese erheblich ausgeweitet haben. Zahlreiche Holzkonstruktionen, z. B. auch im Flugzeugbau, sind dadurch erst ermöglicht worden.

Phenolharze werden ferner zur *Imprägnierung* von Textilien, Pappen, Faserplatten und ähnlichen Stoffen herangezogen. Vielfach verwendet man für solche Zwecke nicht Lösungen, sondern Emulsionen von Resolen. Solche Emulsionen kommen weiterhin auch für die *Leimung bei der Papierherstellung* in Frage, wobei gerade in diesem Fall außer härtbaren auch nichthärtbare Phenolharze verwendet werden können. Als *Bindemittel* haben härtbare Phenolharze Bedeutung z. B. für die Herstellung von Schleifscheiben, Bremsbelägen, von Faserlederwerkstoff, sowie für Formsand bei der Herstellung von Gießkernen. Mischungen von Asbest und härtbarem Phenolharz werden in Formen aus Holz oder Blech im Bakelisator gehärtet und ergeben so spannungsfreie Werkstücke und Auskleidungen für säure- und chemikalienfeste Apparaturen (*„Haveg"*). Säurehärtende Resole dienen schließlich auch als *Vergußmassen* bei Steinauskleidungen für säurefeste Behälter.

In den letzten Jahren haben sich Kombinationen von natürlichem und künstlichem *Kautschuk mit Phenolharzen* gut eingeführt. Derartige

Massen weisen z. B. auf Metalloberflächen eine ausgezeichnete Haftfestigkeit auf und dienen deshalb u. a. zur Kautschuk-Metall-Verleimung. Beim Erhitzen von Kautschuk mit eigenhärtenden Phenolharzen läßt sich, wenn die gegenseitige Löslichkeit beider Stoffe gewahrt bleibt, eine Vulkanisation des Kautschuks erreichen. Je nachdem in derartigen Massen der Phenolharz- oder Kautschuk-Anteil überwiegt, entstehen dabei Kunststoffe mit verschiedenartigem Charakter [SEARER (*341*)].

Gekörnte, unlösliche Phenolharze besonderer Art werden seit einer Reihe von Jahren als *Kationenaustauscher*[1] anstelle von Permutiten verwendet. Die Bindung der Kationen an das Phenolharz erfolgt nicht durch Adsorption, sondern durch Salzbildung. Vor allem eignen sich für diesen Zweck Phenolharze aus zweiwertigen Phenolen (Resorcin) oder Harze mit eingebauten Carboxyl- und Sulfonsäuregruppen. Sie wirken wie unlösliche hochmolekulare Säuren und entziehen neutralen Salzlösungen die Kationen oder tauschen gebundene Kationen gegen solche der umgebenden Flüssigkeit aus. Deshalb werden sie vor allem zur Enthärtung von Wasser, aber auch für verschiedene andere Zwecke gebraucht. Zweckmäßig werden die Kunstharz-Kationenaustauscher durch die Anwendung von Kunstharzen mit basischen Gruppen als Anionenaustauscher ergänzt.

Zum Schluß sei noch darauf hingewiesen, daß durch *Sulfonierung* von Novolaken oder naturharzmodifizierten Phenolharzen Produkte entstehen, die als Gerbstoffe oder Textilhilfsmittel Verwendung gefunden haben [vgl. SCHEIBER (*343*)].

III. Reaktionen zwischen Resolen und ungesättigten Naturstoffen.

Es wurde bereits betont, daß auf dem Gebiet der Phenol-Lackharze die Vielfalt der Phenolharzprodukte und deren chemische Eigenart besonders eindringlich zur Geltung kommt. Einige von ihnen verdienen wegen der bei ihrer Entstehung und Verarbeitung sich abspielenden interessanten chemischen Umsetzungen sogar eine gesonderte und ausführliche Darstellung.

Zu den wertvollsten Anstrichstoffen zählen seit jeher die *Öllacke*. Es handelt sich bei ihnen um Kombinationen von Harzen mit trocknenden Ölen, bei denen erstere dem Film vornehmlich den Körpergehalt, letztere die Elastizität verleihen. Die trocknenden Öle, die man schon vor oder während der Lackherstellung durch Polymerisationsreaktionen eindicken kann, verfestigen sich im aufgestrichenen Film durch die Einwirkung von Luftsauerstoff zu einem unlöslichen Gel, welches durch das eingelagerte Harz Härte und Widerstandsfähigkeit gegen die verschiedenen Einflüsse erlangt.

Während in früheren Zeiten in der Lackindustrie als Harze ausschließlich solche natürlichen Ursprungs, wie Kolophonium und vor allem Hartharze wie Kopale und Bernstein zur Verwendung gelangten, ist man seit

[1] Näheres z. B. bei GRIESSBACH (*342*), SCHEIBER (*343*), CARSWELL (*323*) u. BAUMANN (*344*).

dem Ersten Weltkrieg in ständig steigendem Maße zur Verarbeitung von Kunstharzen übergegangen. Die Herstellung von Öllacken aus Phenolharzen war aber zunächst dadurch außerordentlich erschwert, daß letztere im allgemeinen in fetten Ölen nicht homogen löslich sind. Eine Verwendung der völlig unlöslichen Resite war bei dieser Arbeitstechnik ohnedies nicht möglich; aber auch Novolake und Resole lösen sich nur in sauerstoffhaltigen cyclischen oder in verhältnismäßig sauerstoffreichen aliphatischen Verbindungen. Mit fetten Ölen dagegen lassen sich wegen deren langen Molekülketten nur ausgesprochen kohlenwasserstofflösliche Harze verarbeiten.

Indessen gelang es den Kunstharzchemikern im Laufe der Zeit Phenolharze auf verschiedenerlei Weise so abzuwandeln, daß sie in fetten Ölen löslich sind, ja sogar mit diesen chemisch in Reaktion zu treten vermögen. In allen Fällen wird die Öllöslichkeit der Phenolharze durch den Einbau von löslichkeitsfördernden Gruppen erreicht, sei es, daß diese wie bei den Alkylphenolen schon vor der Formaldehyd-Kondensation als Substituenten im Kern vorliegen, sei es, daß sie erst durch Reaktionen am Phenolkern, an der phenolischen Hydroxylgruppe oder an der Methylolgruppe nachträglich eingeführt werden. So lassen sich Phenolharze durch Verätherung oder Veresterung der phenolischen Hydroxylgruppen mit geeigneten Verbindungen [vgl. Scheiber *305*)] oder durch nachträgliche Einführung von Alkylresten in die Phenolkerne (*345*) öllöslich gestalten. Auch die Verätherung und Veresterung von Methylolgruppen kann, wie schon bei der Besprechung der Lackharze näher ausgeführt wurde, eine Verträglichkeit mit fetten Ölen mit sich bringen. Vor allem aber spielt die Chromanbildung aus o-Chinonmethiden und olefinischen Verbindungen (S. 78) in der Industrie der Öllacke eine hervorragende Rolle.

Es gelingt nämlich so, durch Umsetzung von einfachen Phenolresolen mit ungesättigten Naturharzen neue, und zwar öllösliche Kunstharze aufzubauen, aus denen nunmehr Öllacke hergestellt werden können. Hat man dagegen bereits öllösliche Resole, so können diese auch unmittelbar mit den ungesättigten Ölen zu Öllacken „verkocht" werden. In dieser Weise macht man von den Alkylphenolharzen (S. 124) Gebrauch, während man die hochaktiven kohlenwasserstofflöslichen Resole (S. 150ff.) aus praktischen Gründen zwar mit fetten Ölen plastifiziert, jedoch nicht mit diesen allein zu streichbaren Öllacken verarbeitet.

Im folgenden werden sowohl die technisch sehr wichtigen naturharzmodifizierten Phenolharze als auch die unmittelbare Umsetzung zwischen öllöslichen Resolen und ungesättigten Naturstoffen, die mit dem lange Zeit vielumstrittenen Begriff der *Ölreaktivität* von Phenolharzen verbunden ist, eine eingehende Besprechung erfahren.

a) Naturharzmodifizierte Phenolharze.

Schon in den Jahren, als sich vor allem Baekeland und Lebach (3) mit der technischen Verwertung der härtbaren Phenolharze erfolgreich befaßten, gelang L. Berend (*68*) durch deren Umsetzung mit Kolophonium die Herstellung neuartiger öllöslicher Produkte, die in der

Folgezeit als „*Albertole*" die natürlichen Hartharze Bernstein und Kopale in der Lackindustrie immer mehr verdrängten und deshalb auch als „Kunstkopale" bezeichnet wurden. Sie sind wie die natürlichen, ausgeschmolzenen Kopale entweder schon beim leichten Erwärmen oder nach kurzem Erhitzen in fetten Ölen löslich, wobei solche Lösungen auch beim Abkühlen und Verdünnen mit Lackbenzin klar bleiben. Indem es gelang, sehr helle, reine und lichtbeständige Harze dieser Art in großer Gleichmäßigkeit herzustellen, haben ähnlich wie die härtbaren Phenolharze auch die naturharzmodifizierten Phenolharze in bedeutendem Maße zu der Entwicklung der Kunstharzindustrie beigetragen.

Die Grundbestandteile der modifizierten Phenolharze sind Kondensationsprodukte aus Phenolharzen und natürlichen Harzsäuren, die man als „*Albertolsäuren*" bezeichnet hat [vgl. GRETH (*328*)]. Ihre weitere, gemeinsam mit natürlichen Harzsäuren oder auch mit höheren Fettsäuren vorgenommene Veresterung durch Polyalkohole, z. B. durch Glycerin, ergibt die eigentlichen modifizierten Phenolharze, wie sie in der Lackindustrie zur Verwendung kommen.

Die zur Herstellung solcher Produkte dienenden Naturharzsäuren stehen in Form von *Kolophonium*, einem verhältnismäßig wohlfeilen natürlichen Rohstoff, zur Verfügung. Dieses stellt ein Gemisch von isomeren, ungesättigten Terpensäuren der Formel $C_{20}H_{30}O_2$ dar, deren wichtigste die Lävopimar- und die Abietinsäure sind[1]. Die Formel

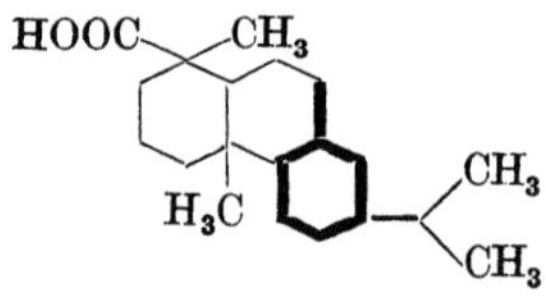

Grundgerüst der Abietin- und Lävopimarsäure

dieser Harzsäuren geht aus der obenstehenden Abbildung hervor, wobei allerdings noch im Molekülbereich der stark ausgezogenen Bindungen jeweils zwei Doppelbindungen vorhanden sind, deren Lage bisher aber noch nicht völlig geklärt ist. Offensichtlich handelt es sich bei der Lävopimarsäure jedoch um konjugierte, bei der Abietinsäure vielleicht um isolierte Doppelbindungen. Über 100° wandelt sich die Lävopimarsäure in Abietinsäure um, welche ihrerseits aber wieder zur ersteren isomerisieren kann. Außer dem hydroaromatischen, ungesättigten Terpencharakter ist an diesen Harzsäuren noch die an einem tertiären Kohlenstoffatom befindliche Carboxylgruppe bemerkenswert, die sich einerseits verhältnismäßig schwer verestern läßt, andererseits aber auch entsprechend schwer verseifbare Ester ergibt. Für die chemische Beständigkeit der Endprodukte ist dieser Umstand von Bedeutung.

Die Reaktionen bei der Umsetzung von Resolen mit Kolophonium erfuhren erst in neuerer Zeit ihre Aufklärung [HULTZSCH (*66*, *216*) und GRETH (*327*)]. Heute stellt sich die Entstehung von Albertolsäuren im wesentlichen als eine Abbruchreaktion der Phenolharz-Härtung

[1] Näheres z. B. bei RUZICKA (*346*) u. SANDERMANN (*347*).

durch eine *Chromanbildung mit den ungesättigten Harzsäuren* dar[1]. Sie wird dadurch ermöglicht, daß die Resole im geschmolzenen Kolophonium löslich sind. Zu dem beim gemeinsamen Erhitzen einsetzenden Härtungsvorgang des Phenolharzes selbst tritt dann auch die Chromanbildung, und zwar erfolgt die Reaktion vor allem nach Maßgabe des mengenmäßigen Verhältnisses der härtbaren Gruppen und Dimethylenätherbrücken des Phenolharzes zu den Doppelbindungen der Naturharzsäuren. Öllösliche Produkte, wie sie praktisch ja gewünscht werden, entstehen nur, wenn die Phenolharz-Härtung frühzeitig durch die Chromanbildung abgebrochen und deshalb der Phenolharz-Anteil der Albertolsäure nicht zu groß wird.

Infolge des verhältnismäßig hohen Molekulargewichts der Harzsäuren (Molekulargewicht der Abietinsäure = 302) ist der vom Phenolharz gelieferte Anteil der löslichen Albertolsäuren im Vergleich zu dem der modifizierenden „Endgruppe" niedrig, zumal sich in bevorzugtem Maße durch eine zweiseitige Endgruppenreaktion sogar Dicarbonsäuren ausbilden und selbst Polycarbonsäuren entstehen können. Hier spielt auch die jeweilige Reaktivität des betreffenden Resols eine Rolle. Resole aus bi- und trifunktionellen Phenolen reagieren vor der Chromanbildung im allgemeinen mindestens noch bis zur Methylendiphenol-Form, wenn diese nicht schon von vornherein im Resol vorgelegen hat. Das Durchschnittsmolekulargewicht solcher Albertolsäuren (in Campher bestimmt) pflegt bei löslichen Produkten den Wert 1000 nicht wesentlich zu übersteigen [Hultzsch (*145*)], wobei allerdings zu berücksichtigen ist, daß die spätere, zum Endprodukt führende Veresterung mit dem Polyalkohol nochmals eine Molekülvergrößerung mit sich bringt.

Über den Feinbau des Phenolharz-Anteils in den Albertolsäuren herrschen jedoch noch Unklarheiten. Sie konnten vor allem deswegen bisher noch nicht beseitigt werden, weil Versuche zur Reindarstellung dieser Kunstharzsäuren durch Krystallisation erfolglos waren. So ist z. B. unbestreitbar, daß Resole aus trifunktionellen Phenolen zu ungleich viskoseren, höher schmelzenden und damit auch technisch wertvolleren Albertolsäuren führen als Resole aus bifunktionellen Phenolen. Es liegt nichts näher, als dies auf die im ersteren Fall entsprechend gesteigerten Möglichkeiten zur Molekülvergrößerung zurückzuführen. Dem widersprechen jedoch die gefundenen Werte der Molekulargewichtsbestimmungen. Deshalb kann man auch an eine intramolekulare Vernetzung, d. h. eine weitere Ringschlußbildung innerhalb des Albertolsäuremoleküls denken, für die aber bisher noch kein Beweis vorliegt. Während die eine funktionelle Gruppe des Phenols (im allgemeinen die para-Stellung) sehr wahrscheinlich durch Methylenbrücken-Bildung, ferner die eine ortho-Stellung zusammen mit dem phenolischen Hydroxyl für die Chromanbildung in Anspruch genommen sind, bleibt die Rolle, welche der dritten funktionellen Gruppe zukommt, noch unklar. Denkbar wäre jedoch, daß hier, nach der Ausschaltung der freien phenolischen Hydroxylgruppe durch die Chromanbildung, Methylolgruppen oder

[1] Die von Oschmann (*347a*) neuerdings vorgebrachten Theorien über die Albertolsäure-Bildung sind reichlich abwegig.

intramolekulare Dimethylenätherbrücken erhalten bleiben, die erst bei höheren Temperaturen, d. h. etwa zwischen 200° und 250° in gewissem Umfang Veresterungsreaktionen der Carboxylgruppen, vielleicht aber auch in anderer Weise irgendwelche Vernetzungen bewirken könnten.

Tatsächlich konnte HULTZSCH (*145*) bei Albertolsäuren auch Hydroxylgruppen nachweisen. Mindestens in einigen Fällen sind diese jedoch zweifellos phenolischer Natur. Denn erstens braucht ja nicht an jedem Phenolkern eine Chromanbildung stattzufinden, und zweitens ist vielleicht auch mit der Möglichkeit einer Reaktion von Phenolharzen in der auf S. 80 unten formulierten Art zu rechnen, bei welcher die phenolischen Hydroxylgruppen als solche erhalten bleiben. Immerhin ist experimentell sichergestellt, daß bei der Albertolsäure-Bildung normalerweise als Hauptreaktion der weitaus größte Teil der phenolischen Hydroxylgruppen und dementsprechend eine gleiche Anzahl von Doppelbindungen durch die Chromanbildung ausgeschaltet werden. Hierauf beruht letzten Endes ja die gute Lichtbeständigkeit dieser Kunstharze. Auch die aus der Harzsäure zur Verfügung stehende Carboxylgruppe bleibt zunächst vollkommen unverändert und wird erst später in geringem Maße durch die erwähnten Hydroxylgruppen der Albertolsäuren selbst verestert.

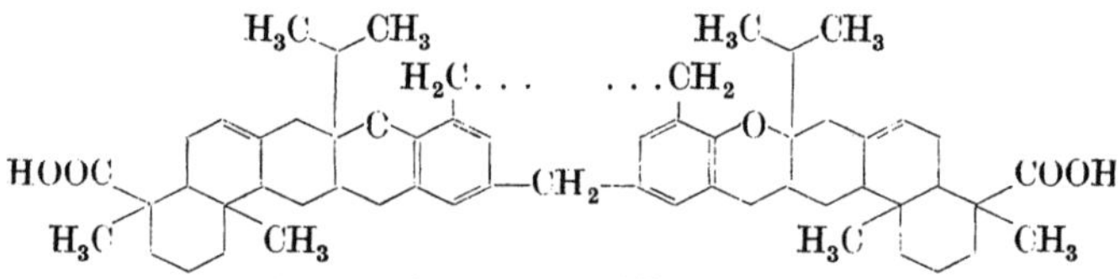

Formelskizze einer Albertolsäure.

In obiger Formel wird gezeigt, wie man sich den Bau einer Albertolsäure etwa vorstellen kann. Natürlich ist diese Formel mit all den bereits angegebenen Unsicherheitsfaktoren, vor allem auch hinsichtlich der Lage der bei den Harzsäuren in Reaktion getretenen Doppelbindung, belastet. Die noch ungeklärte Reaktionsweise der dritten funktionellen Stelle im Phenolmolekül, die u. U. noch methylolhaltig ist, wurde in dieser Formel nur durch Methylengruppen mit freien Valenzen angedeutet.

Modifizierte Phenolharze mit einem verhältnismäßig hohen Kunstharzanteil pflegen sich vielfach nicht ohne weiteres in fetten Ölen zu lösen. Sie müssen mit diesen vielmehr kurze Zeit „verkocht", d. h. auf Temperaturen zwischen 150° und 280° erhitzt werden, bis das Endprodukt, der Lacksud, in der Kälte und beim Verdünnen mit Lackbenzin klar bleibt. Diese sich erst beim Erhitzen einstellende Löslichkeit ist zweifellos auf eine chemische Umsetzung zwischen Harz und Öl zurückzuführen. Man hat bisher angenommen, daß es sich hier, wie PISTOR (*348*) ausführte, um eine gegenseitige Umesterung handelt. Nach dem heutigen Stand unserer Kenntnisse von den Phenolharzen ist es aber nicht unwahrscheinlich, daß eine wenn auch vielleicht verhältnismäßig geringfügige Reaktion der Kunstharzkomponente mit der ungesättigten Ölkomponente stattfindet. Bei der Höhe der Verkochungstemperaturen kann durchaus mit dem Auftreten von Chinonmethiden durch Spaltung von Brückenbindungen des Phenolharzes gerechnet werden, wodurch dann eine Reaktionsmöglichkeit mit den fetten Ölen gegeben wäre. Allerdings wäre diese Art einer gewissermaßen erzwungenen Umsetzung der modifizierten Phenolharze mit fetten Ölen in keiner Weise mit der „Ölreaktivität" von Phenolharzen zu vergleichen, von der nachstehend die Rede sein wird.

b) Über die sogenannte Ölreaktivität der Alkylphenolharze.

Mit dem Aufkommen der öllöslichen Alkylphenolharze[1] und deren Verarbeitung mit Holzöl und anderen fetten Ölen zu hochwertigen Öllacken wurde der Begriff der *Ölreaktivität* (*349*) der Phenolharze geprägt. Man versteht darunter die Eigenschaft jener Produkte, beim gemeinsamen Erhitzen mit fetten Ölen auf etwa 180—240° unter Schäumen eine starke Viskositätserhöhung, gegebenenfalls sogar eine Gelatinierung des Lacksudes zu bewirken, ohne daß hierbei Inhomogenität eintritt. H. HÖNEL (*52*) führte diese Erscheinungen auf eine wechselseitige Reaktion zwischen dem Alkylphenolharz und dem Öl zurück und belegte diese Behauptung auch mit anschaulichen Versuchen. Trotzdem wurde seine Auffassung in der Folgezeit von verschiedenen Seiten, vor allem von DOLD (*51*) und von BUSER (*350*) bestritten und anscheinend sogar durch experimentelle Arbeiten widerlegt.

Durch die von HULTZSCH aufgefundene Chromanbildung zwischen o-Chinonmethiden und ungesättigten Verbindungen konnte indessen eine klare Entscheidung in dieser Frage in dem Sinne getroffen werden, daß sich Öl und Phenolharz tatsächlich chemisch miteinander umzusetzen vermögen. Zugleich ergab sich allerdings auch, daß man in der *Öl*reaktivität nicht etwa eine besondere Reaktionsmöglichkeit der Alkylphenolharze nur mit fetten Ölen, vor allem mit Holzöl, zu erblicken hat, sondern daß es sich hier um eine ganz allgemeine Reaktion zwischen Resolen und ungesättigten Stoffen handelt, die in dem oben genannten Fall eine praktisch wertvolle Nutzanwendung erfährt und zudem hierbei sehr schön in Erscheinung tritt. Wenn man deshalb den nun einmal eingeführten Begriff der Ölreaktivität überhaupt beibehalten will, so muß man nach HULTZSCH (*67*) heute darunter in erweitertem Sinne die Reaktionsfähigkeit zwischen Phenolalkoholen bzw. Resolen und Verbindungen mit reaktionsfähigen Doppelbindungen überhaupt verstehen. Auch die Albertolsäure-Bildung ist z. B. darauf zurückzuführen.

Ein Haupteinwand, der gegen die Annahme einer chemischen Reaktion bei der Ölverkochung erhoben wurde, fußt auf der Feststellung von DOLD (*51*), daß die Menge des bei diesem „Verkochungsprozeß" abgespaltenen Wassers stets die gleiche ist, ob man nun das Harz beispielsweise mit dem stark ungesättigten Holzöl oder mit dem praktisch reaktionsunfähigen Paraffinöl erhitzt. Dieses Argument beruht jedoch auf einem Trugschluß, denn die wasserliefernde Reaktion besteht ja in jedem dieser Fälle in der Dehydratisierung der Phenolalkohole bzw.

[1] Solche Produkte vom Typ der *„Superbeckacite"* und *„Alresene"* werden im Gegensatz zu den ebenfalls öllöslichen naturharzmodifizierten Phenolharzen vielfach auch als *„100prozentige" Phenolharze* bezeichnet.

Dioxydibenzyläther zu Chinonmethiden. Dabei ist es ganz gleich, ob diese letzteren durch gegenseitige Addition weiterreagieren oder ob sie bei Gegenwart eines reaktionsfähigen Fremdstoffes diesen anlagern. In ähnlicher Weise können auch die anderen von diesem Autor sowie später noch von BUSER (*350*) gegen die Annahme einer gegenseitigen Reaktion zwischen Öl und Phenolharz vorgebrachten Einwände widerlegt werden.

Andererseits wiesen schon Versuche von HILDITCH und SMITH (*351*) auf eine chemische Umsetzung der Komponenten hin, die schließlich auch noch von HULTZSCH (*145*) experimentell sichergestellt wurde[1]. Eine neuartige Bearbeitung hat das Problem der Ölreaktivität von Phenolharzen schließlich durch LILLEY u. OSMOND (*144*) erfahren, die durch Reihenversuche die Unterlagen für eine theoretische und kinetische Betrachtung der beim Verkochen zwischen Öl und Phenolharz eintretenden Vernetzungsreaktionen erbrachten. Natürlich brauchen sich die Reaktionspartner bei der Öl-Harz-Verkochung nicht restlos miteinander umzusetzen, sondern es können Teile des Harzes auch durch Eigenkondensation weiterreagieren, ebenso wie Ölanteile entweder unverändert bleiben oder — wie vor allem beim Holzöl — auch durch Polymerisation eine Viskositätserhöhung erfahren können.

Eine wesentliche Voraussetzung für das Zustandekommen der gegenseitigen Umsetzung ist jedenfalls die Anwesenheit von härtbaren Gruppen und Brücken im Phenolharz. Je höher also deren Menge ist, um so *reaktiver* ist das Harz. Im Gegensatz zu bisher geäußerten Meinungen [z. B. von VAN DER MEER (*250*) und LILLEY (*144*, *352*)] ist aber nicht nur die Methylolgruppe reaktiv, sondern es haben auch deren Abwandlungsformen, vor allem Äther und Ester, ja sogar die Benzdioxane als reaktive Gruppen zu gelten, da ja auch sie bei hoher Temperatur durch entsprechende Abspaltungsreaktionen in Chinonmethide übergehen.

Das zweite Erfordernis für die Ölreaktivität ist der ungesättigte Charakter der Fremdstoffkomponente. Je höher die Konzentration an Doppelbindungen im Reaktionsgemisch ist, in umso stärkerem Maße tritt gegenseitige Umsetzung ein. Besonders spielt aber auch die konstitutionell bedingte *Aktivität der Doppelbindungen* eine wichtige Rolle. So sind z. B. die konjugierten Doppelbindungen des Holzöls in wesentlich höherem Maße zur Reaktion mit Alkylphenolharzen geneigt als die isolierten Doppelbindungen des Leinöls. Die Folge davon ist, daß beim Verkochen eines Alkylphenolharzes mit Leinöl ein größerer Anteil Harz in sich härtet als unter gleichen Umständen bei der Reaktion mit Holzöl, trotzdem die Zahl der Doppelbindungen in beiden Fällen nicht sehr verschieden ist. Eine stärkere Eigenverharzung des Phenolharzes äußert sich aber in einer stärkeren Farbvertiefung, die eine Begleiterscheinung der in diesem Temperaturbereich stattfindenden Umwandlungsreaktionen des Phenolharzes darstellt (vgl. S. 133). Außerdem ist auch die im Falle der Reaktion mit Leinöl eintretende Viskositätssteigerung wesentlich geringer.

[1] Weitere beweiskräftige Versuche in dieser Richtung wurden von C. P. A. KAPPELMEIER (*351*a) durchgeführt. Vgl. auch P. O. POWERS (*351*b).

Schließlich erfordert die glatte Umsetzung von härtbaren Phenolharzen mit ungesättigten Fremdstoffen eine einwandfreie *gegenseitige Löslichkeit* der Komponenten zumindest bei der Reaktionstemperatur. So lassen sich normale Resole aus trifunktionellen Phenolen wegen ihrer ausgesprochenen Alkohollöslichkeit nur in verhältnismäßig wenigen, günstig gelagerten Fällen mit ungesättigten Fremdstoffen zur Umsetzung bringen. Die fast universell löslichen Alkylphenolharze hingegen erfahren in dieser Hinsicht keinerlei Einschränkung und können deshalb auch mit ungesättigten Estern höheren Molekulargewichts, ja selbst in hochsiedenden ungesättigten Kohlenwasserstoffen ohne Schwierigkeit kondensiert werden. Eine Mittelstellung zwischen diesen beiden härtbaren Harzen nehmen solche Resole ein, die durch entsprechende Abwandlung der Methylolgruppen in ihren Löslichkeitseigenschaften weitgehend den Alkylphenolharzen gleichen, diesen gegenüber jedoch wegen ihrer höheren Zahl von reaktiven Gruppen und Kern-Wasserstoffatomen einen ungleich höheren Wirkungsgrad aufweisen.

Der Eintritt der Umsetzung mit dem Fremdstoff erfordert offensichtlich eine *Aktivierung der Doppelbindungen* desselben *durch Wärmezufuhr,* weshalb die Reaktion nur bei höherer Temperatur, etwa zwischen 160° und 240° gelingt. Je labiler dabei die härtbaren Gruppen des Phenolharzes sind, um so leichter führen sie schon vorzeitig zur Eigenverharzung des Phenolharzes anstatt zur Vereinigung mit dem Fremdstoff. Auch aus diesem Grund sind die normalen Resole aus trifunktionellen Phenolen wegen ihrer leichteren Härtbarkeit schwieriger mit ungesättigten Stoffen zu kondensieren als die durch Substituenten belasteten und daher reaktionsträgeren Alkylphenolharze. Doch gelingt es auch bei den hochaktiven Resolen die Labilität durch geeignete Maßnahmen, z. B. durch Abwandlung der Methylolgruppen, in zweckmäßiger Weise zu vermindern.

Es steht heute außer Zweifel, *daß* sich härtbare Phenolharze mit ungesättigten Fremdstoffen bei höherer Temperatur umsetzen. Indessen bestehen noch gewisse Unsicherheiten, *wie* sich die Reaktion im einzelnen vollzieht. Zum Teil wurde hierauf schon im vorangehenden Kapitel beim Aufbau der naturharzmodifizierten Phenolharze hingewiesen. Nach Versuchen von HULTZSCH (*145*) stellt die Chromanbildung die Hauptreaktion dar. Auch von anderer Seite wurde beim Lackkochen ein auf diesen Vorgang hinweisendes Verschwinden von phenolischen Hydroxylgruppen [BOWLES (*353*)] und von Doppelbindungen des Öles [SINGER (*354*)] festgestellt. Schließlich ließ sich diese Reaktion von CUNNEEN, FARMER u. KOCH (*355*) noch bei der Umsetzung von Phenolalkoholen mit Kautschuk sowohl durch Analyse als auch auf spektroskopischem Wege nachweisen. Immerhin ist neben der Chromanbildung noch eine ohne Ringschluß verlaufende Reaktion zwischen Resolen und ungesättigten Stoffen in Betracht zu ziehen (S. 80 unten), die zumindestens für p-Methylolgruppen nachgewiesen ist. Da letztere aber in technischen Phenolharzen in der Regel frühzeitig zu Methylenbrücken zwischen den Phenolkernen führen, und da eine solche Reaktion bei o-Phenolalkoholen bisher noch nicht festgestellt wurde, wird das tatsächliche Ausmaß einer solchen

Kondensationsart mit ungesättigten Fremdstoffen, wenn sie überhaupt stattfindet, jedenfalls ziemlich unwesentlich sein. Im Gegensatz zu diesem Standpunkt befindet sich allerdings die Auffassung von VAN DER MEER (*250*), der die *Vulkanisation von Kautschuk mit Phenolalkoholen* und deren Derivaten von der theoretischen Seite her untersuchte. Die Argumente, mit denen dieser Autor die Chromanbildung als Hauptreaktion überhaupt ablehnt, kann man aber an Hand der heutigen Kenntnisse der Phenolharzchemie durchaus entkräften. Die zuerst von WILDSCHUT (*356*) angekündigte Möglichkeit, daß die der Ölreaktivität zugrundeliegenden chemischen Reaktionen nicht nur bei der Kondensation von Phenolharzen mit Naturharzen und mit fetten Ölen, sondern vielleicht auch auf dem Kautschukgebiet eine praktische Anwendung finden könnten, ist inzwischen zur Tatsache geworden (vgl. S. 155f.).

Durch die Reaktion mit Phenolharzen findet sowohl bei ungesättigten fetten Ölen als auch bei Kautschuk offenbar eine Vernetzung der fadenförmigen Moleküle durch bifunktionelle Brückenglieder statt. Hierdurch wird die Viskositätssteigerung, die bis zur Gelatinierung fortschreiten kann, bzw. die Vulkanisation bewirkt. Auf Grund allgemeiner bisheriger Erfahrung sowie der Beobachtung von auftretendem Formaldehyd-Geruch bei der Verkochung verschiedener Phenolharze mit fetten Ölen ist anzunehmen, daß die Phenoldialkohole auch in diesem Falle zuerst unter Wasser- und Formaldehyd-Abspaltung Methylendiphenol-Derivate ergeben, so daß im Endeffekt formell als Bindeglieder vermutlich vielfach Dichinonmethide folgender Art wirksam werden:

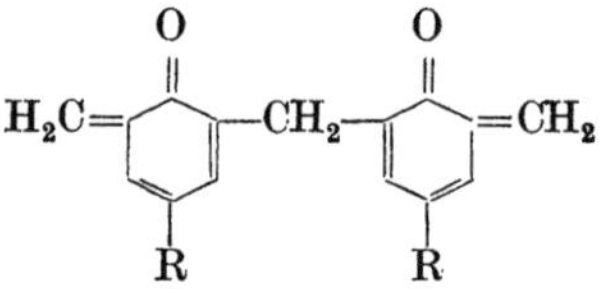

In diesem Falle könnte also die Vernetzung ausschließlich durch Chromanbildung zustande kommen. VAN DER MEER (*250*) dagegen glaubt, daß bei der Vulkanisation einkernige Phenolsubstanzen als Brückenglieder eingefügt werden und formuliert diese daher im Sinne der auf S. 80 unten angegebenen Fremdstoffreaktion folgendermaßen:

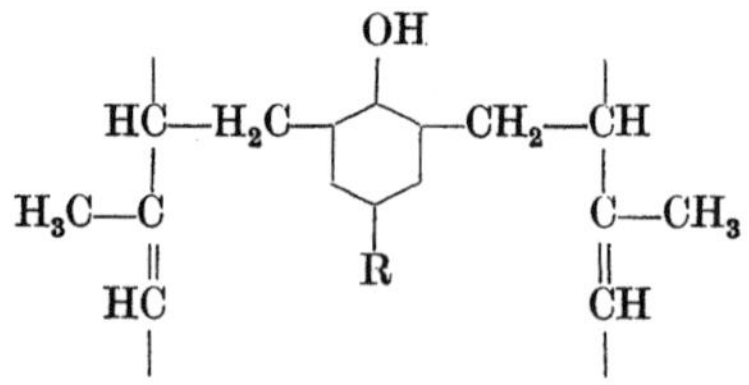

Indessen liegen dieser Annahme offenbar keine analytischen Befunde zu Grunde, so daß in dieser Hinsicht eine klare Entscheidung noch in keiner Weise getroffen werden kann, zumal auch beide Reaktionsweisen nebeneinander vorliegen könnten.

Ebensowenig ist ferner die Frage völlig geklärt, ob durch das Phenolharz eine Vernetzung verschiedener Molekülketten zustande kommt (I), oder ob die Kondensation an zwei benachbarten Doppelbindungen der gleichen Molekülkette stattfindet (II), wie dies in nachstehender Weise unter Annahme der Chromanbildung zum Ausdruck gebracht wird:

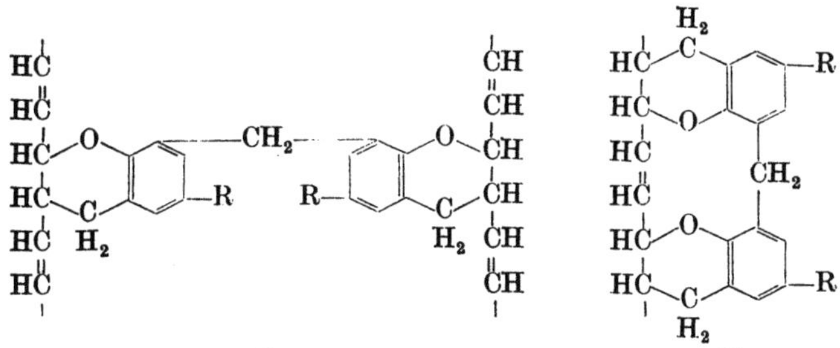

I II

Untersuchungen von HULTZSCH (*145*) über die beim Verkochen von Holzöl mit p-Alkylphenol-dialkoholen eintretenden Molekulargewichts-Steigerungen, ferner die Tatsache der hierbei zu beobachtenden außerordentlichen Viskositätszunahme, sowie im Falle der Kautschuk-Phenolharz-Reaktion der Eintritt einer deutlichen Vulkanisationswirkung weisen aber darauf hin, daß eine intermolekulare Vernetzung im Sinne der Formel I zumindestens bevorzugt ist.

Wichtig ist die Feststellung, daß es also bei der Umsetzung von Phenolalkoholen mit ungesättigten Fremdstoffen, wenn letztere eine genügende Anzahl reaktionsbereiter Doppelbindungen enthalten, gar nicht zur Ausbildung eines typischen Phenol*harzes* kommt. Vielmehr tritt lediglich eine Verknüpfung der ungesättigten Verbindungen durch Brückenelemente ein, die vermutlich nur zwei, zum Teil vielleicht auch nur einen Phenolkern enthalten. Aber selbst wenn man von Resolen ausgeht, die wie z. B. die technischen Alkylphenolharze durch eine entsprechende Vorhärtung tatsächlich schon von Anfang an vielkernige, durch Methylenbrücken und Dimethylenätherbrücken verbundene Komplexe darstellen, so werden diese bei den zur Anwendung kommenden hohen Temperaturen wieder vorwiegend zu den zwei- bzw. einkernigen Zwischenprodukten abgebaut, indem die Dimethylenätherbrücken unter Chinonmethid-Bildung auseinanderbrechen:

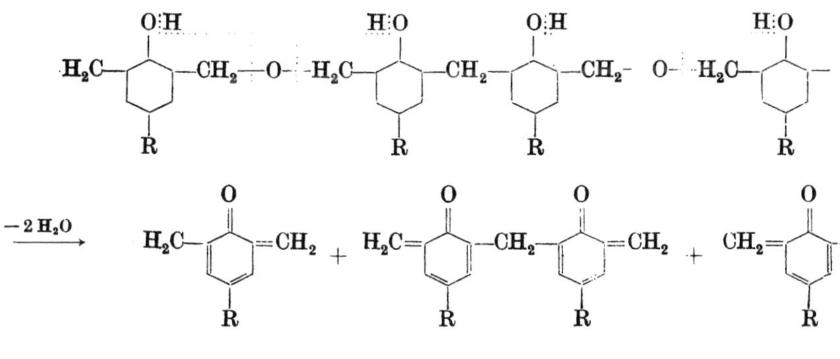

Demnach stellt auch die Verkochung von ölreaktiven Phenol*harzen* mit ungesättigten Fremdstoffen in der Hauptsache nichts anderes dar als die Vernetzung der letzteren mittels verhältnismäßig kleiner bifunktioneller Brückenelemente. Dies gab auch die Veranlassung dazu, die Frage der Ölreaktivität und im Zusammenhang damit die Bildung der naturharzmodifizierten Phenolharze in einem besonderen, in sich geschlossenen Kapitel der Phenolharzchemie zu behandeln.

Anhang.

Beitrag zur Phenolharz-Analyse.

Der Aufbau der Phenolharze wurde fast ausschließlich über den Weg eines an Modellsubstanzen durchgeführten Studiums der verschiedenen Phenolharzbildungs-Reaktionen erforscht. Es war deshalb ganz natürlich, daß anfänglich immer wieder Bedenken und Zweifel geäußert wurden, ob die mit Hilfe der einfacheren Modellsubstanzen festgestellten Reaktionen ohne weiteres auch auf die meist aus trifunktionellen Phenolen aufgebauten technischen Phenolharze zu übertragen seien. Indessen kann man sich bei einiger Vertrautheit mit der Vielfalt der technischen Phenolharze sehr schnell davon überzeugen, daß keine grundsätzlichen, sondern nur graduelle Unterschiede in der Reaktionsweise der verschiedenen Phenolalkohole aus mono-, bi- und trifunktionellen Phenolen bestehen, und daß auch die Bildung der technischen Harze durch den Ablauf der gleichen Reaktionen zustandekommt, wie sie bei den einfacheren Phenolalkoholen gefunden werden.

Äußerst schwierig ist es hingegen, dem Fernerstehenden für den Aufbau eines bestimmten Phenolharzes einen exakten und überzeugenden Beweis zu liefern, da die Harze wegen ihres eigenartigen chemischen und physikalischen Charakters analytischen Untersuchungsmethoden bisher wenig zugänglich waren. Vielleicht ist es jetzt, wo die Bildungselemente und die in den Phenolharzen vorkommenden Gruppen und Brückenbindungen gut bekannt sind, eher möglich, dafür einwandfreie Analysenmethoden zu finden.

So abgerundet demnach heute das Bild der Phenolharzchemie bereits erscheinen mag, so unbefriedigend ist der Eindruck, den ein Blick auf das Gebiet der Analyse derartiger Produkte in ihrem derzeitigen Stand vermittelt. Gerade aber wegen seiner *Unvollkommenheit* soll dieses Kapitel hier nicht übergangen werden, da sich so vielleicht am schnellsten Wege finden lassen, um das Fehlende nachzuholen. Die folgenden Ausführungen mögen daher zeigen, welche *Schwierigkeiten* für die Phenolharz-Analyse immer noch bestehen; sie sollen aber auch für deren weiteren Ausbau Anregungen vermitteln. Die bisher ausgearbeiteten Methoden bedürfen vielfach noch weiterer Erprobung, so daß davon abgesehen wird, sie hier eingehend schon im einzelnen zu beschreiben. Eine ausführliche Gesamtdarstellung muß einem späteren Zeitpunkt vorbehalten bleiben

1. Bestimmung von nichtgebundenem Phenol und unbesetzten Reaktionsstellen in Phenolkernen.

Die Menge der bei der Phenolharz-Herstellung nicht in Reaktion getretenen Phenole läßt sich ermitteln, indem man diese aus den betreffenden Produkten nach SCHEIBER (*357*) entweder durch Wasserdampfdestillation oder durch Extraktion mit einem geeigneten Lösungsmittel abtrennt und anschließend in üblicher Weise im Destillat bzw. Extrakt bestimmt. Hierzu dient vor allem die Methode nach KOPPESCHAAR (*358*), die auf der Substitution der unbesetzten Reaktionsstellen in den Phenolkernen durch Brom beruht. Zuverlässig ist diese Methode jedoch nur für Phenol selbst, sowie allenfalls für m-Kresol. Bei o- und p-Kresol ist zu berücksichtigen, daß sie nur zwei Reaktionsstellen haben und unter Umständen auch in der Methylgruppe substituiert werden können [vgl. SPRUNG (*359*), RUDERMANN (*360*)]. Noch leichter reagieren die Methylolgruppen mit Halogenen.

Wegen der Möglichkeit einer Bromierung in den ortho- und paraständigen Seitenketten sowie in den Brückenbindungen sind auch Versuche von SPRUNG (*186*) und v. EULER (*112*), die Abnahme der freien Reaktionsstellungen während der Phenolharz-Bildung durch Bromtitration zu verfolgen, nicht einwandfrei verlaufen[1]. Erst recht erscheint es nicht angängig, sogar zwingende Rückschlüsse auf die Struktur von Phenolharzen auf deren Brom- bzw. Jodverbrauch aufzubauen, wie dies in einer Arbeit von OSCHMANN (*97*) geschehen ist.

2. Bestimmung von ungebundenem Formaldehyd.

Die Bestimmung des freien Formaldehyds in Resolen oder auch in Phenol-Formaldehyd-Reaktionsmischungen kann z. B. durch Titration der bei Zugabe von Hydroxylaminchlorhydratlösung freiwerdenden Salzsäure erfolgen.

Die Methoden der jodometrischen Titration und der Oxydation des Formaldehyds durch Wasserstoffperoxyd zu Ameisensäure[2] sind deshalb nicht angängig, weil dabei neben Formaldehyd auch die Methylolgruppen oxydiert werden.

3. Bestimmung der Hydroxylgruppen.

Der größte Mangel, der nach wie vor jegliche analytische Arbeit auf dem Phenolharzgebiet außerordentlich hemmt, besteht darin, daß bisher keine Methode bekannt wurde, nach der es möglich wäre, die Menge der *phenolischen Hydroxylgruppen* in den Phenolharzen einwandfrei und ohne allzu große Schwierigkeiten zu bestimmen. Zwar sprechen die Phenole und auch die Phenolharze bei der Titration mit Alkali in Abwesenheit von Wasser gegen bestimmte, im alkalischen Bereich umschlagende Indikatoren mehr oder weniger stark an, doch ließ sich hierauf noch keine allgemein anwendbare Bestimmungsmethode aufbauen. Immerhin ist bei allen Methoden, bei denen etwa die Ermittlung der Säurezahl oder

[1] Neuere Versuche dieser Art vgl. JACQUÉ (*360a*).
[2] Siehe SCHEIBER (*361*).

Verseifungszahl von derartigen Produkten durch Titration in wasserfreier Lösung vorgenommen wird, der Einfluß der phenolischen Hydroxyle nicht außer acht zu lassen.

Die Bestimmung der *Gesamtmenge der Hydroxylgruppen*, also der Summe der phenolischen und der alkoholischen Gruppen, kann nach der bekannten Methode der Hydroxylzahl-Bestimmung (*362*) mittels eines Pyridin-Essigsäureanhydrid-Gemisches erfolgen, ohne daß hierbei eine Härtung der methylolhaltigen Verbindungen eintritt [vgl. auch BARTHEL (*363*)]. Indessen sind die durch die Acetylierung der Methylolgruppen gebildeten Acetyloxymethylgruppen sehr leicht verseifbar, so daß bei der üblichen Arbeitsweise (Rücktitration mit alkoholischer Lauge) stark schwankende, zu niedrige Werte erhalten werden können. Dennoch lassen sich bei entsprechend schonender Arbeitsweise und bei einiger Übung nicht nur von löslichen Phenolharzen gute Werte erhalten, sondern es wurden damit überraschenderweise selbst bei sehr fein gemahlenen Resiten derart übereinstimmende Ergebnisse gefunden, daß ihre Richtigkeit kaum bezweifelt werden kann [HULTZSCH (*145*)].

Fehlerhafte Werte könnten sich möglicherweise bei stark stickstoffhaltigen Phenolharz-Produkten ergeben, worüber bisher aber noch keine Erfahrungen vorliegen. Dagegen wurde von HULTZSCH (*145*) beobachtet, daß der freie Formaldehyd, welchen einige Phenolharz-Produkte, vor allem Resole, enthalten können, zu unsicheren Werten Anlaß gibt; denn Formaldehyd selbst liefert hohe Hydroxylzahl-Werte, die sich wegen ihrer Ungleichmäßigkeit auch durch keinen Korrekturfaktor berichtigen lassen.

WEGLER u. FABER (*112a*) bedienten sich zur Hydroxylgruppen-Bestimmung der Methode nach ZEREWITINOFF.

Für die Ermittlung von *Methylolgruppen* hat E. THEIS (siehe *309*) eine jodometrische Bestimmungsmethode ausgearbeitet, die von LILLEY und OSMOND (*309*) weiterentwickelt wurde. Dieser Methode liegt die Umsetzung

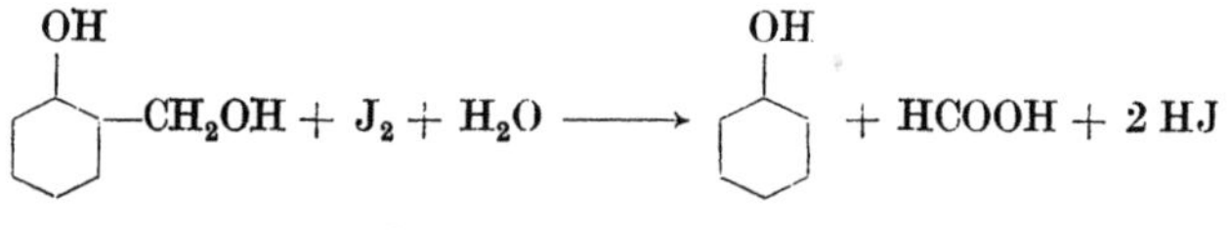

zugrunde, die in alkalischer Lösung schnell und quantitativ vor sich geht. Als langsam und unvollständig verlaufende Nebenreaktion tritt dabei der Vorgang

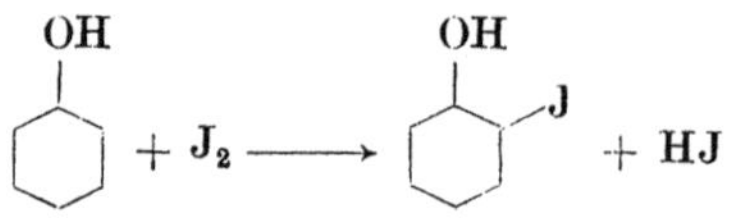

in Erscheinung. Im Gegensatz zu Brom bzw. Hypobromit wird bei Anwendung von Jod bzw. Hypojodit die Wegoxydation von Methylolgruppen bei Anwesenheit weiterer Substituenten im Phenolkern nicht beeinflußt.

Allerdings wird bei dieser Bestimmung auch der etwa vorhandene freie Formaldehyd miterfaßt, der deshalb gesondert bestimmt und von den Methylolwerten abgezogen werden muß. An reinen Modellsubstanzen liefert die Reaktion offenbar sehr gute Ergebnisse, wenn auch die Genauigkeit bei niedrigen Methylolwerten nicht mehr so befriedigend sein soll.

Phenolalkohole lassen sich, wie aus Patentschriften hervorgeht, in geeigneter Weise zu den entsprechenden Aldehyden dehydrieren (*244*). Es wäre denkbar, daß sich diese Reaktion quantitativ durchführen ließe, wobei die gebildeten Aldehydgruppen durch die von LEITHE vorgeschlagene Carbonylzahl (*364*) bestimmt werden könnten.

o-Methylolgruppen geben sich übrigens nach ADLER (*143*) in Phenolharz-Lösungen bei Zusatz von Ferrichlorid durch eine intensive Blaufärbung zu erkennen, die von p-Methylolgruppen nicht hervorgerufen wird.

4. Bestimmung anderer Gruppen und Brückenbindungen.

Von den Brückenbindungen in Phenolharzen kann man die *Dimethylenätherbrücke* durch eine *Spaltung mit Halogenwasserstoffsäure* und Überführung in die Pseudohalogenide nicht nur qualitativ nachweisen, sondern nach ZINKE (*148*, *165*, *167*) durch Feststellung der „*Bromwerte*“[1] offenbar auch quantitativ bestimmen. Indessen ist zu bedenken, daß auf diese Weise neben den Dioxydibenzyläthern auch Methylolgruppen und allenfalls vorhandene Alkoxymethylgruppen in die entsprechenden Halogenide umgewandelt werden, so daß diese Methode nur bei Abwesenheit derartiger Gruppen angängig ist bzw. durch eine gesonderte Bestimmung derselben korrigiert werden muß. LILLEY und OSMOND (*168*) arbeiteten eine Methode aus, nach der das bei der Ätherspaltung freiwerdende Wasser mittels des FISCHERschen Reagenses (*364*) bestimmt wird, wodurch gewisse Fehlerquellen ausgeschaltet werden können. Diese Methode liefert bei reinen Dioxydibenzyläthern recht gute Werte, die auch bei Phenolharzen zumindest brauchbare Näherungswerte erwarten lassen.

Als qualitativer Nachweis der Dimethylenätherbrücken kann auch die von ADLER (*143*) festgestellte, bei o-Dioxydibenzyläthern mit Ferrichlorid auftretende Violettfärbung dienen.

Während das wichtigste Bindungselement der Phenolharze, die Methylenbrücke, zwar durch das Auftreten bestimmter Verfärbungen bei der Oxydation [z. B. nach HANUS (*140*) mit Chlorkalk] nachgewiesen werden kann, ließ sie sich bisher in keiner Weise direkt quantitativ bestimmen. Möglicherweise eröffnet sich jedoch durch die vor kurzem von E. ZIEGLER und G. ZIGEUNER (*214*) verwendete *Spaltung von Methylenbrücken durch Diazoniumverbindungen* (vgl. S. 61) ein Weg, um auch Methylenbrücken genauer erfassen zu können. Eine *allgemein*

[1] Diese „Bromwerte“ sind nicht zu verwechseln mit den von anderen Autoren gebrauchten analytischen Kennzahlen gleicher Bezeichnung, die sich auf die freien Kern-Wasserstoffatome beziehen und durch Bromtitration erhalten werden. Vgl. Fußnote auf S. 7 [NOVAK u. ČECH (*43*) sowie PETROW, USSTINOW u. KRASSOWSKAJA (*44*)].

anwendbare Bestimmungsmethode für diese Brückenbindung dürfte sich indessen wohl auch hierauf nicht aufbauen lassen, da Diazoniumverbindungen andere Gruppen, vor allem Methylolgruppen, ebenfalls verdrängen [E. ZIEGLER (*102, 141, 142*)] und sogar an unbesetzten para-Stellen kuppeln können. Außerdem dürften sich nach den bisherigen Befunden nicht *alle* ortho-ständigen Methylenbrücken abspalten lassen.

Der Gesamtgehalt eines Harzes an *stickstoffhaltigen Bindungen* kann mit Hilfe von Stickstoffanalysen nach KJELDAHL oder durch Verbrennung nach DUMAS errechnet werden. Vielleicht läßt sich aber auch auf Grund des von TSURUTA (*292*) festgestellten Säurebindungsvermögens solcher Harze eine Bestimmungsmethode für die stickstoffhaltigen Brückenbindungen entwickeln.

Die während der Härtung bei höheren Temperaturen gebildeten *Formylgruppen* wurden von HULTZSCH und SCHIEMANN (*243*) durch Oximbildung quantitativ ermittelt. Nach bisheriger Erfahrung kann auf diese Weise auch in unlöslichen Harzen der Aldehydgehalt gut festgestellt werden. Qualitativ wurde die Aldehydbildung von MAYER-PITSCH und TROGER (*366*) bei gehärteten Phenolharzen übrigens auch auf spektroskopischem Wege nachgewiesen.

5. Bestimmung der Reaktivität härtbarer Phenolharze.

Von praktischer Bedeutung wäre es, wenn man die durch die *Reaktivität* eines Phenolharzes (vgl. S. 128) gekennzeichnete Härtungsfähigkeit und damit die Summe aller härtbaren Gruppen und Brückenbindungen einwandfrei festlegen könnte. In der Technik ist bisher lediglich die Bestimmung des *Härtungsrückstandes* von Resolen üblich, die zur Kontrolle der Gleichmäßigkeit einzelner Harzprodukte dient. Man versteht darunter den auf das Ausgangsgewicht bezogenen Rückstand, den ein Harz nach der in dünner Schicht bei einer angegebenen Temperatur und in bestimmter Zeit erfolgenden Härtung noch aufweist. Ganz abgesehen davon, daß hierbei auch Lösungsmittelreste und nichtkondensierte Bestandteile entweichen, kann auch der so aufgefundene Gewichtsverlust, der durch die Gesamtmenge des abgespaltenen Wassers und Formaldehyds bedingt ist, nur als ganz roher Anhaltspunkt für die Menge der härtbaren Molekülbestandteile gelten. Denn beispielsweise erleiden zwei Methylolgruppen bei der gegenseitigen Verätherung bereits einen beträchtlichen Gewichtsverlust; hinsichtlich ihrer „Reaktivität" unterscheiden sie sich jedoch kaum von einer Dimethylenätherbrücke.

Weniger einfach, aber richtiger wäre vielleicht die erschöpfende Umsetzung des betreffenden Resols mit einem hinreichenden Überschuß einer reaktionsfähigen Verbindung, die zweckmäßig eine charakteristische, leicht zu bestimmende Gruppe enthalten sollte. Nach dem Abtrennen des unverbrauchten Überschusses dieser Verbindung könnte ihr in Reaktion getretener Anteil ermittelt und daraus ein Rückschluß auf die Reaktivität des ursprünglichen Phenolharzes gezogen werden. Z. B. hat WANSCHEIDT (*111*) den Methylolgehalt eines Resols zu bestimmen versucht, indem er dieses in Gegenwart von starker Säure mit Phenol umsetzte und nach entsprechender Aufarbeitung den Gewichtszuwachs ermittelte. Womöglich ließen sich derartige Reaktionen aber auch mit einem leicht reagierenden Amin oder Amid, vielleicht sogar mit einer ungesättigten, durch Chromanbildung reagierenden Verbindung noch besser durchführen.

Rein qualitativ läßt sich die Anwesenheit von härtbaren Gruppen und Brücken in einem Phenolharz schon durch Erhitzen einer Probe im Reagensglas erkennen, indem das Auftreten von Abspaltungsprodukten, vor allem von Wasser und Formaldehyd, sowie die durch die Umwandlungsreaktionen eintretende Dunkelbraunfärbung die Anwesenheit härtbarer Molekülbestandteile anzeigen. Starke Gelb- oder Gelbbraunfärbung beim Erhitzen, womöglich in Verbindung mit Ammoniak und Amingeruch, weist auf die Anwesenheit von Hexamethylentetramin bzw. von stickstoffhaltigen Gruppen und Brückengliedern hin.

6. Zur Wasserbestimmung in Resolen.

Für manche Zwecke ist die Bestimmung des Wassergehaltes in härtbaren Phenolharzen erwünscht. Die üblichen Methoden der Wasserbestimmung versagen bei den härtbaren Phenolharzen deswegen, weil unter ihren Bedingungen in der Regel eine Weiterkondensation des Harzes und dadurch Abspaltung zusätzlicher Wassermengen eintritt. F. FEITH (*367*) gibt eine Methode an, die darauf fußt, daß das in den Harzen enthaltene Wasser mit Hilfe eines bei etwa 100° siedenden Lösungsmittels abdestilliert und im Destillat durch die eintretende Dichteänderung bestimmt wird. Selbstverständlich darf das verwendete Lösungsmittel mit dem härtbaren Phenolharz nicht seinerseits unter Wasserabspaltung reagieren.

FEITH nimmt als Lösungsmittel Isobutylalkohol und als „Resol" ein härtbares Phenolharz, welches er durch Umsetzung von Phenol mit hochkonzentriertem Ammoniak und Paraformaldehyd erhält. Es handelt sich also bei diesem Harz keineswegs um ein Resol im üblichen Sinn (vgl. SS. 107f. u. 117ff.), sondern um ein Phenol-Hexamethylentetramin-Kondensationsprodukt, welches keine nennenswerte Mengen an Methylolgruppen enthalten dürfte. Bei einem derartigen Harz kann auf die von FEITH angegebene Art und Weise zweifellos der Wassergehalt richtig ermittelt werden.

Die üblichen methylolhaltigen Resole reagieren aber mit dem Isobutylalkohol unter Wasserabspaltung und Bildung von Isobutoxymethylgruppen, so daß dementsprechend die gefundenen Werte für den Wassergehalt zu hoch werden. Auch der in den Resolen etwa vorhandene freie Formaldehyd stört nach Befunden von HULTZSCH (*145*) die Bestimmungen, indem er z. T. mit überdestilliert und seinerseits im Destillat eine Dichteänderung hervorruft. Einer allgemeinen Anwendung ist die FEITHsche Methode also nicht zugänglich, falls nicht ein völlig indifferentes, etwa bei 100° siedendes Lösungsmittel verwendet wird, dessen Dichte von der des Wassers möglichst verschieden ist. Vielleicht läßt sich die Anwendung des FISCHERschen Reagenses (*365*) für eine sichere Methode der Wasserbestimmung in Resolen heranziehen.

7. Physikalische Methoden in der Analyse von Phenolharzen.

Zur Erforschung der Bildung, der Struktur und des Gefüges von Phenolharzen sind natürlich nicht nur chemische, sondern auch physikalische und physikalisch-chemische Methoden eingesetzt worden[1]. So wurde in einigen Fällen als Charakteristikum für die Harzbildung bei verschiedenen Phenolen als *Verharzungszeit* die Zeit bestimmt, nach der sich das Harz aus der wässerigen Lösung abzuscheiden beginnt [*Trübungspunkt*, vgl. HOLMES und MEGSON (*48*), H. F. MÜLLER und I. MÜLLER (*98*), MEGSON (*48, 372*), FINN u. ROGERS (*372a*)]. Zur Bestimmung des jeweiligen Härtungsgrades von Phenolharzen dient eine Methode, bei der die Zeit bestimmt wird, in der an einer polierten Harzfläche durch *Quellung mit Aceton* unter dem Mikroskop bestimmte Muster auftreten [STÄGER und SIEGFRIED (*318*), BARKUFF und CARSWELL (*373*)]. In anderen Fällen hat man die nicht weit genug gehärteten Harzanteile durch *Extraktion* der gepulverten Produkte mit organischen Lösungsmitteln bestimmt [z. B. RENCKER (*374*), BARRON (*375*)]. Auch das *Elektronenmikroskop* wurde zum Studium der Phenolharz-Struktur eingesetzt, wobei man an gehärteten Phenolharzfilmen charakteristische Flecken feststellte, die auf eine hohe Elektronendichte hinweisen und möglicherweise auf ein riesiges Molekulargewicht schließen lassen [vgl. CARSWELL (*323*)].

Wenn der Beitrag derartiger Untersuchungen zu dem Bild, welches wir uns heute vom Aufbau der Phenolharze machen können, bisher verhältnismäßig gering war, so ist dies bei der Vielfalt der im einzelnen ja erst neuerdings aufgeklärten Verharzungsreaktionen durchaus verständlich. Denn ohne Kenntnis der z. T. gar nicht einfachen, sich zudem häufig überschneidenden Grundvorgänge war eine Deutung der jeweils gefundenen Ergebnisse unmöglich oder führte zumindestens zu unzulänglichen Schlußfolgerungen. Für die Zukunft ergeben sich indessen bessere Aussichten. Beispielsweise erscheint es jetzt als sehr wünschenswert und aussichtsreich, die einzelnen Brückenbindungen und Endgruppen löslicher Phenolharze auf spektroskopischem Wege, besonders durch *Infrarotspektren* nachzuweisen. Ansätze in dieser Richtung sind z. B. im Nachweis der bei der Härtung gebildeten Formylgruppen durch MAYER-PITSCH und TROGER (*366*), der bei der Reaktion zwischen härtbaren Phenolharzen und Kautschuk eintretenden Chromanbildung durch CUNNEEN, FARMER und KOCH (*355*) sowie der Protonbrücken in Phenolharzen durch RICHARDS und THOMPSON (*126*) bereits vorhanden. In gleicher Weise sollten sich etwa auch die cyclischen Chinoläther oder die stickstoffhaltigen Brückenbindungen

---

[1] Vgl. S. 7. Dazu rechnen noch folgende weitere, meist neuere Arbeiten mit *Viskositätsbestimmungen* von COSTER VAN VORHOUT (*368*), TSURUTA (*369*), DUBRISAY u. PAPAULT (*370*), A. ZINKE (*167*), BETTELHEIM u. NIHLBERG (*317*), ferner die Verwendung *optischer Methoden* durch BETTELHEIM u. NIHLBERG (*317*), von *Leitfähigkeitsmessungen* durch FINEMANN u. PUDDINGTON (*324*), die *thermodynamischen Studien* von T. T. JONES (*370a*) und schließlich die *reaktionskinetischen Arbeiten* von DOSTAL u. RAFF (*371*), von LILLEY u. OSMOND (*144*), von v. EULER u. v. KISPÉCZY (*112*) sowie von T. T. JONES (*370a*).

bestätigen lassen. Über Untersuchungen der Ramanspektren liegen bisher wohl noch keine Veröffentlichungen vor.

Schließlich ist noch auf eine Anregung von M. DÉRIBÉRÉ (*376*) hinzuweisen, der vor allem auch bei der Phenolharz-Kondensation neben der Messung der Wasserstoffionen-Konzentration (p_H) dem *Redoxpotential*, d. h. der Messung der r_H-Werte, eine erhöhte Bedeutung zuweist. Da die Phenole und Chinonmethide in beträchtlichem Maße Oxydo-Reduktionsvorgängen unterliegen, erscheint es durchaus möglich, daß hierbei interessante Ergebnisse zutage treten könnten.

Alle derartigen Versuche mögen der weiteren Sicherung und Ergänzung sowie dem Ausbau der Phenolharzchemie dienen. Die *wesentlichen* Erkenntnisse auf diesem Gebiet liegen indessen heute wohl bereits ziemlich klar vor uns; sie sind für den Kunstharzchemiker gleichermaßen von Bedeutung wie ihre Darstellung innerhalb des Gesamtgebietes der organischen Chemie nicht ohne Reiz gewesen ist.

Literatur-Nachweis.

Die einsehlägige Literatur ist bis Mitte des Jahres 1949 berücksichtigt.

Aus der Patent-Literatur, die ja in erster Linie *technische* Fortschritte widerspiegelt, sind nur einzelne Beispiele angeführt.

Besondere hier verwendete Abkürzungen:

Ann.	Liebigs Annalen der Chemie.
Ark.	Arkiv för Kemi, Mineralogi och Geologi. Ser. A bzw. B.
Ber.	Berichte der Deutschen Chemischen Gesellschaft.
C.	Chemisches Zentralblatt.
Chem. Ztg.	Chemiker-Zeitung.
C. r.	Comptes Rendus Hebdomadaires des Séances de l'Académie des Sciences.
EISTERT	EISTERT, B.: Tautomerie und Mesomerie. Stuttgart 1938.
HOUWINK	HOUWINK, R.: Physikalische Eigenschaften und Feinbau von Natur- und Kunstharzen. Leipzig 1934.
HÜCKEL	HÜCKEL, W.: Theoretische Grundlagen der organischen Chemie. 5. Aufl. Leipzig 1944.
Kunstst.	Kunststoffe.
Kunstst.-Techn.	Kunststoff-Technik und Kunststoff-Anwendung.
MÜLLER	MÜLLER, E.: Neuere Anschauungen der organischen Chemie. Berlin 1940.
SCHEIBER	SCHEIBER, J.: Chemie und Technologie der künstlichen Harze. Stuttgart 1943.

1. BUCK, A. J.: Brit. Plastics **7**, 8 u. **9** (1936/38).

2. BAEKELAND, L. H.: z. B. DRPP. 233803, 237790, 281454; APP. 939966, 942699, 942809.

3. LEBACH, H.: DRP. 228639; EP. 28009 (1907).

4. BAEKELAND, L. H.: Chem. Ztg. **33**, 317, 326, 347, 358 (1909); Z. angew. Chem. **22**, 2006 (1909).

5. LEBACH, H.: Z. angew. Chem. **22**, 1598 (1909); Chem. Ztg. **33**, 680, 705 (1909).

6. PIRIA, R.: Ann. **48**, 75 (1843); **56**, 37 (1845).

7. BEILSTEIN, F., u. F. SEELHEIM: Ann. **117**, 83 (1861). — KRAUT, W.: Ann. **156**, 123 (1870).

8. SMITH, A.: DRP. 112685; AP. 643012; EP. 16247 (1899).

9. LUFT, A.: DRP. 140552; AP. 735278; EP. 10218 (1902).

10. DE LAIRE: DRP. 189262; Belg.P. 192590.

11. STORY, W. H.: DRP. 173990; EP. 8875 (1905).

12. v. BAEYER, A.: Ber. **5**, 25, 280, 1094 (1872).
13. LEDERER, L.: J. prakt. Chem. (2) **50**, 223 (1894); AP. 563786.
14. MANASSE, O.: Ber. **27**, 2409 (1894); **35**, 3844 (1902); DRP. 85588 (Bayer & Co.).
15. CLAISEN, L.: Ber. **19**, 3316 (1886); Ann. **237**, 261 (1887).
16. v. AUWERS, K., u. Mitarb.: z. B. Ber. **29**, 2329 (1896); **30**, 753 (1897); **32**, 3309, 3373, 3381 (1899); **38**, 3302 (1905); **39**, 3160 (1906); **40**, 2524 (1907); Ann. **301**, 266; **302**, 76, 99, 107, 131 (1898).
17. KLEEBERG, W.: Ann. **263**, 283 (1891).
18. BAEKELAND, L. H.: Ind. Engng. Chem. **3**, 932 (1911); Chem. Ztg. **36**, 1245 (1912); vgl. auch die Biographie Kunstst. **28**, 287 (1938).
19. BAEKELAND, L. H.: Chem. Ztg. **33**, 857 (1909).
20. BAEKELAND, L. H.: Chem. Ztg. **33**, 358 (1909).
21. BAEKELAND, L. H., u. H. L. BENDER: Ind. Engng. Chem. **17**, 225 (1925); C. **1925 I**, 2729.
22. SCHEIBER, J., u. K. SÄNDIG: Die künstlichen Harze. S. 116. Stuttgart 1929. SCHEIBER, J.: Chem. Ztg. **53**, 643 (1929); „Kunststoffe" S. 62 (1934).
23. BARTHEL, R.: Zur Kenntnis der Phenol-Formaldehydharze. Diss. Leipzig 1936.
24. RASCHIG, F.: Z. angew. Chem. **25**, 1945 (1912).
25. WOHL, A., u. B. MYLO: Ber. **45**, 2046 (1912).
26. PUMMERER, R., u. E. CHERBULIEZ: Ber. **52**, 1312, Anm. 2 (1919).
27. LEBACH, H.: Z. angew. Chem. **22**, 1598 (1909).
28. LEBACH, H.: Chem. Ztg. **37**, 733, 750 (1913).
29. BLUMFELDT, A. E.: Chem. Ztg. **53**, 493, 643 (1929); **55**, 551, 745 (1931).
30. LEBACH, H.; J. SCHEIBER: Chem. Ztg. **53**, 643 (1929).
31. KOEBNER, M.: Chem. Ztg. **55**, 551, 745 (1931).
32. MEYER, K. H., u. H. MARK: Ber. **61**, 613 (1928). — Der Aufbau der hochpolymeren organischen Naturstoffe. S. 75. Leipzig 1930. — Hochpolymere Chemie. Bd. II: Die hochpolymeren Verbindungen. S. 199. Leipzig 1940. — Vgl. auch MEYER, K. H.: Trans. Faraday Soc. **32**, 345 (1936).
33. KOEBNER, M.: Z. angew. Chem. **46**, 251 (1933).
34. WANSCHEIDT, A., u. Mitarb.: Ber. **69**, 1900 (1936); C. **1935 I**, 3053; 1938 **II**, 189.
35. MEGSON, N. J. L., u. A. A. DRUMMOND: J. Soc. chem. Ind. **49**, 251 T (1930). — MORGAN, G. T., u. N. J. L. MEGSON: J. Soc. chem. Ind. **52**, 418 T (1933). — MEGSON, N. J. L.: J. Soc. chem. Ind. **52**, 420 T (1930); **58**, 131 T (1939); Trans. Faraday Soc. **32**, 336 (1936).
36. HOUWINK: S. 118. — RASCHIG, K.: Kunstst. **28**, 2 (1938). — DREHER, E.: Zur Chemie der Kunststoffe. 2. Aufl. S. 120, 155. München-Berlin 1941.
37. SCHEIBER, J., u. F. SEEBACH: Angew. Chem. **50**, 278 (1932). — SCHEIBER, J., u. R. BARTHEL: J. prakt. Chem. (2) **147**, 99 (1938).
38. SEEBACH, F.: Kunstst. **27**, 55, 287 (1937); **28**, 145 (1938); Chem. Ztg. **62**, 569 (1938); **63**, 69 (1939); Ber. **72**, 1635 (1939); **73**, 1338 (1940).
39. GRANGER, F. S.: Ind. Engng. Chem. **24**, 442 (1932); **29**, 860, 1125, 1305 (1937).
40. HOUWINK: S. 174. — STÄGER, H., R. SÄNGER u. W. SIEGFRIED: Helv. phys. Acta **12**, 570 (1939).
41. STÄGER, H.: Helv. chim. Acta **14**, 285 (1931).
42. HOUWINK.
43. NOVAK, J., u. V. CECH: Ind. Engng. Chem. **20**, 796 (1928); **24**, 1275 (1932).
44. PETROW, G., S. USSTINOW u. G. KRASSOWSKAJA, C. **1937 I**, 1564.
45. SCHMID, A., u. G. DE SENARCLENS: Helv. chim. Acta **14**, 10 (1933); C. **1933 I**, 2004.
46. LOMAKIN, B. A., u. Mitarb.: C. **1939 II**, 953.
47. MANEGOLD, E., u. W. PETZOLD: Kolloid-Z. **94**, 284; **95**, 59 (1941).
48. HOLMES, E. L., u. N. J. L. MEGSON: J. Soc. chem. Ind. **52**, 415 T (1933); C. **1934 I**, 1397.
49. MEGSON, N. J. L.: J. Soc. chem. Ind. **57**, 189 T (1938); C. **1939 I**, 536.
50. MEGSON, N. J. L., u. H. M. PAISLEY: J. Soc. chem. Ind. **58**, 213 T (1939); C. **1940 I**, 301. — BURES, E., u. A. MASAREK: C. **1937 I**, 1291. — SPRUNG, M. M.: J. Amer. chem. Soc. **63**, 334 (1941).
51. DOLD, K. H.: Schweiz. Arch. angew. W. u. T. **3**, 287, 325 (1937).

52. HÖNEL, H.: Fette u. Seifen **45**, 636, 682 (1938); **46**, 29 (1939); Oil and Colour Trades J. **93**, 593 (1938).
53. GRETH, A.: Angew. Chem. **51**, 719 (1938).
54. v. AUWERS, K., u. F. A. TRAUN: Ber. **32**, 3309 (1899). — v. AUWERS, K.: Ann. **356**, 124 (1907).
55. v. AUWERS, K., u. F. BAUM: Ber. **29**, 2329 (1896).
56. Zusammengestellt in der Biographie Ber. **62 A**, 17 (1929).
57. v. EULER, H., E. ADLER u. J. O. CEDWALL: Ark. **14 A**, Nr. 14 (1941); C. **1941 II**, 2258. — ADLER, E., H. v. EULER u. J. O. CEDWALL: Ark. **15 A**, Nr. 7 (1941); C. **1942 I**, 1435.
58. HULTZSCH, K.: Ber. **74**, 898 (1941); J. prakt. Chem. (2) **159**, 155 (1941).
59. z. B. v. AUWERS, K.: Ber. **29**, 1100 (1896); Ann. **356**, 124 (1907). — FRIES, K., u. Mitarb.: Ann. **353**, 335 (1907); **372**, 205 (1910); Ber. **39**, 435 (1906). — ZINCKE, TH., u. C. v. HOHORST: Ann. **353**, 357 (1907).
60. FRIES, K., u. E. BRANDES: Ann. **542**, 48 (1939).
61. v. EULER, H., u. Mitarb.: Ark. **14 A**, Nr. 14; **15 A**, Nr. 7 u. 10 (1941); **15 A**, Nr. 11 (1942); **16 A**, Nr. 11 (1943); **18 A**, Nr. 7 (1944); C. **1941 II**, 2258; **1942 I**, 1435, 2590, 2591; **1943 II**, 20; **1944 II**, 835.
62. HULTZSCH, K.: Ber. **74**, 898, 1533, 1539 (1941); **75**, 106 (1942); J. prakt. Chem. (2) **159**, 155, 180 (1941).
63. HULTZSCH, K.: Angew. Chem. A **60**, 179 (1948).
64. HULTZSCH, K.: Kunstst. **39**, 57 (1949).
65. HULTZSCH, K.: Angew. Chem. A **61**, 93 (1949).
66. HULTZSCH, K.: J. prakt. Chem. (2) **158**, 275 (1941).
67. HULTZSCH, K.: Kunstst. **37**, 43 (1947).
68. DRPP. 254411, 281939, 289968.
69. HULTZSCH, K.: Chem. Ber. **82**, 16 (1949).
70. ZINKE, A., u. F. HANUS: Mh. Chem. **78**, 311 (1948). — ZINKE, A., u. ST. PUCHER Mh. Chem. **79**, 26 (1948).
71. HULTZSCH, K.: Kunstst. **37**, 205 (1947).
72. Vgl. KARO, W.: Kunstharze (Deutsche Patentliteratur). S. 35—38. Berlin 1932.
73. DRP. 396106.
74. HULTZSCH, K.: Angew. Chem. **51**, 920 (1938).
74a. LANGENBECK, W.: Angew. Chem. **61**, 186 (1949).
75. z. B. EISTERT, HÜCKEL u. MÜLLER; ferner das neue Werk von EISTERT, B.: Chemismus und Konstitution. Bd. I. Stuttgart 1948.
76. v. BAEYER, A.: Ber. **19**, 159 (1886).
77. MÜNZBERG, K. F.: Z. physik. Chem. (B) **33**, 23, 39 (1936). — INGOLD, C. K., C. G. RAISIN u. C. L. WILSON: J. chem. Soc. (London) **1936**, 1637. — BEST, A. P., u. C. L. WILSON: J. chem. Soc. (London) **1937**, 1791. — GEIB, K. H.: Z. physik. Chem. (A) **180**, 211 (1937). — KOIZUMI, M., u. T. TITANI: Bull. chem. Soc. Japan **13**, 681 (1938); C. **1939 I**, 3143. — BRODSKI, A. I., G. P. MIKLUCHIN, I. I. KUCHTENKO u. I. P. GRAGEROW: Ber. Akad. Wiss. UdSSR., N. S. **57**, 463 (1947); C. (Akad.-Verl.) **1948 II**, 828. — TRYON, PH. F., W. G. BROWN u. M. S. KHARASCH: J. Amer. chem. Soc. **70**, 2003 (1948).
78. SEEL, F.: Angew. Chem. A **60**, 300 (1948).
79. SPRUNG, M. M.: J. Amer. chem. Soc. **63**, 334 (1941); auszugsweise auch bei SCHEIBER: S. 438, Anm. 78.
80. GRANGER, F. S.: Ind. Engng. Chem. **24**, 442 (1932).
81. MEGSON, N. J. L.: J. Soc. chem. Ind. **52**, 420 T (1933); C. **1934 I**, 1397.
82. HULTZSCH, K.: Kunstst. **38**, 65 (1948).
83. v. BAEYER, A.: Ber. **6**, 693 (1873).
84. WEGLER, R.: Angew. Chem. A **60**, 88 (1948).
85. ULLMANN, F., u. K. BRITTNER: Ber. **42**, 2539 (1908).
86. v. EULER, H., E. ADLER u. G. J. GIE: Ark. **14 B**, Nr. 9 (1940); C. **1941 I**, 128. — v. EULER, H., E. ADLER, S. v. KISPÉCZY u. A. FAGERLUND: Ark. **14 A**, Nr. 10 (1940); C. **1941 II**, 271.
87. SEEBACH, F.: Ber. **72**, 1635 (1935); **73**, 1338 (1940).

88. FRIES, K., u. Mitarb.: Ann. **353**, 335 (1907); **372**, 187, 205 (1910); Ber. **41**, 367 (1908).
89. v. AUWERS, K.: Ber. **40**, 2524 (1907).
90. RICHTER-ANSCHÜTZ: Chemie der Kohlenstoffverbindungen. 12. Aufl. Bd. II, 2. Hälfte, S. 366ff. 1935.
91. RICHTZENHAIN, H.: Ber. **77**, 409 (1944).
91a. ZIEGLER, E., u. G. ZIGEUNER: Mh. Chem. **80**, 295 (1949).
91b. WANSCHEIDT, A., u. A. WASILIEW: J. appl. Chem. (UdSSR.) **19**, 7 (1946); vgl. PRITCHETT, E. G. K.: Chem. and Ind. **68**, 295 (1949).
92. BIEBER, R., u. G. TRÜMPLER: Helv. chim. Acta **30**, 1860 (1947).
93. CLAISEN, L.: Ber. **19**, 3316 (1886); Ann. **237**, 261 (1887); vgl. auch CLAUS, A., u. E. TRAINER: Ber. **19**, 3010 (1886).
94. BRESLAUER, J., u. A. PICTET: Ber. **40**, 3785 (1907).
95. v. EULER, H.: Angew. Chem. **54**, 458 (1941). — v. EULER, H., u. S. v. KISPÉCZY: Z. physik. Chem. (A) **189**, 115 (1941). — v. EULER, H., u. H. NYSTRÖM: J. prakt. Chem. (2) **159**, 121 (1941).
96. WALKER, J. F.: Formaldehyde. New York 1944.
97. OSCHMANN, F.: Kongreßbuch des I. Internationalen Kongresses der Anstrichfarben-Industrie. S. 515. Paris 1947; Peintures-Pigments-Vernis **23**, 236 (1947); Kunstst. **39**, 294 (1949).
98. MÜLLER, H. F., u. I. MÜLLER: Kunstst. **38**, 221 (1948).
99. CLAISEN, L., u. E. TIETZE: Ber. **58**, 275 (1925).
100. HÜCKEL: Bd. I, S. 281, 282.
101. EISTERT: S. 95 unten, 97.
102. ZIEGLER, E., u. G. ZIGEUNER: Mh. Chem. **79**, 42 (1948).
103. EISTERT: S. 118.
104. PRICE, C. C.: In der Arbeit P. D. CAESAR u. A. N. SACHANEN: Ind. Engng. Chem. **40**, 992 (1948); Kunstst. **38**, 212 (1948).
105. SCHEIBER: S. 550.
106. SCHEIBER: S. 601ff.
107. vgl. EISTERT: S. 113.
108. vgl. z. B. EP. 347887; FP. 695602; C. **1932 I**, 2997.
109. ZIEGLER, E.: Mh. Chem. **78**, 334; **79**, 142 (1948).
110. ZIEGLER, E.: Österr. Chemiker-Ztg. **49**, 92 (1948).
111. WANSCHEIDT, A.: C. **1938 II**, 189.
112. v. EULER, H., u. S. v. KISPÉCZY: Z. physik. Chem. (A) **189**, 114 (1941).
112a. WEGLER, R., u. K. FABER: Chem. Ber. **82**, 327 (1949).
113. STOERMER, R., u. K. BEHN: Ber. **34**, 2455 (1901); DRP. 136680; C. **1902 II**, 1439. — FISHMAN, J. B.: J. Amer. chem. Soc. **42**, 2288 (1920).
114. DRP. 114194; C. **1900 II**, 928; DRP. 120374; C. **1901 I**, 1126; DRP. 132475; C. **1902 II**, 81. — EICHENGRÜN, A.: C. **1902 II**, 894. — BUEHLER, C. A., u. Mitarb.: J. org. Chem. **6**, 216, 902 (1941); C. **1941 II**, 1963; **1943 I**, 625.
115. DRP. 113723; C. **1900 II**, 795; EP. 347892; FP. 695477; C. **1932 I**, 2997. — QUELET, R.: C. r. **196**, 1325 (1933); **198**, 102 (1934); C. **1933 II**, 371; C. **1934 I**, 2116. — QUELET, R., u. J. ALLARD: C. r. **204**, 130 (1937); C. **1937 I**, 1499. — REICHERT, B., u. W. HOSS: C. **1942 II**, 2578.
116. EP. 347887; EP. 695602; C. **1932 I**, 2997. — BORSCHE, W., u. A. D. BERKHOUT: Ann. **330**, 82 (1904). — CHATTAWAY, F. D., u. R. M. GOEPP: C. **1933 II**, 1342. — BUEHLER, C. A., u. Mitarb.: J. org. Chem. **6**, 902 (1941); C. **1943 I**, 625. — ZIEGLER, E., u. I. SIMMLER: Ber. **74**, 1871 (1941).
117. TER MEER, E.: Ber. **7**, 1200 (1874).
118. MERTENS, E., u. N. FONTEYN: C. **1936 II**, 1804.
119. PAULY, H., u. H. SCHANZ: Ber. **56**, 979 (1923).
120. BALFE, M. P., u. W. C. WEBBER: J. chem. Soc. (London) **1942**, 718; C. **1943 II**, 414.
121. PORAI-KOSCHITZ, A., u. Mitarb.: Kunstst. **23**, 97 (1933).
122. LOSSEW, I. P., u. M. S. AKUTIN: C. **1941 I**, 1359.
123. ZINCKE, TH.: Ann. **363**, 246 (1908).
124. EISTERT, B.: Angew. Chem. A **59**, 170 (1947).
125. HÜCKEL: Bd. II, S. 242.

126. THOMPSON, H. W.: J. chem. Soc. (London) **1947**, 293. — RICHARDS, R. E., u. H. W. THOMPSON: J. chem. Soc. (London) **1947**, 1260.
127. HODGINS, T. S., A. G. HOVEY u. a.: Ind. Engng. Chem. **33**, 769 (1941).
128. EISTERT, B.: Privatmitteilung.
129. ZIEGLER, E., u. R. KOHLHAUER: Mh. Chem. **79**, 92 (1948).
130. STÄGER, H., u. J. BIERT: Helv. chim. Acta **21**, 641 (1938).
131. MEYER, K. H.; E. E. WALKER: Trans. Faraday Soc. **32**, 345 (1936).
132. v. AUWERS, K.: Ber. **39**, 3160 (1906).
133. ZINKE, A., F. HANUS u. E. ZIEGLER: J. prakt. Chem. (2) **152**, 126 (1939).
134. v. EULER, H., E. ADLER u. J. O. CEDWALL: Ark. **14 A**, Nr. 14 ,S. 6; C. **1941 II**, 2258. — v. EULER, H., E. ADLER, G. EKLUND u. O. TÖRNGREN: Ark. **15 B**, Nr. 9 (1941); C. **1942 I**, 2589.
135. KYRNING, S.: Ark. **15 B**, Nr. 11 (1941); C. **1942 I**, 2591.
136. HULTZSCH, K.: Ber. **75**, 106 (1942).
137. BECKER, B., u. E. E. BARTHELL: Mh. Chem. **77**, 80 (1947).
138. ZINCKE, TH.: Ann. **320**, 145 (1902).
139. v. EULER, H., E. ADLER, J. O. CEDWALL u. O. TÖRNGREN: Ark. **15 A**, Nr. 11 (1941).
140. HANUS, F.: J. prakt. Chem. (2) **155**, 317 (1940); **158**, 254 (1941).
140a. NEBER, P. W., u. P. KUBITZKY: Diss. P. KUBITZKY. Tübingen 1937.
140b. ZIPPLIES, F.: Diss. Tübingen 1939.
141. ZIGEUNER, G., u. E. ZIEGLER: Mh. Chem. **79**, 89 (1948).
142. ZIEGLER, E., u. G. ZIGEUNER: Mh. Chem. **79**, 358 (1948).
143. ADLER, E., u. Mitarb.: Ark. **14 B**, Nr. 23 u. 24 (1941); C. **1941 II**, 272, 273.
144. LILLEY, H. S., u. D. W. J. OSMOND: XI. Chemiker-Kongreß London (1947); Kunstst. **38**, 112 (1948).
145. HULTZSCH, K.: Unveröffentlicht.
146. ZIEGLER, E.: Ber. **74**, 841 (1941). — Vgl. auch GIAKOSA, P.: J. prakt. Chem.(2) **21**, 221 (1880).
147. LILLEY, H. S.: J. Soc. chem. Ind. **67**, 196 (1948); Kunstst. **39**, 148 (1949).
148. ZINKE, A., u. E. ZIEGLER: Ber. **77**, 264 (1944).
149. v. AUWERS, K., u. F. A. TRAUN: Ber. **32**, 3309 (1898).
150. HULTZSCH, K.: Ber. **74**, 1533 (1941).
151. v. AUWERS, K., u. H. ERCKLENTZ: Ann. **302**, 107 (1898).
152. Übersicht und Literatur bei RICHTER-ANSCHÜTZ: Chemie der Kohlenstoffverbindungen. 12. Aufl. Bd. II, 2. Hälfte, S. 371ff. 1935.
153. z. B. ZINCKE, TH., u. K. BÖTTCHER: Ann. **343**, 100 (1905).
154. z. B. v. AUWERS, K.: Ber. **34**, 4256 (1901).
155. DRP. 113512; C. **1900 II**, 796; DRP. 136680; C. **1902 II**, 1439.
156. ZIGEUNER, G., u. E. ZIEGLER: Mh. Chem. **79**, 100 (1948).
157. BARTHEL, R.: Ber. **76**, 573 (1943).
158. THIELE, J., u. O. DIMROTH: Ann. **305**, 102 (1899).
159. HULTZSCH, K.: Kunstst. **32**, 69 (1942).
160. HANUS, F., u. E. FUCHS: J. prakt. Chem. (2) **153**, 327 (1939).
161. ADLER, E., S. TINGSTAM u. O. CASPERSSON: Ark. **15 B**, Nr. 10 (1941); C. **1942 I**, 2589.
162. ZINKE, A., u. F. HANUS: Ber. **74**, 205 (1941). — ADLER, E.: Ark. **14 B**, Nr. 23 (1941); C. **1941 II**, 272. — KYRNING, S.: Ark. **15 A**, Nr. 2 (1941); C. **1942 I**, 543. — v. EULER, H., E. ADLER u. S. TINGSTAM: Ark. **15 A**, Nr. 10 (1941); C. **1942 I**, 2590.
163. ZINKE, A., F. HANUS u. E. ZIEGLER: J. prakt. Chem. (2) **152**, 126 (1939). — HANUS, F., u. E. FUCHS: J. prakt. Chem. (2) **153**, 327 (1939).
164. PAULY, H., u. R. v. BUTTLAR: Ann. **383**, 230 (1911).
165. ZINKE, A., M. TOMIO u. K. LERCHER: Ber. **75**, 151 (1942).
166. ADLER, E., H. v. EULER u. H. G. HASSELQUIST: Ark. **14 B**, Nr. 24 (1941); C. **1941 II**, 273. — v. EULER, H., E. ADLER u. B. BERGSTRÖM: Ark. **14 B**, Nr. 25 (1941); C. **1941 II**, 273.
167. SCHAUENSTEIN, E., u. S. BONTEMPO: Ber. **76**, 75 (1943). — ZINKE, A., u. E. ZIEGLER: Mh. Chem. **78**, 317 (1948). — ZIEGLER, E., u. I. HONTSCHIK: Mh. Chem. **78**, 325 (1948).

168. LILLEY, H. S., u. D. W. J. OSMOND: J. Soc. chem. Ind. **66**, 425 (1947); Kunstst. **39**, 103 (1949).
169. ZINKE, A., u. E. ZIEGLER: Ber. **74**, 541 (1941).
170. EISTERT: S. 167.
171. ZINKE, A., u. F. HANUS: Ber. **74**, 205 (1941).
172. ZINKE, A., F. HANUS u. E. ZIEGLER: J. prakt. Chem. (2) **152**, 126 (1939). — HANUS, F.: J. prakt. Chem. (2) **158**, 245 (1941).
173. ADLER, E., u. S. KYRNING: Sv. Kem. Tidskr. **53**, 5 (1941); C. **1941 II**, 274.
174. v. EULER, H., E. ADLER u. B. BERGSTRÖM: Ark. **14 B**, Nr. 30 (1941); C. **1941 II**, 273.
175. DRPP. 605917, 684225.
176. GAMS, A., U. WIDMER u. W. FISCH: Helv. chim. Acta **24** (Engi-Sonderband), 302 E (1941). — KÖHLER, R.: Kunstst.-Techn. **11**, 1 (1941). — Kolloid-Z. **103**, 138 (1943).
177. Vgl. auch AP. 2191974 (1937); C. **1942 I**, 426.
178. Vgl. z. B. BOIS DE CHESNE, E.: Kolloid-Bh. **36**, 385 (1932). — WALTER, G., u. Mitarb.: Kolloid-Bh. **34**, 163 (1931); **40**, 158 (1934). — VOGEL, R. E.: Kunstst. **31**, 309 (1941). — MARVEL, C. S., R. ELLIOT, F. E. BOETTNER u. H. YUSKA: J. Amer. chem. Soc. **68**, 1681 (1946); Kunstst. **37**, 85 (1947).
179. SCHEIBER: S. 422, Anm. 4.
180. SCHEIBER: S. 432 unten, sowie S. 433 Anm. 52. — MEYER, K. H., u. H. MARK: Hochpolymere Chemie. Bd. II: Die hochpolymeren Verbindungen. S. 199. Leipzig 1940. — KOEBNER, M.: Brit. Plastics **14**, 95 (1942); Kunstst. **33**, 301 (1943).
181. SCHEIBER, J., u. F. SEEBACH: Angew. Chem. **50**, 278 (1937). — SEEBACH, F.: Kunstst. **27**, 55 ,287 (1937); **28**, 145 (1938). — MEGSON, N. J. L.: J. Soc. chem. Ind. **58**, 131 T (1939).
181a. EP. 592278 (H. C. BENDER, A. G. FARNHAM u. J. W. GUYER); vgl. PRITCHETT, E. G. K.: Chem. and Ind. **68**, 295 (1949).
182. EINHORN, A.: Ann. **343**, 207 (1905); **361**, 113 (1908).
182a. ZIEGLER, E., u. G. ZIGEUNER: Kunstst. **39**, 191 (1949).
183. BRUGGE, G.: Chem. Techn. **16**, 228 (1943).
184. SCHEIBER: S. 463, Anm. 131.
185. DRPP. 310894, 388766.
186. SPRUNG, M. M.: J. Amer. chem. Soc. **63**, 334 (1941).
187. MEGSON, N. J. L., u. A. A. DRUMMOND: J. Soc. chem. Ind. **49**, 251 T (1930).
188. POLLAK, F., u. F. RIESENFELD: Z. angew. Chem. **43**, 1129 (1930).
189. v. AUWERS, K., u. E. RIETZ: Ber. **38**, 3302 (1905). — v. AUWERS, K.: Ann. **356**, 141 (1907).
190. STEINER, A.: Ber. **11**, 287 (1878). — FABINYI, R.: Ber. **11**, 283 (1878). — LUNJAK, A.: C. **1904 I**, 1650; **1908 II**, 589. — HARDEN, W. C., u. E. E. REID: J. Amer. chem. Soc. **54**, 4325 (1932).
191. v. BRAUN, J.: Ann. **472**, 1 (1929); **507**, 14 (1933).
192. v. EULER, H., E. ADLER u. J. O. CEDWALL: Ark. **15 A**, Nr. 19 (1942); C. **1944 I**, 89. — Vgl. auch FLOOD S. A., u. A. J. NIEUWLAND: J. Amer. chem. Soc. **50**, 2566 (1928).
193. FABRE, R.: C. **1923 I**, 602.
194. DRPP. 642886, 645112 (W. REPPE u. E. KEYSSNER, 1932).
194a. REPPE, W.: Neue Entwicklungen auf dem Gebiete der Chemie des Acetylens und Kohlenoxyds. S. 15. Berlin-Göttingen-Heidelberg 1949.
195. HECHT, O., u. H. KRÖPER: In K. ZIEGLER: Präparative organische Chemie, Teil I, S. 16ff. Wiesbaden 1948; vgl. auch KLINE, G. M.: Modern Plastics **23**, Nr. 11, 151, 184 (1946).
195a. MEGSON, N. J. L.: Brit. Plastics **20**, 27 (1948); J. Soc. chem. Ind. **67**, 155 (1948); Farben, Lacke, Anstrichstoffe **3**, 194 (1949).
196. HANFORD, W. E., u. D. L. FULLER: Ind. Engng. Chem. **40**, 1171 (1948).
196a. ZOSS, A. O., W. E. HANFORD u. C. E. SCHILDKNECHT: Ind. Engng. Chem. **41**, 73 (1949).
196b. LEMAISTRE, J. W., u. R. B. SEYMOUR: J. Amer. chem. Soc. **70**, 1776 (1948).
196c. SMITH, G. P. E. JR., J. C. AMBELANG u. G. W. GOTTSCHALK: Ind. Engng. **38**, 1166 (1946).

197. DIANIN, A.: Ber. **25** R, 334 (1892).
198. NIEDERL, J. B., u. Mitarb.: J. Amer. chem. Soc. **62**, 320, 322 (1940); Kunstst.-Techn. **10**, 278 (1940).
199. SEN, R. N., u. M. QUADRAT-I-KHUDA: C. **1930 II**, 235; **1931 I**, 3462. — Vgl. auch DRP. 357755; C. **1922 IV**, 890, sowie ROBINSON R., u. J. WALKER: J. chem. Soc. (London) **1934**, 1435; C. **1935 I**, 235.
200. NIEDERL, J. B., u. Mitarb.: J. Amer. chem. Soc. **50**, 2230 (192); **62**, 324 (1940); Mh. Chem. **51**, 86 (1929); C. **1929 I**, 2411; Mh. Chem. **60**, 150 (1932); C. **1932 II**, 1435. — BAKER, W., u. Mitarb.: C. **1935 I**, 3664; **1938 I**, 4445; **1939 I**, 3366; **1939 II**, 4457; **1940 I**, 699.
201. ZINCKE, TH., u. W. GAEBEL: Ann. **388**, 299 (1912).
202. v. AUWERS, K.: Ber. **37**, 1470 (1904).
203. NIEDERL, J. B., V. NIEDERL, S. SKAPIRO u. M. E. MCGREAL: J. Amer. chem. Soc. **59**, 1113 (1937).
204. MEGSON, N. J. L.: Trans. Faraday Soc. **32**, 336 (1936).
205. DRP. 570270; C. **1933 I**, 4052. — ALLEN, I., V. E. MEHARG u. J. H. SCHMIDT: Ind. Engng. Chem. **26**, 663 (1934).
206. BARCLAY, M. G., A. BURAWOY u. G. H. THOMSON: Nature **151**, 615 (1943); C. **1943 II**, 1953.
207. WATERMANN, H. I., u. I. A. R. VELDMANN: Brit. Plastics 8, 125, 182 (1936).
208. DRP. 696402.
209. BAKER, W., u. D. M. BESLEY: J. chem. Soc. (London) **1940**, 1103; Kunstst.-Techn. **11**, 238 (1941).
210. Patente der Schering-Kahlbaum AG.: C. **1929 I**, 2821—23; **II**, 796; **1930 I**, 2010, 3239; **II**, 802.
211. ADLER, E., H. v. EULER u. G. GIE: Ark. **16 A**, Nr. 12 (1943).
212. ZINCKE, TH., u. Mitarb.: Ann. **330**, 61; **334**, 367 (1904); **343**, 75 (1905); **362**, 201; **363**, 246 (1908). — v. AUWERS, K., u. E. RIETZ: Ann. **356**, 152 (1907).
213. SCHEIBER: S. 515, Anm. 628.
213a. MÖHLAU, R., u. E. STROHBACH: Ber. **33**, 804 (1900). — STROHBACH, E.: Ber. **34**, 4162 (1901).
213b. BRASS, K., u. P. SOMMER: Ber. **61**, 993 (1928).
213c. EWALD, E.: Diss. Tübingen 1937.
214. ZIEGLER, E., u. G. ZIGEUNER: Mh. Chem. **79**, 365 (1948). — ZIGEUNER, G., u. E. ZIEGLER: Mh. Chem. **79**, 371 (1948).
215. SEEBACH, F.: Ber. **74**, 1501 (1941).
216. HULTZSCH, K.: Ber. **74**, 898 (1941).
217. v. EULER, H., E. ADLER u. S. TINGSTAM: Ark. **15 A**, Nr. 10 (1941); C. **1942 I**, 2590.
218. ZAMPARO, A.: C. **1925 I**, 2457. — Vgl. auch J. K. TRAUBENBERG: Z. angew. Chem. **36**, 515 (1923).
219. HERZOG, W., u. J. KREIDL: Z. angew. Chem. **35**, 641 (1922).
220. SCHEIBER: S. 436.
221. PUMMERER, R., u. E. CHERBULIEZ: Ber. **52**, 1392 (1919).
222. STRUFFMANN, F.: Diss. Braunschweig 1925. — Vgl. auch FRIES K., u. E. BRANDES: Ann. **542**, 48 (1939).
223. MÜLLER, E., u. E. HERTEL: Ann. **555**, 157 (1944).
224. MÜLLER, E.: Privatmitteilung.
225. SEEL, F.: Z. Elektrochem. **52**, 182 (1948).
226. EISTERT: S. 115.
226a. JONES, R. G.: J. Amer. chem. Soc. **69**, 2346 (1947); C. (Akad. Verl.) **1949 I**, 376.
227. BISTRZYCKI, A., u. C. HERBST: Ber. **36**, 2333 (1903). — TANASESCU, I., u. T. SIMONESCU: J. prakt. Chem. (2) **141**, 311 (1934). — Vgl. auch J. K. TRAUBENBERG: Z. angew. Chem. **36**, 515 (1923).
227a. LEWIS, G. N.: J. Amer. chem. Soc. **67**, 1232 (1945).
228. DIMROTH, K., K. RESIN u. H. ZETZSCH: Ber. **73**, 1399 (1940). —MANNICH, C.: Ber. **74**, 554, 557, 565 (1941).
229. z. B. DRP. 222551. — MORGAN, G., N. J. L. MEGSON u. K. W. PEPPER: Chem. and Ind. **57**, 885 (1938); C. **1938 II**, 4320.

230. Vgl. z. B. TOLLENS B.: Ber. **29**, 2751 (1896). — WALTER, G., u. H. LUTWAK: Kolloid-Bh. **40**, 158 (1934). — VOGEL, R. E.: Kunstst. **31**, 309 (1941).
231. FREY, K.: Helv. chim. Acta **18**, 491 (1935).
232. WAGNER, E. C.: J. Amer. chem. Soc. **55**, 724 (1933); C. **1933 I**, 2675.
232a. v. AUWERS, K., u. C. SCHUMANN: Ber. **34**, 4267 (1901).
232b. STEPHANI, O.: Ber. **34**, 4283 (1901).
232c. ZIEGLER, E., u. H. LÜDDE: Mh. Chem. **79**, 316 (1948).
233. HULTZSCH, K.: Ber. **74**, 1539 (1941).
234. GOLDSCHMIDT, ST., u. H. BERNARD: Ber. **56**, 1903 (1923).
235. SCHORIGIN, P.: Ber. **60**, 2373 (1927).
236. PUMMERER, R., D. MELAMED u. H. PUTTFARCKEN: Ber. **55**, 3116 (1922). — PUMMERER, R., H. PUTTFARCKEN u. P. SCHOPFLOCHER: Ber. **58**, 1808 (1925).
237. GOLDSCHMIDT, ST., E. SCHULTZ u. H. BERNARD: Ann. **478**, 1 (1930).
238. v. AUWERS, K., u. TH. v. MARKOVITS: Ber. **38**, 226 (1905).
239. PUMMERER, R., u. Mitarb.: Ber. **47**, 1472, 2957 (1914); **52**, 1392, 1403, 1414, 1416 (1919); **55**, 3116 (1922); **58**, 1808 (1925); **59**, 2161 (1926); **61**, 1102 (1928).
240. ADLER, E., H. v. EULER u. J. O. CEDWALL: Ark. **15 A**, Nr. 7 (1941); C. **1942 I**, 1435.
241. ZINKE, A., u. E. ZIEGLER: Ber. **74**, 1729 (1941).
242. ZINKE, A., u. E. ZIEGLER: Wien. Chemiker-Ztg. **47**, 151 (1944).
243. HULTZSCH, K., u. G. SCHIEMANN: Ber. **75**, 363 (1942).
244. Vgl. z. B. DRPP. 578037, 580981 (Oxydation mit m-nitrobenzolsulfonsaurem Natrium); C. **1933 II**, 1762.
245. REINECKE, A., u. F. BEILSTEIN: Ann. **128**, 179 (1863). — SCHOTTEN, C.: Ber. **11**, 784 (1887).
246. DRP. 749307.
247. ADAMS, R., M. F. FOGLER u. C. W. KREGER: C. **1923 I**, 681.
248. ZIEGLER, E.: Ber. **74**, 841 (1941); **77**, 731 (1944). — ZIEGLER, E., H. MERALLA u. I. SIMMLER: Ber. **76**, 664 (1943). — ZIEGLER, E., u. H. LÜDDE: Mh. Chem. **79**, 53 (1948).
249. ZIEGLER, E., u. I. SIMMLER: Ber. **74**, 1871 (1941).
250. VAN DER MEER, S.: Über die Vulkanisation von Kautschuk mit Phenol-Formaldehyd-Derivaten. Diss. Delft 1943; Rec. Trav. chim. Pays-Bas **63**, 147 (1944); Kunstst. **37**, 41 (1947).
251. WELCH, K. N.: J. chem. Soc. (London) **1930**, 257. — RÖHRS, W., u. S. Lang: J. prakt. Chem. (2) **158**, 109 (1941).
252. ZINCKE, TH., u. C. v. HOHORST: Ann. **353**, 357 (1907).
253. KANN, K.: Diss. Marburg 1905.
254. ZINCKE, TH., W. FROHNEBERG u. J. KEMPF: Ann. **381**, 28 (1911).
255. ALDER, K., H. OFFERMANNS u. R. RÜDEN: Ber. **74**, 926 (1941).
256. v. EULER, H., E. ADLER u. J. O. CEDWALL: Ark. **14 A**, Nr. 14 (1941); C. **1941 II**, 2258.
257. SCHIEMANN, G., u. K. HULTZSCH: Naturwiss. **35**, 124 (1948).
258. HULTZSCH, K.: J. prakt. Chem. (2) **159**, 180 (1941).
259. NIEDERL, J. B., u. A. ZIERING: J. Amer. chem. Soc. **62**, 1157 (1940); C. **1941 I**, 372.
260. v. EULER, H.: Kunstst. **32**, 55 (1942).
261. Belg.P. 204811; EP. 28009 (1907).
262. EPP. 3496—3498 (1911).
263. SEEBACH, F.: Chem. Ztg. **62**, 569 (1938); **63**, 69 (1939).
264. PAAL, C., u. H. SENNINGER: Ber. **27**, 1799 (1894).
265. v. AUWERS, K., u. O. ANSELMINO: Ber. **35**, 139 (1902). — ANSELMINO, O. Ber. **41**, 621 (1908).
266. v. EULER, H., u. N. NYSTRÖM: Ark. **14 B**, Nr. 26 (1941); C. **1941 II**, 275; J. prakt. Chem. (2) **159**, 121 (1941). — v. EULER, H., u. D. FRIEDMANN: Sv. Kem. Tidskr. **53**, 209 (1941); C. **1942 I**, 606.
267. v. AUWERS, K., u. Mitarb.: Ann. **344**, 93 (1906).
268. DRP. 109498; C. **1900 II**, 457.
269. BISCHOFF, C. A., u. E. FRÖHLICH: Ber. **39**, 3967 (1906).
270. Vgl. SCHEIBER: S. 468ff.

271. BETTI, M.: Gazz. chim. Ital. **30 II**, 310 (1900); **31 I**, 377; **31 II**, 170 (1901); C. **1900 II**, 1179; **1901 II**, 347, 1009.
272. DÉCOMBE, J.: C. r. **196**, 866; **197**, 258 (1933); C. **1933 I**, 3188; **1933 II**, 2259.
273. BRUSON, H. A., u. C. W. MACMULLEN: J. Amer. chem. Soc. **63**, 270 (1941).
274. BRUSON, H. A.: J. Amer. chem. Soc. **58**, 1741 (1936).
275. DRPP. 692252 (1933), 696320 (1935), 708544 (1933), 730648 (1939). — Siehe ferner SCHEIBER: S. 541, Anm. 815.
275a. PAQUIN, A. P.: Chem. Ber. **82**, 316 (1949).
276. SCHEIBER: S. 56, 140 u. 579.
277. MANNICH, C., u. Mitarb.: Arch. Pharm. **255**, 261 (1917); **264**, 65, 164, 741 (1926); **265**, 684 (1927); **276**, 206 (1938); Ber. **53**, 1874 (1920); **55**, 356, 3510 (1922); **57**, 1108, 1116 (1924); **68**, 113 (1935).
278. AP. 2098868 (HARMON u. MEIGS, 1936).
279. REDMAN, L. V., A. J. WEITH u. F. P. BROCK: Ind. Engng. Chem. **6**, 3 (1914).
280. BAEKELAND, L. H., u. M. HARVEY: Ind. Engng. Chem. **13**, 135 (1921); C. **1921 IV**, 1014.
281. WALTER, G., u. G. REIMER: Kolloid-Bh. **40**, 43 (1934).
282. SHONO, T.: C. **1928 II**, 879; **1929 I**, 49, 383; **1929 II**, 1543; **1931 II**, 2728.
283. MAROTTA, D., u. M. E. ALESSANDRINI: C. **1932 I**, 1787.
284. DOUGHERTY, G., u. W. H. TAYLOR: J. Amer. chem. Soc. **55**, 1294, 4588 (1933).
285. DUFF, J. C., u. E. BILLS: C. **1932 II**, 1779; **1935 I**, 238. — DUFF, J. C.: J. chem. Soc. (London) **1941**, 547; C. **1942 II**, 1000.
286. MOSCHATOS, H., u. B. TOLLENS: Ann. **272**, 280 (1892).
287. PUMMERER, R., u. J. HOFMANN: Ber. **56**, 1255 (1923). — SMITH, L. H., u. K. N. WELCH: J. chem. Soc. (London) **1934**, 729, 1305; C. **1934 II**, 1306.
288. N. J. L. MEGSON: Trans. Faraday Soc. **34**, 525 (1938).
289. SCHMIDLIN, J., u. R. LANG: Ber. **43**, 2806 (1910).
290. DUFF, J.: J. chem. Soc. (London) **1941**, 547.
291. ESCHWEILER, W.: Ber. **38**, 880 (1905).
292. TSURUTA, S.: C. **1939 I**, 258.
293. NYSTRÖM, H.: Kunstst.-Techn. **12**, 81 (1942).
294. BEILSTEIN: Organische Chemie. Hauptwerk. Bd. I, S. 54, 269, 553; Bd. IV, S. 29.
295. DRP. 708683.
296. ZINKE, A., u. H. HÖNEL: J. prakt. Chem. (2) **156**, 97 (1940).
297. LEBACH, H.: Z. angew. Chem. **22**, 2008 (1909).
298. SCHEIBER: S. 420.
299. DREHER, E.: Zur Chemie der Kunststoffe. 2. Aufl. München-Berlin 1941.
300. REDFARN, C. A., N. J. L. MEGSON, H. S. LILLEY, B. OOM u. M. N. NICKERSON: Brit. Plastics **19**, 15, 70, 109, 152, 213, 253, 345, 439, 493 (1947); Kunstst. **38**, 76 (1948).
301. HOUWINK: S. 122, 168.
302. DRP. 668952.
303. DRP. 673828.
304. MÜLLER, H. F., u. I. MÜLLER: Kunstst. **38**, 25 (1948).
305. SCHEIBER: S. 480.
306. ADLER, E., u. S. TINGSTAM: Ark. **16 B**, Nr. 18 (1943).
307. HOUWINK: S. 123 Anm. 2.
308. SCHEIBER: S. 430ff.
309. LILLEY, H. S., u. D. W. J. OSMOND: J. Soc. chem. Ind. **66**, 340 (1947); Kunstst. **39**, 103 (1949).
310. BAEKELAND, L. H.: Chem. Ztg. **33**, 328 (1909); AP. 942809.
311. TURKINGTON, V. H., u. J. ALLEN JR.: Ind. Engng. Chem. **33**, 966 (1941); Kunstst. **32**, 157 (1942).
312. DRPP. 563876, 565413, 584858, 689054.
312a. CHARLTON, W., u. L. E. PERRINS: J. Oil Col. Chem. Assoc. **30**, 183 (1947).
313. BAYER, O.: Ann. **549**, 286 (1941); Angew. Chem. A **59**, 257 (1947).
314. LIESER, TH., u. K. MACURA: Ann. **548**, 226 (1941); **550**, 301 (1942). — SCHEIBER: S. 393.
315. KRAUS, A.: Lack- u. Farben-Z. **1944**, 52; Kunstst. **34**, 197 (1944).

316. RHODES, PH. H.: Modern Plastics **24**, Nr. 12, 145 (Aug. 1947); Kunstst. **38**, 80 (1948).
317. BETTELHEIM, L., u. K. NIHLBERG: Brit. Plastics **20**, 50, 108 (1948).
318. STÄGER, H., u. W. SIEGFRIED: Kunstst.-Techn. **10**, 193 (1940).
319. KOZLOW, P. M.: Kunstst. **33**, 48 (1943).
320. ZINKE, A., G. ZIGEUNER, K. HÖSSINGER u. H. HOFFMANN: Mh. Chem. **79**, 438 (1948).
321. STÄGER, H.: In R. HOUWINK: Chemie und Technologie der Kunststoffe. 2. Aufl. Bd. II, S. 31ff. 1942.
322. DREHER, E.: In W. RÖHRS, H. STAUDINGER u. R. VIEWEG, Fortschritte der Chemie, Physik und Technik der makromolekularen Stoffe. Bd. II, S. 344ff. 1942.
323. CARSWELL, T. S.: Phenoplasts. New York 1947.
324. FINEMAN, M. N., u. I. E. PUDDINGTON: Ind. Engng. Chem. **39**, 1288 (1947).
325. GRETH, A.: Kunstst. **26**, 243 (1936).
326. MEHDORN, W.: Kunstharzpreßstoffe und andere Kunststoffe. 2. Aufl. 1939.
326a. DEBING, L. M.: Electrochem. Soc. (preprint) **1946**, 90 (21. Okt.); vgl. E. G. K. PRITCHETT: Chem. and Ind. **68**, 295 (1949).
326b. HACHIHAMA, Y., M. IMOTO, T. KUWATA u. a.: J. Soc. Chem. Ind. Japan **45**, 1053 (1942); **46**, 520, 808 (1943); **47**, 178, 180, 183, 186, 359, 659, 824 (1944); **49**, 61 (1946); Chem. Abstr. **43**, 5224—26 (1949).
327. GRETH, A.: Kunstst. **28**, 129 (1938).
327a. WAGNER, H., u. H. F. SARX: Kunstharze, 2. Aufl. München 1946.
327b. KAPPELMEIER, C. P. A.: In R. HOUWINK: Elastomers and Plastomers, Band II, S. 17ff. 1949.
328. GRETH, A.: Kunstst. **31**, 345 (1941); Farben, Lacke, Anstrichstoffe **3**, 75 (1949).
328a. DÉRIBÉRÉ, M.: Ind. Plastiques **4**, 348 (1948).
329. FP. 885758.
330. DRPP. 730648, 734671; Schweiz.PP. 215035, 215036.
331. EP. 547329.
332. GRETH, A.: Angew. Chem. **52**, 663 (1939).
333. FONROBERT, E.: Farbenztg. **48**, 26 (1943).
334. MÜLLER, H. F., u. I. MÜLLER: Kunstst. **37**, 75 (1947).
335. SAECHTLING, H., u. K.-H. MIELKE: Kunstst. **38**, 45 (1948).
336. STÄGER, H., u. F. HELD: Schweiz. Arch. angew. W. u. T. **10**, 259 (1944).
337. RÖMER, E.: Kunstst. **36**, 8 (1946).
338. LITTLE, G. E., u. K. W. PEPPER: XI. Chem.-Kongreß London (1947); Kunstst. **37**, 146 (1947).
339. GLAUERT, R. A.: Brit. Plastics **19**, 333 (1947); Kunstst. **38**, 80 (1948).
340. HANCOCK, E. G.: J. Soc. chem. Ind. **66**, 337 (1947); Kunstst. **39**, 19 (1949).
341. SEARER, J. C.: Rubber Age **62**, 191 (1947); Kunstst. **39**, 18 (1949).
342. GRIESSBACH, R.: Angew. Chem. **52**, 215 (1939); Bh. 31 zu den Zeitschriften des VDCh. Berlin 1939.
343. SCHEIBER: S. 551, Anm. 891, ferner S. 595.
344. BAUMANN, W. C.: Ind. Engng. Chem. **38**, 47 (1946).
345. EP. 486972.
346. RUZICKA, L.: Helv. chim. Acta **21**, 565 (1938).
347. SANDERMANN, W., u. Mitarb.: Ber. **76**, 1257, 1261 (1943).
347a. OSCHMANN, F.: Peintures-Pigments-Vernis **25**, 93 (1949).
348. PISTOR, K.: Z. angew. Chem. **38**, 831, 1118 (1925).
349. Werbeschriften „Superbeckacite 1001“ der Beckacite-Kunstharzfabrik.
350. BUSER, K.: Farbenztg. **45**, 148 (1940).
351. HILDITCH, T. P., u. C. J. SMITH: J. Soc. chem. Ind. **54**, 111 T (1935); C. **1935 II**, 132.
351a. KAPPELMEIER, C. P. A., u. W. R. VAN GOOR, Verfkroniek **16**, 68 (1943).
351b. POWERS, P. O.: Ind. Engng. Chem. **36**, 1008 (1944).
352. LILLEY, H. S.: J. Oil Colour Chem. Assoc. **26**, 88 (1943); C. **1944 II**, 76.
353. BOWLES, R. F.: Chem. and Ind. **60**, 866 (1941).
354. SINGER, R. J. R.: Kemisk **23**, 49 (1942); Kunstst. **33**, 233 (1943).

355. CUNNEEN, J. I., E. H. FARMER u. H. P. KOCH: J. chem. Soc. (London) **1943**, 472; Kunstst. **34**, 106 (1944); RUBBER Chem. Techn. **17**, 227 (1944).
356. WILDSCHUT, A. J.: Rec. Trav. chim. Pays-Bas **61**, 898 (1942); Kunstst. **33**, 234 (1943).
357. SCHEIBER: S. 485.
358. KOPPESCHAAR: Z. anal. Chem. **15**, 233 (1876). — SCHEIBER: S. 290. — Vgl. auch W. BIELENBERG, H. GOLDHAHN u. A. ZOFF: Öl u. Kohle **37**, 496 (1941); Kunstst.-Techn. **12**, 141 (1942). — GOLDHAHN, H.: Österr. Chem. Ztg. **44**, 244 (1941); Kunstst.-Techn. **12**, 142 (1942).
359. SPRUNG, M. M.: Ind. Engng. Chem., Anal. **13**, 35 (1941); C. **1942 I**, 1361.
360. RUDERMANN, I. W.: Ind. Engng. Chem., Anal. **18**, 753 (1946); C. (Akad. Verl.) **1947**, 725.
360a. CARON u. L. JACQUÉ: Ind. Plastiques **4**, 35 (1948). — JACQUÉ, L., A. JOUSSELLIN u. F. MILLOT: C. r. **227**, 1031 (1948); Chem. Abstr. **43**, 4047 (1949).
361. SCHEIBER: S. 459, 460.
362. Fette u. Seifen **45**, 232 (1938).
363. BARTHEL, R.: J. prakt. Chem. (2) **161**, 77 (1942).
364. LEITHE, W.: Fette u. Seifen **45**, 615 (1938).
365. FISCHER, K.: Angew. Chem. **48**, 394 (1935).
366. MAYER-PITSCH, E., u. H. TROGER: Z. Elektrochem. **47**, 60 (1941).
367. FEITH, F.: Kunstst. **34**, 71, 127 (1944).
368. COSTER VAN VOORHOUT, A. W.: Chem. Weekbl. **17**, 2 (1920).
369. TSURUTA, S.: Kunstst.-Techn. **12**, 26 (1942).
370. DUBRISAY, R., u. R. PAPAULT: C. r. **215**, 348 (1942); Kunstst. **34**, 17 (1944).
370a. JONES, T. T.: J. Soc. chem. Ind. **65**, 264 (1946).
371. DOSTAL, H., u. R. RAFF: Z. physik. Chem. (B) **32**, 117 (1936).
372. MEGSON, N. J. L.: Brit. Plastics **20**, 316 (1948).
372a. FINN, S. R., u. L. R. ROGERS: J. Soc. chem. Ind. **67**, 51 (1948); C. (Akad. Verl.) **1949 I**, 1049.
373. BARKHUFF, R. A. JR., u. T. S. CARSWELL: Ind. Engng. Chem. **36**, 461 (1944).
374. RENCKER, E.: Plastiques **1**, 139 (1943); Kunstst. **34**, 229 (1944).
375. BARRON, H.: Brit. Plastics **16**, 460 (1944).
376. DÉRIBÉRÉ, M.: Plastiques **2**, 106 (1944); Kunstst. **34**, 227 (1944).

Namenverzeichnis.

Die eingeklammerten, *kursiv* gedruckten Ziffern verweisen unmittelbar auf die entsprechenden Nummern im Literatur-Nachweis S. 173 ff.

Sachverzeichnis.

MIX
Papier aus verantwortungsvollen Quellen
Paper from responsible sources
FSC® C105338

If you have any concerns about our products,
you can contact us on
ProductSafety@springernature.com

In case Publisher is established outside the EU,
the EU authorized representative is:
Springer Nature Customer Service Center GmbH
Europaplatz 3, 69115 Heidelberg, Germany

Printed by Libri Plureos GmbH
in Hamburg, Germany